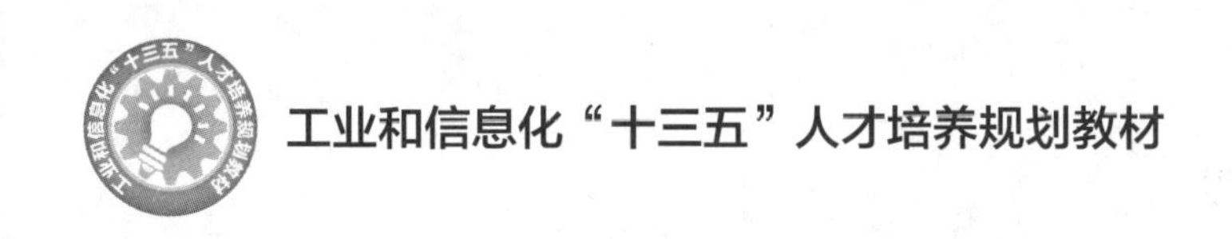

Responsive Web Development Project Tutorial
2nd Edition

响应式 Web
开发项目教程
（HTML5+CSS3+Bootstrap） 第2版

黑马程序员 编著

人 民 邮 电 出 版 社
北 京

图书在版编目（CIP）数据

响应式Web开发项目教程 : HTML5+CSS3+Bootstrap / 黑马程序员编著. -- 2版. -- 北京 : 人民邮电出版社, 2021.2
工业和信息化“十三五”人才培养规划教材
ISBN 978-7-115-55396-6

Ⅰ. ①响… Ⅱ. ①黑… Ⅲ. ①超文本标记语言－程序设计－高等学校－教材②网页制作工具－高等学校－教材 Ⅳ. ①TP312.8②TP393.092.2

中国版本图书馆CIP数据核字(2020)第230744号

内 容 提 要

本书是面向Web前端开发学习者的一本入门教材，以通俗易懂的语言、丰富实用的案例，详细讲解了HTML5 + CSS3 + Bootstrap响应式开发技术。

全书共9章：第1～3章讲解HTML5和CSS3的基础内容；第4～6章讲解HTML5表单的应用、HTML5画布、HTML5视频和音频的内容；第7章讲解响应式Web设计的基础知识；第8～9章讲解Bootstrap，内容包括栅格系统、组件和样式等相关内容，以及如何利用Bootstrap相关技术开发PC端登录界面和后台管理系统。

本书既可作为高等教育本、专科院校计算机相关专业的Web前端开发课程的教材，也可作为广大IT技术人员和编程爱好者的参考书。

◆ 编　　著　黑马程序员
　责任编辑　范博涛
　责任印制　彭志环
◆ 人民邮电出版社出版发行　　北京市丰台区成寿寺路11号
　邮编　100164　　电子邮件　315@ptpress.com.cn
　网址　https://www.ptpress.com.cn
　三河市君旺印务有限公司印刷
◆ 开本：787×1092　1/16
　印张：13.75　　　　2021年2月第2版
　字数：336千字　　　2025年1月河北第10次印刷

定价：49.80元

读者服务热线：(010)81055256　印装质量热线：(010)81055316
反盗版热线：(010)81055315
广告经营许可证：京东市监广登字20170147号

FOREWORD

序言

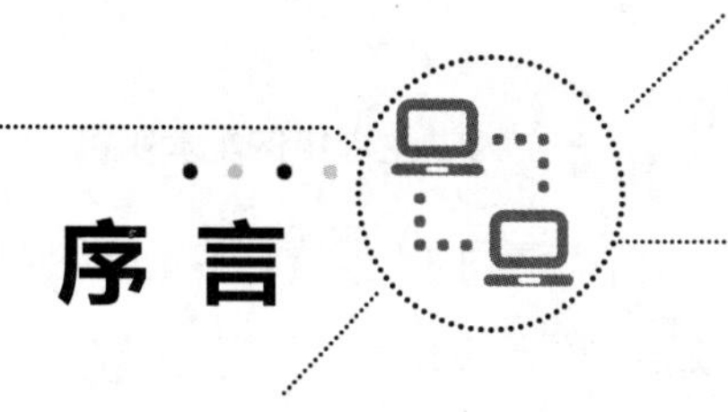

本书的创作公司——江苏传智播客教育科技股份有限公司（简称“传智教育”）作为我国第一个实现 A 股 IPO 上市的教育企业，是一家培养高精尖数字化专业人才的公司，主要培养人工智能、大数据、智能制造、软件开发、区块链、数据分析、网络营销、新媒体等领域的人才。传智教育自成立以来贯彻国家科技发展战略，讲授的内容涵盖了各种前沿技术，已向我国高科技企业输送数十万名技术人员，为企业数字化转型、升级提供了强有力的人才支撑。

传智教育的教师团队由一批来自互联网企业或研究机构，且拥有 10 年以上开发经验的 IT 从业人员组成，他们负责研究、开发教学模式和课程内容。传智教育具有完善的课程研发体系，一直走在整个行业的前列，在行业内树立了良好的口碑。传智教育在教育领域有 2 个子品牌：黑马程序员和院校邦。

一、黑马程序员——高端 IT 教育品牌

黑马程序员的学员多为大学毕业后想从事 IT 行业，但各方面的条件还达不到岗位要求的年轻人。黑马程序员的学员筛选制度非常严格，包括了严格的技术测试、自学能力测试、性格测试、压力测试、品德测试等。严格的筛选制度确保了学员质量，可在一定程度上降低企业的用人风险。

自黑马程序员成立以来，教学研发团队一直致力于打造精品课程资源，不断在产、学、研 3 个层面创新自己的执教理念与教学方针，并集中黑马程序员的优势力量，有针对性地出版了计算机系列教材百余种，制作教学视频数百套，发表各类技术文章数千篇。

二、院校邦——院校服务品牌

院校邦以“协万千院校育人、助天下英才圆梦”为核心理念，立足于中国职业教育改革，为高校提供健全的校企合作解决方案，通过原创教材、高校教辅平台、师资培训、院校公开课、实习实训、协同育人、专业共建、“传智杯”大赛等，形成了系统的高校合作模式。院校邦旨在帮助高校深化教学改革，实现高校人才培养与企业发展的合作共赢。

（一）为学生提供的配套服务

1. 请同学们登录“传智高校学习平台”，免费获取海量学习资源。该平台可以帮助同学们解决各类学习问题。

2. 针对学习过程中存在的压力过大等问题，院校邦为同学们量身打造了 IT 学习小助手——邦小苑，可为同学们提供教材配套学习资源。同学们快来关注“邦小苑”微信公众号。

（二）为教师提供的配套服务

1. 院校邦为其所有教材精心设计了“教案+授课资源+考试系统+题库+教学辅助案例”的系列教学资源。教师可登录“传智高校教辅平台”免费使用。

2. 针对教学过程中存在的授课压力过大等问题，教师可添加“码大牛” QQ（2770814393），或者添加“码大牛”微信（18910502673），获取最新的教学辅助资源。

前言 PREFACE

本书在编写的过程中，结合党的二十大精神进教材、进课堂、进头脑的要求，将知识教育与思想政治教育相结合，通过项目加深学生对知识的认识与理解，注重培养学生的创新精神、实践能力和社会责任感。项目设计从现实需求出发，激发学生的学习兴趣和动手思考的能力，充分发挥学生的主动性和积极性，增强学习信心和学习欲望。在知识和项目中融入了素质教育的相关内容，引导学生树立正确的世界观、人生观和价值观，进一步提升学生的职业素养，落实德才兼备的高素质卓越工程师和高技能人才的培养要求。此外。编者依据书中的内容提供了线上学习的视频资源，体现现代信息技术与教育教学的深度融合，进一步推动教育数字化发展。

随着互联网行业的持续发展，移动互联网业务不断发展壮大，海量的平台开发工作形成了巨大的人才缺口，尤其是Web前端、移动端HTML5开发人才尤为紧缺。随着互联网行业竞争的不断加剧，企业平台开始在界面友好性和操作方便性方面加大开发力度，Web开发人员的地位在业内也开始迅速提高。

◆ 为什么要学习本书

一名合格的Web开发工程师需要具备一定的综合素质才能胜任企业日益复杂、多变的工作要求。这些素质包括熟知页面布局、熟练样式美化、掌握JavaScript基础、熟悉Bootstrap响应式布局设计，以及能够使用HTML5+CSS3开发出炫丽的移动端交互效果等，而本书正为此而编写。

本书对旧版内容进行了整体优化和调整。从技术上，本书将Bootstrap版本从3.x升级到4.x。在内容结构上，本书增加了Bootstrap框架技术在全书中的比重。在章节构思上，本书对案例和知识点的连接进行了优化，使二者之间的联系更加紧密。在案例的讲解上，本书对案例实现步骤进行了拆分，以更加细致，更加适合读者的思维方式来呈现案例实现过程。

◆ 如何使用本书

本书共分9章，各章内容简要介绍如下。

- 第1～3章主要讲解HTML5 + CSS3开发的基础知识，内容包括HTML5和CSS3的优势和基本用法、如何使用HTML5和CSS3常用文本标签和样式实现丰富多彩的页面效果，以及如何使用CSS3过渡、变形与动画效果实现更加美观的网页浏览效果。通过这一阶段的学习，读者能够掌握HTML5和CSS3的基本开发技术。
- 第4～6章主要讲解HTML5表单的应用、HTML5画布、HTML5视频和音频，内容包括HTML5表单元素的使用及其新特性、如何使用Canvas进行绘图，以及HTML5中视频和音频的基本使用。通过这一阶段的学习，读者能够使用HTML5中提供的API快速开发Web页面。
- 第7章主要讲解响应式Web设计，内容包括响应式Web设计的相关概念和应用。本章中讲解的技术可让不同终端显示出合适的页面，实现一次开发多处应用。通过这一阶段的学习，读者能够进一步了解响应式Web设计的特点。
- 第8～9章主要讲解Bootstrap技术，内容包括Bootstrap框架的相关技术，以及如何使用Bootstrap构建一个响应式网站的“后台管理系统”。通过这一阶段的学习，读者能够利用Bootstrap实现各类网页交互效果的开发，同时学会Bootstrap的综合运用。

在学习过程中，读者一定要亲自动手实践本书中的案例。如果不能完全理解书中所讲知识，读者可以登录“高校学习平台”，通过平台中的教学视频进行深入学习。读者学习完一个知识点后，要及时在“高校学习平台”进行测试，以巩固学习内容。

另外，如果读者在理解知识点的过程中遇到困难，建议不要纠结于某个地方，可以先往后学习。通常来讲，通过逐渐地学习，前面不懂和疑惑的知识一般也就能够理解了。在学习的过程中，读者一定要多动手实践，如果在实践的过程中遇到问题，建议多思考，厘清思路，认真分析问题发生的原因，并在问题解决后总结经验。

◆ 致谢

本书的编写和整理工作由江苏传智播客教育科技股份有限公司完成，主要参与人员有韩冬、豆翻、张瑞丹等，全体人员在近一年的编写过程中付出了很多辛勤的汗水，在此一并表示衷心的感谢。

◆ 意见反馈

尽管我们付出了最大的努力，但书中难免会有疏漏之处，欢迎读者朋友提出宝贵意见，我们将不胜感激。您在阅读本书时，如发现任何问题可以通过电子邮件与我们取得联系。来信请发送至电子邮箱 itcast_book@vip.sina.com。

黑马程序员

2023 年 5 月于北京

目录
CONTENTS

第 1 章

HTML5+CSS3初体验

学习目标

★ 了解 HTML5 和 CSS3 的优势

★ 掌握 HTML5 的基本语法和语义化标签

★ 熟悉 CSS 的基本使用

★ 掌握 CSS3 边框、背景、阴影和渐变的设置

拓展阅读

十几年前，人们开始用计算机在互联网上查询信息、社交、购物；几年前，大多数人变成了低头一族，移动互联网让人们依靠一部智能手机，就能够在一个陌生的城市找到自己想去的任何地方。在这样一个移动互联网的时代，若要制作出符合实际需要的网页，HTML5+CSS3 技术是我们必须要掌握的。本章将带大家走进 HTML5+CSS3 的世界。

1.1 HTML5 和 CSS3 的优势

1.1.1 HTML5 的优势

HTML5 不仅仅是 HTML 规范的当前最新版本，也代表了一系列 Web 相关技术的总称。HTML 的历史可以追溯到很久以前，我们就不做讨论了，这里重点讲解 HTML5 的优势带给我们的全新感受。

1. 进化而非颠覆

试想，如果 HTML5 否定了之前的 HTML 文档，各种大大小小的网站都需要重新编写，那么 HTML5 带来的就不是惊喜而是惊吓。实际上，HTML5 的一个核心理念就是将一切新特性与原有功能保持平滑过渡。在开发 HTML5 时，开发者着重研究了以往 HTML 网页设计的一些通用行为，把代码重复率很高的功能提取为 HTML5 新标签，如<header>、<nav>等。

HTML5 进化的重大意义还在于，它从技术层面带来了 8 个类别的革新，下面分别进行简要说明。

- 语义化（Semantics）：提供了一组丰富的语义化标签。
- 离线和存储（Offline & Storage）：HTML5 App Cache、Local Storage、Indexed DB 和 File API 使 Web 应用程序的开发更加迅速，并为其提供了离线使用的能力。
- 设备访问（Device Access）：增强了设备的感知能力，使得 Web 应用在计算机、Pad、手机上均能使用。
- 通信（Connectivity）：增强了通信能力，意味着增强了聊天程序的实时性和网络游戏的顺畅性。

- 多媒体（Multimedia）：音频、视频能力的增强是 HTML5 的重大突破。
- 图形和特效（3D, Graphics & Effects）：Canvas、SVG 和 WebGL 等功能使得图形渲染更高效，页面效果更加炫酷。
- 性能和集成（Performance & Integration）：Web Worker 使浏览器可以多线程处理后台任务而不阻塞用户界面渲染。同时，性能检测工具方便评估程序性能。
- 呈现（CSS3）：CSS3 可以很高效地实现页面特效，并不会影响页面的语义和性能。

对于这八大革新，我们在后续的学习中会有更加深刻的体会。

2. 化繁为简

HTML5 以“简单至上，尽可能简化”为原则做了以下改进。

- 简化了 DOCTYPE 和字符集声明。
- 简化了 HTML5 API，使页面设计更加简单。
- 以浏览器的原生能力代替复杂的 JavaScript 代码。
- 精确定义了错误恢复机制，如果页面中有错误，也不会影响整个页面的显示。

3. 良好的用户体验

HTML5 的规范以“用户至上”为宗旨。也就是说，在遇到冲突时，规范的优先级：用户 > 页面作者 > 实现者（浏览器）> 规范开发者（W3C/WHATWG）> 纯理论。除此之外，HTML5 还引入了一种新的安全模型来保证 HTML5 足够安全。

对页面设计而言，浏览器的支持情况至关重要。值得庆幸的是，各大浏览器对 HTML5 的支持正在不断完善，越来越多的开发者尝试在项目中使用 HTML5，特别是在移动互联网领域。目前，Chrome 对 HTML5 的支持最好，Firefox、Opera、Safari、IE10 对 HTML5 也有很好的支持。

本书推荐使用 Chrome 浏览器，因为它不仅简洁，而且附带便捷的开发工具。编写此书时 Chrome 浏览器的最高版本为 83.0.4103.106，为了使书中的项目呈现出最佳效果，请大家尽量使用最新版本。

1.1.2 CSS3 的优势

CSS 即层叠样式表（Cascading Style Sheets），主要用于设置 HTML 页面中的各种元素的样式。例如，使用 CSS 可以设置网页中文字的字体、大小、对齐方式，以及图片的宽高、边框、边距等。

CSS3 是目前 CSS 规范的最新版本，在 CSS 2.1 的基础上增加了很多强大的新功能，以帮助开发人员解决一些实际面临的问题。使用 CSS3 不仅可以设计炫酷美观的网页，还能提高网页性能。与传统的 CSS 相比，CSS3 最突出的优势主要体现在节约成本和提高性能两方面，下面分别进行介绍。

1. 节约成本

CSS3 提供了很多新特性，如圆角、多背景、透明度、阴影、动画、图表等功能。在老版本的 CSS 中，这些功能都需要大量的代码或复杂的操作来实现，有些动画功能还涉及 JavaScript 脚本。CSS3 的新功能帮我们摒弃了冗余的代码结构，网页设计者不再需要花大把时间去写代码，极大地节约了开发成本。

2. 提高性能

由于功能的加强，CSS3 能够用更少的图片或脚本制作出图形化网站。在进行网页设计时，减少了标签的嵌套和图片的使用数量，网页加载速度也更快。此外，减少图片、脚本代码，Web 站点就会减少 HTTP 请求数，网站的性能就会得到提升。

1.2 HTML5 的基本使用

在了解 HTML5 与 CSS3 的优势以后，相信读者已经迫不及待地想要学习如何使用 HTML5 了。本节将为大家讲解 HTML5 的基本语法和语义化标签的使用。

1.2.1　HTML5 的基本语法

前面讲了很多关于 HTML5 的优势，接下来，我们 [illegible] 页设计。HTML 文档是由多种标签组成的，一个 HTML5 的标准模板 [illegible]

```
<!DOCTYPE html>
<html>
<head>
  <meta charset="UTF-8">
  <title>网页标题</title>
</head>
<body>
  <!-- 这是注释 -->
</body>
</html>
```


下面对该模板的结构和组成进行 [illegible]

（1）<!DOCTYPE>标签

<!DOCTYPE>标签位于文档的最前 [illegible] ML 版本，不可省略。HTML5 中使用<!DOCTYPE html>声明，该声明 [illegible] 读者可以查阅一下 HTML 其他版本的声明，HTML5 规范化繁为简 [illegible]

（2）<html>标签

<html>标签标志着 HTML 文档的开 [illegible] 文档的结束，在它们之间的是文档的头部和主体内容。我们还可以给<html>标签设置 lang 属性，用来规定元素内容的语言，“en” 表示英文网站，“zh-CN” 表示中文网站。

（3）<head>标签

<head>标签用于定义 HTML 文档的头部信息，主要用来封装其他位于文档头部的标签，如<title>、<meta>、<link>及<style>等，用来描述文档的标题、作者以及和其他文档的关系等。一个 HTML 文档只能含有一对<head>标签，绝大多数文档头部包含的数据不会作为内容显示在页面中。

（4）<body>标签

<body>标签用于定义 HTML 文档所要呈现的内容。浏览器中显示的所有文本、图像、音频和视频等信息都必须位于<body>标签内。一个 HTML 文档只能含有一对<body>标签，且<body>标签必须在<html>标签内，位于<head>头部标签之后，与<head>头部标签是并列关系。

（5）<!-- -->注释

<!-- -->中的内容用于对代码进行解释，不会呈现在页面上。

（6）<meta>标签

<meta>标签用来描述 HTML 文档的属性。charset 属性表示 HTML 文档应该使用哪种字符集编码。常用的字符集主要包括 GB2312、BIG5、GBK 和 UTF-8。其中，UTF-8 也被称为万国码，基本包含了全世界所有国家需要用到的字符。如果一个网页打开后是乱码，则有可能是因为没有设置 charset 的值，或者设置有误。

1.2.2　HTML5 语义化标签

HTML5 定义了一种新的语义化标签来描述元素的内容，用很多语义化的代码标签代替大量无意义的<div>标签。表 1-1 中列举了一些 HTML5 中常用的语义化标签。

表 1-1　语义化标签

标签名	描述
<header>	表示页面中一个内容区块或整个页面的标题
<section>	表示页面中的一个内容区块，如章节、页眉、页脚或页面的其他部分，可以和 h1、h2...元素结合起来使用，用来描述文档结构

（续表）

标签名	描述
<article>	表示页面中一块与上下文不相关的独立内容，如一篇文章
<aside>	表示<article>标签内容之外的、与<article>标签内容相关的辅助信息
<hgroup>	表示对整个页面或页面中的一个内容区块的标题进行组合
<figure>	表示一段独立的流内容，一般表示文档主体流内容中的一个独立单元
<figcaption>	定义<figure>标签的标题
<nav>	表示页面中导航链接的部分
<footer>	表示整个页面或页面中一个内容区块的脚注。一般来说，它会包含创作者的姓名、创作日期及联系方式

传统方式布局与 HTML5 语义化标签布局的对比如图 1-1 和图 1-2 所示。

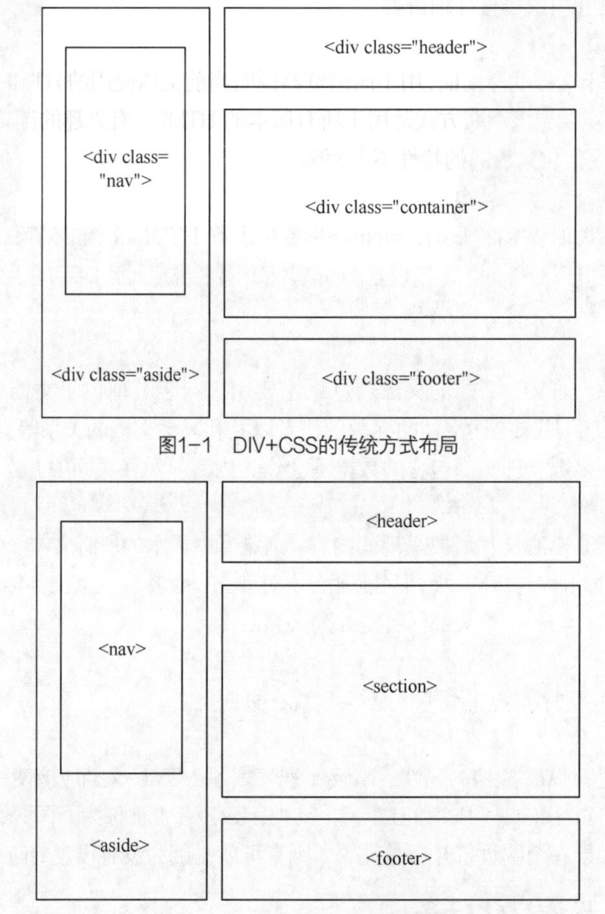

图1-1　DIV+CSS的传统方式布局

图1-2　HTML5语义化标签布局

在图 1-2 中，<section>标签经常用来表示一段专题性的内容，一般会带有标题，它的典型应用场景有文章的章节、标签对话框中的标签页等。虽然用户不会马上感受到语义化的好处，但语义化标签的确不仅提升了网页的质量和语义，并且对搜索引擎能起到良好的优化效果。

1.3　CSS 的基本使用

使用 CSS，我们可以在不改变原有 HTML 结构的情况下，增加丰富的样式效果。例如，改变页面中文字的字体、大小、颜色等。本节将详细讲解 CSS 的相关知识。

1.3.1 CSS 的引入方式

在使用 CSS 前，需要在 HTML 文件中引入 CSS 代码。CSS 的引入方式有 3 种，分别是行内式、内嵌式和链入式，下面分别进行讲解。

1. 行内式

行内式是通过标签的 style 属性来设置元素的样式，其基本语法格式如下。

```
<标签名 style="属性1:属性值1; 属性2:属性值2; ……"> 内容 </标签名>
```

在 style 属性中，我们可以编写 CSS 的样式属性和属性值。例如，使用 color 属性设置文本颜色，font-size 属性设置文本大小，示例代码如下。

```
<p style="color: red; font-size: 24px;">文本</p>
```

在上述代码中，“color: red”表示设置文本颜色为红色，“font-size: 24px”表示设置字号为 24px。

2. 内嵌式

内嵌式是将 CSS 代码集中写在 HTML 文档的<head>头部标签中，并且用<style>标签定义，其基本语法格式如下。

```
<style>
  选择器 {属性1:属性值1; 属性2:属性值2; 属性3:属性值3;}
</style>
```

<style>标签一般位于<head>标签中<title>标签之后，由于浏览器是从上到下解析代码的，把 CSS 代码放在 HTML 文档头部便于提前被下载和解析。

下面通过代码演示内嵌式的使用，具体如下。

```
<style>
  p { color: red; font-size: 24px; }
</style>
```

在上述代码中，p 表示选择器，用于选择页面中所有使用<p>标签定义的元素，在大括号“{}”中为这些元素设置样式。

3. 链入式

链入式是将所有的样式放在一个或多个以“.css”为扩展名的外部样式表文件中，通过<link>标签将外部样式表文件链接到 HTML 文档中，其基本语法格式如下。

```
<link href="CSS文件的路径" type="text/css" rel="stylesheet">
```

该语法中，<link>标签需要放在<head>头部标签中，并且指定<link>标签的 3 个属性，具体如下。

- href：定义所链接外部样式表文件的 URL，可以是相对路径，也可以是绝对路径。
- type：定义所链接的文档类型，“text/css”表示链接的外部文件为 CSS 样式表。
- rel：定义当前文档与被链接文档之间的关系，在这里需要指定为“stylesheet”，表示被链接的文档是一个样式表文件。

1.3.2 选择器

在 CSS 中，要想将 CSS 样式应用于特定的 HTML 标签上，首先需要找到该目标标签。选择器的作用就是从 HTML 页面中找出特定的某类元素。

CSS 中选择器的种类非常多，并且在 CSS3 中也新增了一些选择器，使选择器的功能更强大。表 1-2 中列举了常用的基本选择器。

表 1-2 基本选择器

选择器	用法	示例代码	说明
通用选择器	*	*{}	选择所有元素
标签选择器	元素名称	a{}、body{}、p{}	根据标签选择元素

（续表）

选择器	用法	示例代码	说明
类选择器	.<类名>	.beam{}	根据 class 的值选择元素
id 选择器	#<id 值>	#logo{}	根据 id 的值选择元素
属性选择器	[<条件>]	[href]{}、[attr="val"]{}	根据属性选择元素
并集选择器	<选择器>,<选择器>	em,strong{}	同时匹配多个选择器，取多个选择器的并集
后代选择器	<选择器> <选择器>	.aside li{}	先匹配第 2 个选择器的元素，并且属于第 1 个选择器内
子代选择器	<选择器> ><选择器>	ul>li{}	匹配第 2 个选择器，且为第 1 个选择器的元素的子代
兄弟选择器	<选择器>+<选择器>	p+a{}	匹配紧跟第 1 个选择器，并匹配第 2 个选择器内的元素，如紧跟 p 元素后的 a 元素

在表 1-2 中，分别列出了不同选择器示例代码及说明，读者可以根据需要选择使用。

在 CSS 中还有两种特殊的选择器：伪元素选择器和伪类选择器。常用的伪元素选择器如表 1-3 所示。

表 1-3　伪元素选择器

选择器	描述
::first-line	匹配文本块的首行，如 p::first-line 表示选中 p 元素的首行
::first-letter	匹配文本内容的首字母
::before	在选中元素的内容之前插入内容
::after	在选中元素的内容之后插入内容

常用的伪类选择器如表 1-4 所示。

表 1-4　伪类选择器

选择器	描述
:root	选择文档中的根元素，通常返回 html
:first-child	父元素的第一个子元素
:last-child	父元素的最后一个子元素
:only-child	父元素有且只有一个子元素
:only-of-type	父元素有且只有一个指定类型的元素
:nth-child(n)	匹配父元素的第 *n* 个子元素
:nth-last-child(n)	匹配父元素的倒数第 *n* 个子元素
:nth-of-type(n)	匹配父元素定义类型的第 *n* 个子元素
:nth-last-of-type(n)	匹配父元素定义类型的倒数第 *n* 个子元素
:link	匹配链接元素
:visited	匹配用户已访问的链接元素
:hover	匹配处于鼠标悬停状态下的元素
:active	匹配处于被激活状态下的元素，包括即将单击（按压）
:focus	匹配处于获得焦点状态下的元素
:enabled(:disabled)	匹配启用（禁用）状态的元素
:checked	匹配被选中的单选按钮和复选框的 input 元素
:default	匹配默认元素

（续表）

选择器	描述
:valid(:invalid)	根据输入数据验证，匹配有效（无效）的 input 元素
:in-range(:out-of-range)	匹配在指定范围之内（之外）受限的 input 元素

列举了这么多选择器，下面为大家演示选择器的基本用法，如例 1-1 所示。

【例 1-1】

（1）创建 C:\code\chapter01\demo01.html，具体代码如下。

```
1  <!DOCTYPE html>
2  <html>
3  <head>
4    <meta charset="UTF-8">
5    <title>选择器的使用</title>
6  <style type="text/css">
7    /* 设置导航栏样式 */
8    nav {
9      width: 300px;
10   }
11   /* 设置导航栏中的每一项的样式 */
12   li {
13     background-color: rgba(0, 0, 0, 0.4);
14     height: 35px;
15     line-height: 35px;
16     overflow: hidden;
17   }
18   /* 设置偶数行背景颜色透明度为 0.5 */
19   li:nth-of-type(2n) {
20     background-color: rgba(0, 0, 0, 0.5);
21   }
22   /* 鼠标悬停时背景颜色为#0099E5 */
23   li:hover {
24     background: #0099E5;
25   }
26   /* 设置超链接的样式 */
27   a {
28     text-decoration: none;
29     display: block;
30     color: #fff;
31     height: 35px;
32     padding: 0 38px;
33   }
34   </style>
35   </head>
36 <body>
37   <nav>
38     <ul>
39       <li><a href="#">Java EE 教程</a></li>
40       <li><a href="#">Android 教程</a></li>
41       <li><a href="#">PHP 教程</a></li>
42       <li><a href="#">UI 设计教程</a></li>
43       <li><a href="#">iOS 教程</a></li>
44       <li><a href="#">Web 前端教程</a></li>
45       <li><a href="#">C/C++教程</a></li>
46     </ul>
47   </nav>
48 </body>
49 </html>
```

上述代码中，第 18～21 行代码使用伪类选择器设置偶数行背景颜色透明度为 0.5；第 22～25 行代码用:hover 选择器实现了鼠标悬停时背景颜色变化的功能；第 26～33 行代码设置超链接的样式；第 37～47 行代码实现了课程列表的页面结构，其中，<ul>用来定义课程列表。

（2）在浏览器中打开 demo01.html，运行结果如图 1-3 所示。

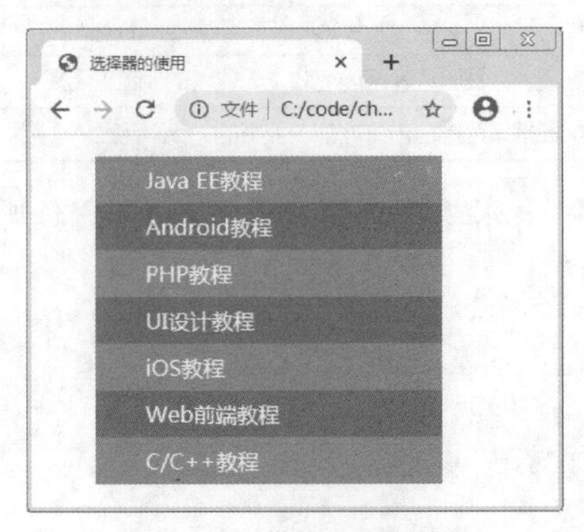

图1-3　demo01.html运行结果

1.3.3　盒子模型

CSS 中的一个基本概念就是盒子模型。所谓盒子模型就是把 HTML 页面中的元素视为一个矩形区域，即元素的盒子。盒子由 margin（外边距）、border（边框）、padding（内边距）和 content（内容）4 部分组成，盒子的各部分如图 1-4 所示。

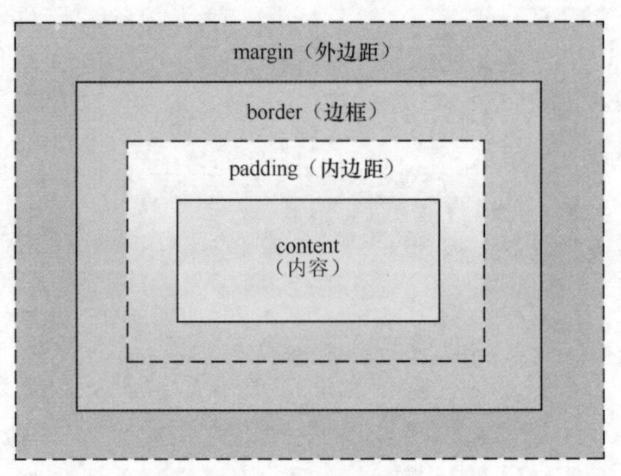

图1-4　盒子的各部分

图 1-4 中展示了盒子模型的基本结构。其中，margin 表示外边距，是边框外的区域；border 表示围绕在内边距和内容外的边框；padding 表示内容周围的区域；content 表示盒子的内容，用于显示文本和图像。

下面以 margin 为例进行讲解，在 CSS 中与 margin 相关的属性如表 1-5 所示。

表 1-5　与 margin 相关的属性

属性	描述
margin	简写属性，在一个声明中设置所有外边距（上、右、下、左）
margin-top	设置元素的上外边距
margin-right	设置元素的右外边距
margin-bottom	设置元素的下外边距
margin-left	设置元素的左外边距

同理，我们也可以使用 padding、border 属性设置内边距和边框，使用 padding-top、border-top 设置指定

方向的内边距和边框。

下面通过代码演示如何使用 margin 设置外边距，示例代码如下。

```
/* 设置上边距为 25px、右边距为 50px、下边距为 75px、左边距为 100px */
margin: 25px 50px 75px 100px;
/* 设置上边距为 25px、左右边距为 50px、下边距为 75px */
margin: 25px 50px 75px;
/* 设置上下边距为 25px、左右边距为 50px */
margin: 25px 50px;
/* 设置 4 个方向的边距都为 25px */
margin: 25px;
```

需要注意的是，margin 的值为 auto 时，表示让浏览器自动设置边距，这样做的结果是边距会依赖于浏览器；margin 的值还可以设为百分比，表示定义一个使用百分比的边距；margin 也可以使用负值，表示存在重叠内容。

接下来，我们通过案例演示 margin 的使用方法，如例 1-2 所示。

【例 1-2】

（1）创建 C:\code\chapter01\demo02.html，具体代码如下。

```
1  <!DOCTYPE html>
2  <html>
3  <head>
4    <meta charset="UTF-8">
5    <title>Document</title>
6    <style>
7      .div1 {
8        background-color: #eee;
9        width: 200px;
10       height: 200px;
11       /* 设置上外边距的值为 50px */
12       margin-top: 50px;
13       /* 设置边框为 1px、黑色、实线 */
14       border: 1px solid #000;
15       /* 设置 padding 的值为 10px */
16       padding: 10px;
17     }
18   </style>
19 </head>
20 <body>
21   <div class="div1">盒子模型</div>
22 </body>
23 </html>
```

上述代码中，定义 div1 盒子模型，并设置 div1 元素的宽度和高度分别为 200px，背景颜色为#eee。

（2）在浏览器中打开 demo02.html，查看网页的显示效果。为了更好地分析元素的样式，我们可以在浏览器中按【F12】键打开开发者工具，切换到 “Elements”（元素）选项卡，查看 div1 元素的样式，如图 1-5 所示。

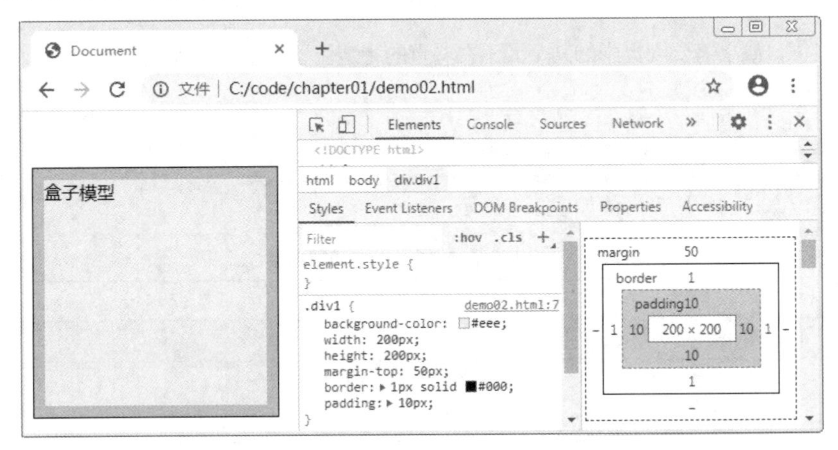

图1-5　查看div1元素的样式

在图 1–5 中，我们可以通过右下方的盒子模型图来查看元素的内容宽高、内边距、边框和外边距的值。例如，当把鼠标指针放到 padding 上时，页面中的 padding 区域就会显示成绿色，表示这块区域是元素的内边距。

脚下留心：外边距合并

网页是由多个元素构成的盒子排列而成的，而多个盒子之间会出现外边距合并的现象。下面总结了在网页制作时关于多个盒子之间需要注意的问题。

- 相邻块级元素的垂直外边距合并：以上下相邻的块元素为例，如果上面的元素有下外边距，下面的元素有上外边距，则垂直边距为两者中的较大者。
- 嵌套块级元素的垂直外边距合并：如果父元素没有上内边距和边框，则父元素与子元素的上外边距只保留较大者。

1.3.4 浮动与定位

在一个网页中，默认情况下块级元素独占一行，自上而下排列，行内元素自左向右排列。但是，在实际的网页布局中往往需要改变这种单调的排列方式，而使网页内容变得丰富多彩。CSS 的浮动和定位完美地解决了这个问题。

1. 浮动

CSS 的浮动可以通过 float 属性进行设置。float 的常用属性值如表 1–6 所示。

表 1-6 float 的常用属性值

属性值	描述
left	元素向左浮动
right	元素向右浮动
none	元素不浮动（默认值）

CSS 元素的浮动需要注意以下 3 点。

- CSS 允许任何元素浮动，不论是列表、段落还是图像。无论元素先前是什么状态，浮动后都成为块级元素，浮动元素的宽度默认为 auto。
- 浮动元素的外边缘不会超过其父元素的内边缘。
- 如果一个浮动元素在另一个浮动元素之后显示，而且超出容纳块（没有足够的空间），则它会下降到低于先前任何浮动元素的位置，即换行显示。

2. 定位

在网页开发中，如果需要网页中的某个元素在网页的特定位置出现，如弹出菜单，则可以通过 CSS 的 position 属性进行设置，示例如下。

```
position: relative;        /* 相对定位方式 */
left: 30px;                /* 距左边线 30px */
top: 10px;                 /* 距顶部边线 10px */
```

用于设置定位方式的常用属性值如表 1–7 所示。

表 1-7 设置定位方式的常用属性值

属性值	描述
static	静态定位（默认定位方式）
relative	相对定位，相对于其原文档流的位置进行定位
absolute	绝对定位，相对于 static 定位以外的第一个上级元素进行定位
fixed	固定定位，相对于浏览器窗口进行定位

用于设置元素具体位置的常用属性值如表 1-8 所示。

表 1-8　用于设置元素具体位置的常用属性值

属性值	描述
top	顶端偏移量，定义元素相对于其参照元素上边线的距离
bottom	底部偏移量，定义元素相对于其参照元素下边线的距离
left	左侧偏移量，定义元素相对于其参照元素左边线的距离
right	右侧偏移量，定义元素相对于其参照元素右边线的距离

3. z-index 层叠等级属性

当一个父元素中的多个子元素同时被定位时，定位元素之间有可能会发生重叠，如图 1-6 所示。

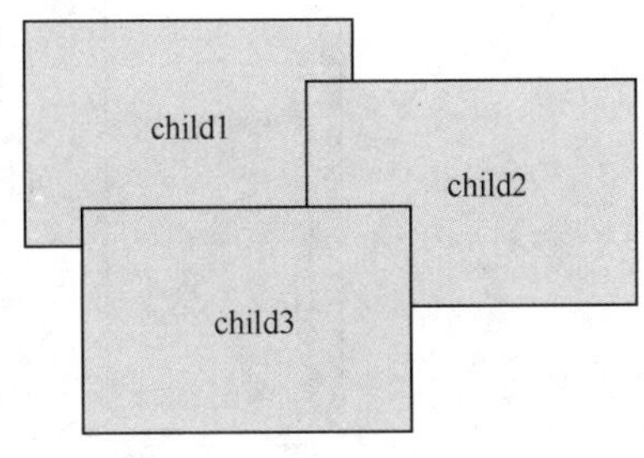

图1-6　定位元素发生重叠

我们知道，显示器显示的图案是一个二维平面，使用 x 轴和 y 轴来表示位置属性。为了表示三维立体的概念，如图 1-6 中上下层的立体关系，HTML 中引入了 z-index 属性来表示 z 轴的深度。z-index 值可以控制定位元素在垂直于显示屏方向（z 轴）上的堆叠顺序，发生重叠时值大的元素会在值小的元素上面。z-index 取值可为正整数、负整数和 0，默认值为 0。

小提示：

z-index 只能在 position 属性值为 relative、absolute 或 fixed 的元素上有效。z-index 值越大的元素越靠近用户。

1.4　【项目 1-1】三栏布局页面

1.4.1　项目分析

1. 项目展示

三栏布局是一种常用的网页布局结构，其页面效果如图 1-7 所示。

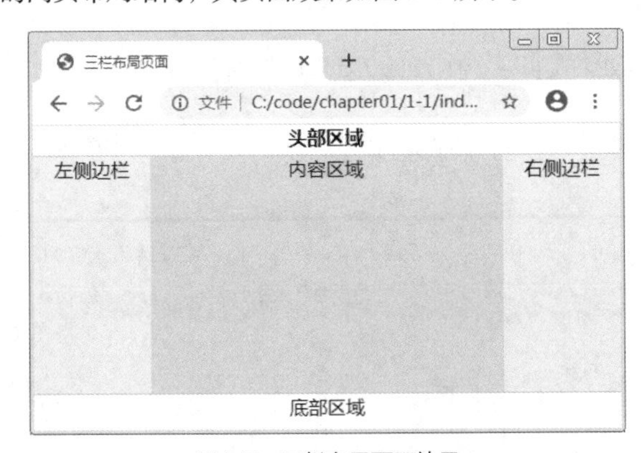

图1-7　三栏布局页面效果

在图 1-7 所示的页面中，除头部区域、底部区域外，中间的区域（主体区域）划分成了三个栏目，分别是左侧边栏、内容区域和右侧边栏，这三个栏目就构成了三栏布局。当浏览器窗口的宽度发生变化时，页面中左侧边栏和右侧边栏的宽度固定不变，而内容区域的宽度会随着浏览器窗口宽度大小的变化而变化。

2. 项目页面结构

本项目是由<header>、<footer>、<div>、<aside>、<section>这种 HTML5 语义化标签构成的，并使用 CSS 定位实现页面的布局结构。页面结构如图 1-8 所示。

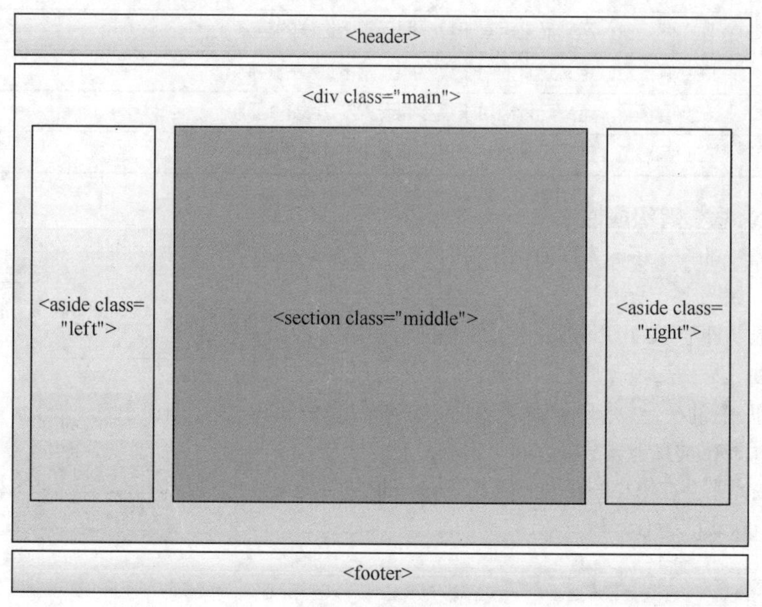

图1-8　页面结构

3. 项目目录结构

在进行项目开发之前，首先需要完成项目目录结构的搭建，具体文件目录结构如图 1-9 所示。

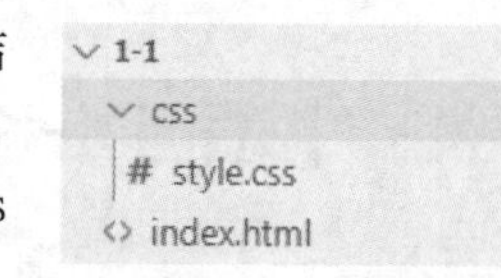

图1-9　目录结构

在图 1-9 中，index.html 文件用来实现项目的页面结构，css 目录下的 style.css 文件用来实现项目的页面样式。

1.4.2　编写头部和底部区域

页面的头部和底部区域的实现较为简单，它们位于主体区域的前后。本小节将完成头部和底部区域的页面结构与样式的编写。

（1）打开 C:\code\chapter01\1-1 目录，在 index.html 文件中编写头部、主体和底部区域的页面结构，具体代码如下。

```
1  <!DOCTYPE html>
2  <html>
3  <head>
4    <meta charset="UTF-8">
5    <title>三栏布局页面</title>
6    <link rel="stylesheet" href="css/style.css">
7  </head>
8  <body>
9    <!-- 头部区域 -->
10   <header>
11     <h4>头部区域</h4>
12   </header>
13   <!-- 主体区域 -->
14   <div class="main"></div>
15   <!-- 底部区域 -->
16   <footer>
17     <p>底部区域</p>
18   </footer>
```

```
19 </body>
20 </html>
```

上述代码中，第 10～12 行代码实现页面的头部区域；第 14 行代码实现页面的主体区域；第 16～18 行代码实现页面的底部区域。其中，主体区域的内容先暂时留空，具体会在后面的步骤中完成。

（2）在 css\style.css 文件中编写头部、主体和底部区域的样式，示例代码如下。

```
1  html, body, h4, p {
2    padding: 0;
3    margin: 0;
4    text-align: center;
5    font-size: 16px;
6  }
7  header, footer {
8    height: 25px;
9  }
10 .main {
11   border-top: 1px solid #ccc;
12   border-bottom: 1px solid #ccc;
13 }
```

上述代码中，第 1～6 行代码用于初始化默认样式；第 7～9 行代码用于设置头部和底部区域的高度；第 10～13 行代码用于设置主体区域的样式。

（3）在浏览器中打开 index.html，运行效果如图 1-10 所示。

图1-10　头部和底部区域效果

1.4.3 编写主体区域

主体区域由左侧边栏、内容区域和右侧边栏组成，本小节将会完成主体区域的基本页面结构和样式，而左侧边栏、右侧边栏的样式效果将会在后面的小节中完成。

（1）在 index.html 文件中编写主体区域的页面结构，具体代码如下。

```
1  <!-- 主体区域 -->
2  <div class="main">
3    <aside class="left">
4      <p>左侧边栏</p>
5    </aside>
6    <section class="middle">
7      <p>内容区域</p>
8    </section>
9    <aside class="right">
10     <p>右侧边栏</p>
11   </aside>
12 </div>
```

（2）在 css\style.css 文件中编写主体区域的样式，具体代码如下。

```
1  .left {
2    background: #eee;
3  }
4  .middle {
5    background: #ddd;
6  }
7  .right {
8    background: #eee;
9  }
```

（3）刷新浏览器页面，运行结果如图 1-11 所示。

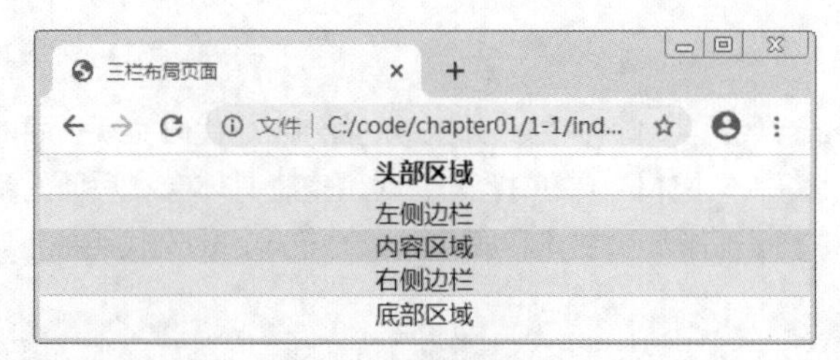

图1-11 主体区域的样式

1.4.4 实现左侧边栏效果

（1）在 css\style.css 文件中为主体区域.main 添加样式代码，示例代码如下。

```
1  .main {
2    ……（原有代码）
3    padding: 0 100px;
4  }
```

上述代码中，设置.main 的 padding 值上下为 0，左右为 100px。

（2）刷新浏览器页面，运行结果如图 1-12 所示。

（3）在 css\style.css 文件中添加左侧边栏.left 样式代码，示例代码如下。

```
1  .left {
2    ……（原有代码）
3    width: 100px;
4    position: absolute;
5    left: 0;
6  }
```

上述代码中，设置.left 为绝对定位，宽度为 100px，左侧边距为 0。

（4）刷新浏览器页面，运行结果如图 1-13 所示。

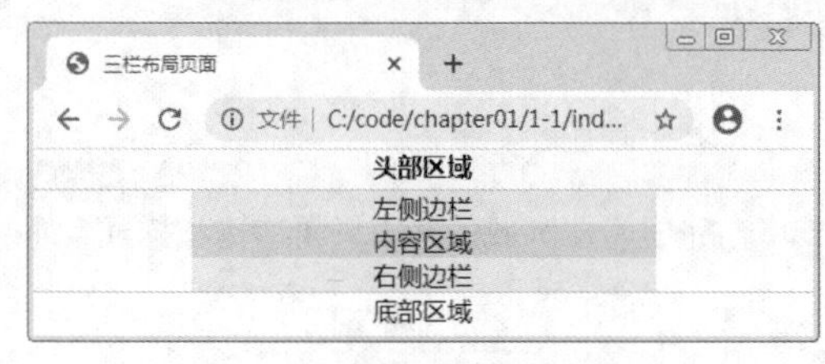

图1-12 将内容区域显示在中间

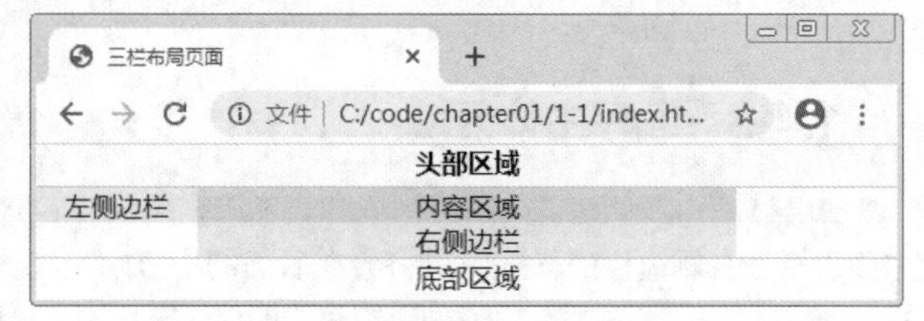

图1-13 将左侧边栏显示在左侧

1.4.5 实现右侧边栏效果

（1）在 css\style.css 文件中添加右侧边栏.right 样式代码，示例代码如下。

```
1  .right {
2    ……（原有代码）
3    width: 100px;
4    position: absolute;
5    right: 0;
6  }
```

上述代码中，右侧边栏与左侧边栏的实现方式类似。为右侧边栏设置绝对定位，宽度为 100px，右侧边距为 0。

（2）刷新浏览器页面，运行结果如图 1-14 所示。

（3）在 index.html 文件中修改.main 中的结构代码，示例代码如下。

```
1  <!-- 将右侧边栏移动到内容区域后面 -->
2  <aside class="right">
3    <p>右侧边栏</p>
4  </aside>
5  <section class="middle">
6    <p>内容区域</p>
7  </section>
```

（4）刷新浏览器页面，运行结果如图 1-15 所示。

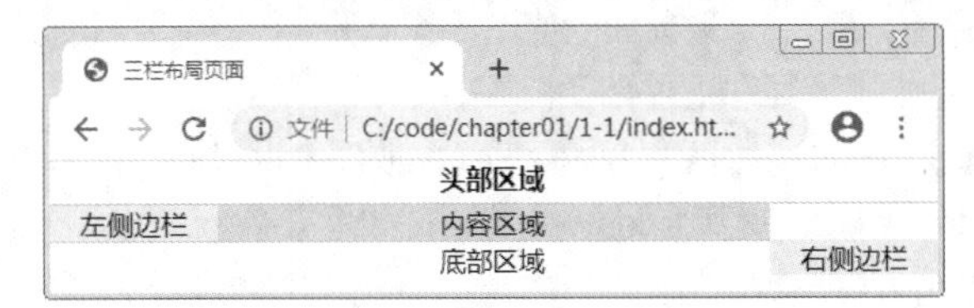

图1-14　将右侧边栏显示在右侧

图1-15　调整右侧边栏的位置

（5）在 css\style.css 文件中添加样式代码，示例代码如下。

```
1  .left, .right, .middle {
2    height: 199px;
3  }
```

上述代码中，设置左侧边栏、右侧边栏和内容区域的高度为 199px。

（6）刷新浏览器页面，运行结果与图 1-7 相同。

1.4.6　项目总结

本项目的练习重点：

通过本项目的练习，读者应该了解三栏布局页面的实现过程，熟练掌握 HTML5 页面结构和 CSS 定位在本项目中的简单运用。

本项目的练习方法：

建议读者在编码时按照项目分析中的需求，先编写 HTML5 文件中的整体结构，主要包括<header>、<footer>、<div>、<aside>和<section>标签，然后使用 CSS 定位实现三栏布局结构。编写完成后保存文件，用浏览器打开页面，即可呈现出三栏布局页面效果。

1.5　CSS3 边框属性

在 CSS3 以前，如果要制作圆角边框效果，需要在元素标签中加上 4 个空标签，再在每个空标签中应用一个圆角的背景，然后对这几个应用了圆角的标签进行相应的定位，这个过程十分麻烦。而 CSS3 中新增了 border-radius 属性，用它来实现圆角边框效果就非常简单了。本节将对 CSS3 边框属性进行详细讲解。

1.5.1　圆角边框

CSS3 的圆角边框实际上是在矩形的 4 个角分别做内切圆，然后通过设置内切圆的半径来控制圆角的弧度，如图 1-16 所示。

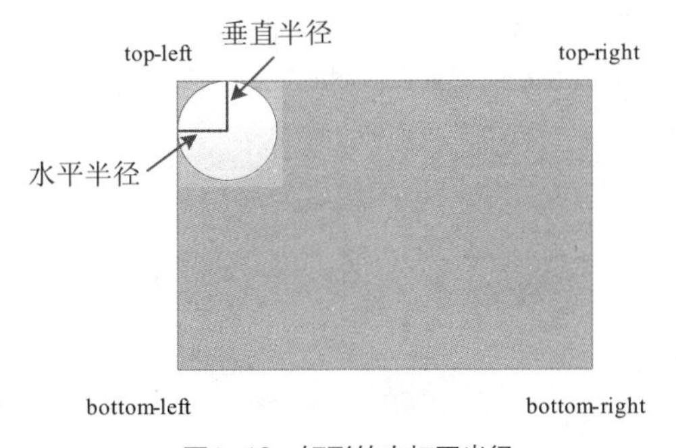

图1-16　矩形的内切圆半径

border-radius 属性的基本语法格式如下。

```
border-radius: 1~4 length|% / 1~4 length|%;
```

在上面的语法中，1 ~ 4 表示可以设置 1 ~ 4 个值，length 用于设置对象的圆角半径长度，不可为负值，“|%” 表示其可以写成百分比。如果 “/” 前后的值都存在，那么 “/” 前面的值设置其水平半径，“/” 后面的值设置其垂直半径。如果没有 “/” 后面的值，则表示水平半径和垂直半径相等。

border-radius 属性的 4 个值是按照 top-left、top-right、bottom-right 和 bottom-left 的顺序来设置的。如果省略 bottom-left，则其与 top-right 相同；如果省略 bottom-right，则其与 top-left 相同；如果省略 top-right，则其与 top-left 相同。

border-radius 是一种缩写的方式，我们还可以把各个角单独拆分出来，也就是以下 4 种写法，其参数都是先 y 轴然后 x 轴，具体写法如下。

```
border-top-left-radius: <length>  <length>        // 左上角
border-top-right-radius: <length>  <length>  // 右上角
border-bottom-right-radius: <length>  <length>     // 右下角
border-bottom-left-radius: <length>  <length>     // 左下角
```

接下来，我们通过案例演示如何使用 border-radius 属性来实现圆角边框效果，具体如例 1-3 所示。

【例 1-3】

（1）创建 C:\code\chapter01\demo03.html，具体代码如下。

```
1  <!DOCTYPE html>
2  <html>
3  <head>
4    <meta charset="UTF-8">
5    <title>CSS3 圆角边框</title>
6    <style>
7      section {
8        padding: 10px;
9      }
10     div {
11       display: inline-block;
12       padding: 15px 25px;
13       text-align: center;
14       font-size: 16px;
15       border: 2px solid #000;
16       color: #000;
17       background-color: #eee;
18       border-radius: 12px;
19     }
20   </style>
21 </head>
22 <body>
23   <section>
24     <div>圆角边框</div>
25   </section>
26 </body>
27 </html>
```

上述代码中，第 18 行代码设置了 border-radius 属性的值为 12px。

（2）用浏览器打开 demo03.html，页面效果如图 1-17 所示。

图1-17　圆角边框效果

1.5.2　特殊边框效果

利用 border-radius 和 border 属性还可以实现特殊的边框效果，如图 1-18 所示。

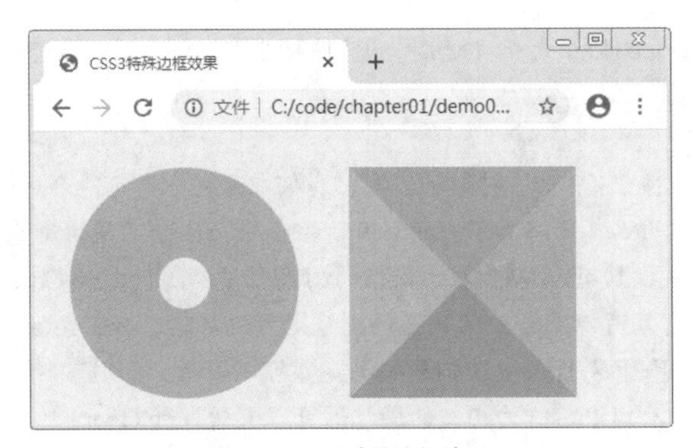

图1-18　特殊的边框效果

在图 1-18 中，左边是一个圆环的图案，右边是一个由 4 个不同颜色的三角形组成的正方形，像这样的图案效果就可以通过 border-radius 属性搭配 border 属性来实现。

接下来，我们通过案例来演示如何实现图 1-18 中的图案效果，具体如例 1-4 所示。

【例 1-4】

（1）创建 C:\code\chapter01\demo04.html，具体代码如下。

```
1  <!DOCTYPE html>
2  <html>
3  <head>
4    <meta charset="UTF-g">
5    <title>CSS3 特殊边框效果</title>
6    <style>
7      body {
8        padding: 0;
9        background-color: #F7E7F7;
10     }
11     div {
12       margin: 20px;
13       float: left;
14     }
15     /* 圆环 */
16     .border-radius {
17       width: 40px;
18       height: 40px;
19       border: 70px solid #93baff;
20       border-radius: 90px;
21     }
22     /* 四边不同色 */
23     .border-radius1 {
24       width: 0px;
25       height: 0px;
26       border-width: 90px;
27       border-style: solid;
28       border-color: #ff898e #93baff #c89386 #ffb151;
29     }
30   </style>
31 </head>
32 <body>
33   <div class="border-radius"></div>
34   <div class="border-radius1"></div>
35 </body>
36 </html>
```

在上述代码中，第 19～20 行代码设置的 border-radius 值大于 border 的值，就会让边框的内侧产生圆角效果，设为 90px 即可让边框内部变成圆形。第 24～26 行代码设置元素的宽和高为 0，边框为 90px，当边框的宽度超过元素本身的宽度时，生成的图案中就只能看到边框，看不到元素本身。第 28 行代码通过设置不同方向上边框的颜色来实现四边不同色的效果。第 33 行代码和 34 行代码分别定义两个盒子结构。

（2）通过浏览器打开 demo04.html，运行结果与图 1-18 相同。

多学一招：浏览器私有前缀

由于不同内核的浏览器对 CSS3 的支持情况不同，我们在开发中有可能会遇到一些新样式的兼容问题。为此，我们可以为不同内核的浏览器添加不同的私有前缀，从而区分不同的浏览器内核，具体如下。

- 以-webkit-开头的样式，只有以 Webkit 为内核的浏览器可以解析，如 Chrome、 Safari。
- 以-moz-开头的样式，只有以 Gecko 为内核的浏览器可以解析，如 Firefox。
- 以-ms-开头的样式，只有以 Trident 为内核的浏览器可以解析，如 IE。
- 以-o-开头的样式，只有以 Presto 为内核的浏览器可以解析，如 Opera。

1.6　CSS3 背景设置

CSS 背景设置指的是通过 CSS 为元素设置背景属性，如通过 CSS 设置各种背景样式。CSS 用于背景设置的常用属性如表 1-9 所示。

表 1-9　背景设置的常用属性

属性名	属性描述	允许取值	取值说明
background-color	设置背景色	red，green，blue	预定义的颜色值
		#FF0000，#FF6600，#29D794	十六进制颜色值，也是最常用的定义颜色的方式
		rgba(255,0,0,0.5)或 rgba(100%,0%,0%,0.5)	r 为红色值，g 为绿色值，b 为蓝色值，rgb 的取值可以是正整数也可以是百分数。a 是透明度，取值为 0～1
background-image	设置图片背景	url (url)	直接引用图片地址来设置图片作为对象背景
background-repeat	设置背景平铺重复方向	repeat	背景图像在纵向和横向上平铺
		no-repeat	背景图像不平铺
		repeat-x	背景图像在横向上平铺
		repeat-y	背景图像在纵向上平铺
background-attachment	设置或检索背景图像是随对象内容滚动还是固定的	scroll	背景图像随对象内容滚动
		fixed	背景图像固定
background-position	设置或检索对象的背景图像位置，语法为 length|length 或者 position|position	35% 80%或 35% 2.5cm 或 top right	length：百分数 | 由浮点数字和单位标识符组成的长度值。position：top | center | bottom | left | center | right
background-size	规定背景图像的尺寸	length	第一个值设置宽度，第二个值设置高度。一个值时，第二个值会被设置为“auto”
		percentage	以父元素的百分比来设置背景图像的宽度和高度，用法同上
		cover	背景图完全覆盖背景区域
		contain	宽和高完全适应内容区域

除以上常用的背景属性外，CSS3 还支持背景属性的合写功能，也可以叫作复合背景属性，用 background 进行设置，其基本语法格式如下。

```
选择器{background: background-color || background-image || background-repeat || background-attachment || background-position}
```

如使用该复合属性定义背景的单个参数，则其他参数的默认值将无条件覆盖各自对应的单个属性设置。默认值为“transparent none repeat scroll 0% 0%”。尽管该属性不可继承，但如果未指定，其父对象的背景颜色和背景图将在对象下面显示。

1.7 CSS3 阴影和渐变

1.7.1 阴影

CSS3 的 box-shadow 有点类似于 text-shadow。不同的是，text-shadow 是给对象的文本设置阴影，而 box-shadow 是给对象实现图层阴影效果。其基本语法格式如下。

```
对象选择器 {
  box-shadow: x 轴偏移量||y 轴偏移量||阴影模糊半径||阴影扩展半径||阴影颜色||投影方式
}
```

box-shadow 属性至多有 6 个参数，取值说明如表 1-10 所示。

表 1-10 box-shadow 属性参数说明

参数类型	取值说明
投影方式	此参数是一个可选值，如果不设值，其默认的投影方式是外阴影，设置阴影类型为“inset”时，其投影就是内阴影
x 轴偏移量	此参数是指阴影水平偏移量，其值可以是正负值，如果值为正值，则阴影在对象的右边，反之其值为负值时，阴影在对象的左边
y 轴偏移量	此参数是指阴影的垂直偏移量，其值也可以是正负值，如果为正值，阴影在对象的底部，反之其值为负值时，阴影在对象的顶部
阴影模糊半径	此参数可选，但其值只能是为正值，如果其值为 0，则表示阴影不具有模糊效果，其值越大，阴影的边缘就越模糊
阴影扩展半径	此参数是可选，其值可以是正负值，如果值为正，则整个阴影都延展扩大，反之值为负值，则缩小
阴影颜色	此参数可选，如果不设定任何颜色，浏览器会取默认色，但各浏览器默认色不一样，特别是在 Webkit 内核下的 Safari 和 Chrome 浏览器将显示无色，也就是透明，建议不要省略此参数

表 1-10 中，box-shadow 对盒子对象和图片对象都可以实现阴影效果。

接下来介绍如何使用 box-shadow，代码如例 1-5 所示。

【例 1-5】

（1）创建 C:\code\chapter01\demo05.html，具体代码如下。

```
1  <!DOCTYPE html>
2  <html>
3  <head>
4    <meta charset=utf-8">
5    <title>对象阴影</title>
6    <style>
7      .box {
8        box-shadow: 7px 4px 10px #000 inset;
9        width: 300px;
10       height: 80px;
11     }
12     .box1 img {
13       box-shadow: #000 7px 4px 10px;
14     }
15   </style>
16 </head>
17 <body>
18   <h3>盒子对象阴影测试</h3>
```

```
19   <div class="box">DIV 盒子内阴影</div>
20   <h3>图片对象阴影测试</h3>
21   <div class="box1"><img src="images/HTML5.jpg" /></div>
22 </body>
23 </html>
```

（2）用浏览器打开 demo05.html，页面效果如图 1-19 所示。

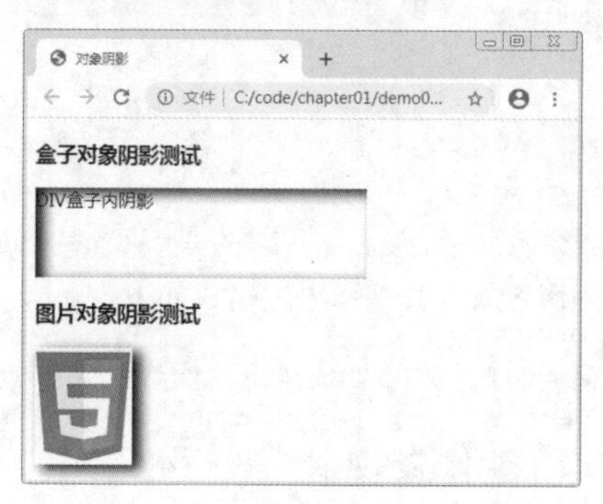

图1-19　盒子阴影

在 demo05.html 中分别设置 Div 对象内阴影效果和图片外阴影效果，需要注意的是，box-shadow 的参数值顺序不是固定的，几个像素值需要连在一起，投影方式写在第一个或者最后一个。

1.7.2　线性渐变

渐变是两种或多种颜色之间的平滑过渡，渐变背景一直以来在 Web 页面中都是一种常见的视觉元素。在 CSS3 以前，必须使用图像来实现这些效果。CSS3 的渐变属性主要包括线性渐变、径向渐变和重复渐变，下面重点讲解一下线性渐变和径向渐变。

CSS3 中的线性渐变通过 “background-image:linear-gradient (参数值);” 来设置，其基本语法格式如下。

```
background-image: linear-gradient([ <angle> | <side-or-corner>,] color stop, color stop[, color stop]*);
```

其中，[]中的参数表示可选值。linear-gradient 的参数取值说明如表 1-11 所示。

表 1-11　linear-gradient 的参数取值说明

参数类型	取值说明
<angle>	表示渐变的角度，角度数的取值范围是 0～360°。这个角度是以圆心为起点的角度，并以这个角度为发散方向进行渐变
<side-or-corner>	描述渐变线的起始点位置。它包含 to 和两个关键词：第 1 个指出水平位置 left or right，第 2 个指出垂直位置 top or bottom。关键词的先后顺序无影响，且都是可选的
color stop	用于设置颜色边界，color 为边界的颜色，stop 为该边界的位置，stop 的值为像素数值或百分比数值，若为百分比且小于 0%或大于 100%则表示该边界位于可视区域外。两个 color stop 之间的区域为颜色过渡区

接下来介绍如何使用线性渐变，代码如例 1-6 所示。

【例 1-6】

（1）创建 C:\code\chapter01\demo06.html，具体代码如下。

```
1  <!DOCTYPE html>
2  <html>
3  <head>
4    <meta charset="UTF-8">
5    <title>CSS3 线性渐变</title>
6    <style type="text/css">
7    .rainbow-linear-gradient {
8      width: 460px;
9      height: 160px;
10     background-image: linear-gradient(to right, #E50743 0%, #F9870F 15%, #E8ED30 30%, #3FA62E 45%,
```

```
#3BB4D7 60%, #2F4D9E 75%, #71378A 80%);
 11   }
 12   </style>
 13 </head>
 14 <body>
 15   <div class="rainbow-linear-gradient"></div>
 16 </body>
 17 </html>
```

（2）用浏览器打开 demo06.html，页面效果如图 1-20 所示。

图1-20　CSS3线性渐变

在 demo06.html 中实现了一个七色彩虹的效果，每个颜色值后面的百分数表示该色标的位置比例。

1.7.3　径向渐变

CSS3 中的径向渐变通过“background-image: radial-gradient(参数值);”来设置，其基本语法格式如下。

```
  background-image: radial-gradient(渐变形状 渐变大小 at 圆心坐标, color stop, color stop[, color
stop]*);
```

radial -gradient 的参数取值说明如表 1-12 所示。

表 1-12　radial-gradient 的参数取值说明

参数类型	取值	说明
圆心坐标	可设置为 x-offset y-offset，如 10px 20px；或使用预设值 center（默认值）	用于设置放射的圆心坐标
渐变形状	circle	圆形
	ellipse	椭圆形，默认值
渐变大小	closest-side 或 contain	以距离圆心最近的边的距离作为渐变半径
	closest-corner	以距离圆心最近的角的距离作为渐变半径
	farthest-side	以距离圆心最远的边的距离作为渐变半径
	farthest-corner 或 cove	以距离圆心最远的角的距离作为渐变半径

接下来介绍如何实现径向渐变的页面效果，如例 1-7 所示。

【例 1-7】

（1）创建 C:\code\chapter01\demo07.html，具体代码如下。

```
 1  <!DOCTYPE html>
 2  <html>
 3  <head>
 4    <meta charset="UTF-8">
 5    <title>CSS3 径向渐变</title>
 6    <style type="text/css">
 7      .moon-radial-gradient {
 8       width: 300px;
 9       height: 300px;
 10      background-image: radial-gradient(100px, #ffe07b 15%, #ffb151 2%, #16104b 50%);
 11     }
```

```
12   </style>
13 </head>
14 <body>
15    <div class="moon-radial-gradient"></div>
16 </body>
17 </html>
```

（2）用浏览器打开 demo07.html，页面效果如图 1-21 所示。

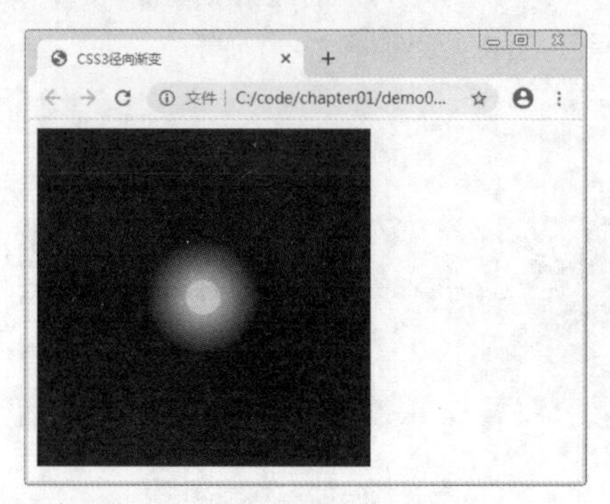

图1-21　CSS3径向渐变

在 demo07.html 中，使用径向渐变实现了一个月亮的效果。需要注意的是，圆心坐标的默认值是 center。

多学一招：重复渐变

了解了线性渐变和径向渐变的使用方法后，接下来介绍一下重复渐变。重复渐变可以和以上两种渐变方式组合使用，只需在两个属性前添加 “repeating-”，具体语法格式如下。

```
/* 线性重复渐变 */
repeating-linear-gradient(起始角度, color stop, color stop[, color stop]*)
/* 径向重复渐变 */
repeating-radial-gradient(渐变形状 渐变大小 at 圆心坐标, color stop, color stop[, color stop]*)
```

两种重复渐变的效果读者可以自己动手实践。

1.8 【项目 1-2】许愿墙

1.8.1 项目分析

1. 项目展示

在生活中，许愿墙是一种承载愿望的实体，来源于“许愿树”的习俗。后来人们逐渐改变观念，开始将愿望写在小纸片上，然后贴在墙上，这就是许愿墙。随着互联网的发展，人们又将许愿墙搬到了网络上，通过网站上的一个空间页面，来发表和展示愿望。

本项目的页面效果如图 1-22 所示。

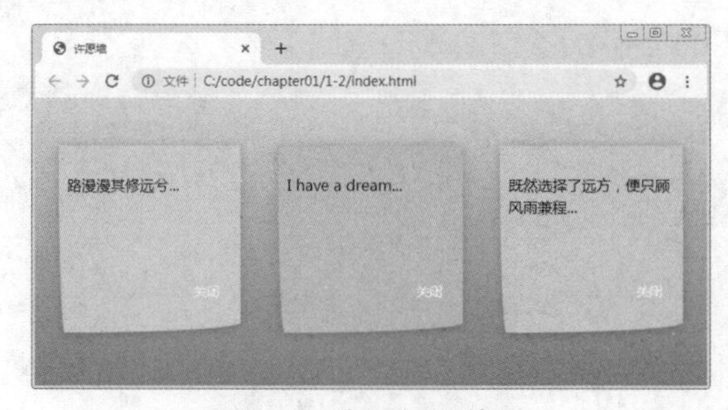

图1-22　许愿墙页面效果

2. 项目页面结构

本项目是由<div>、<p>和<span>等标签构成的，并使用圆角边框、背景颜色渐变来实现页面的效果。页面结构如图 1-23 所示。

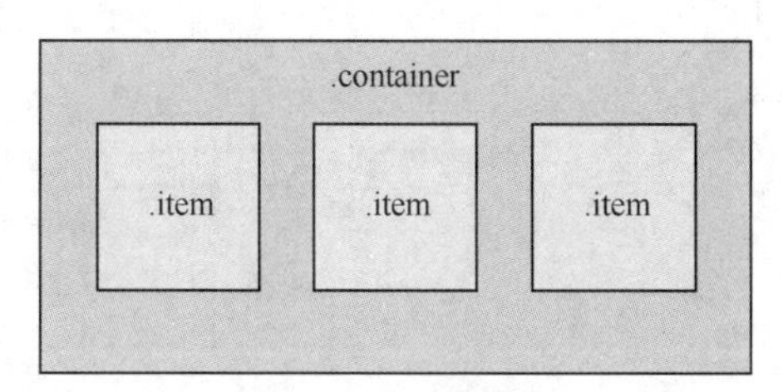

图1-23　页面结构

1.8.2　编写许愿墙页面结构

页面效果主要包括许愿墙页面结构和样式。下面将介绍许愿墙页面效果的具体实现过程。

（1）打开 C:\code\chapter01\1-2 目录，在 index.html 文件中编写许愿墙的页面结构，具体代码如下。

```
1  <!DOCTYPE html>
2  <html>
3  <head>
4    <meta charset="UTF-8">
5    <title>许愿墙</title>
6    <link rel="stylesheet" href="css/style.css">
7  </head>
8  <body>
9    <div class="container">
10     <div class="item" style="background: #E3E197;">
11       <p>路漫漫其修远兮...</p>
12       <span>关闭</span>
13     </div>
14     <div class="item" style="background: #F8B3D0;">
15       <p>I have a dream...</p>
16       <span>关闭</span>
17     </div>
18     <div class="item" style="background: #BBE1F1;">
19       <p>既然选择了远方，便只顾风雨兼程...</p>
20       <span>关闭</span>
21     </div>
22   </div>
23 </body>
24 </html>
```

上述代码中，第 6 行代码引入许愿墙页面的样式代码；第 9 行代码定义许愿墙页面的最外层容器；第 10～13 行代码定义许愿墙中许愿卡片的结构，并为许愿卡片设置不同的背景颜色。

（2）在浏览器中打开 index.html，运行结果如图 1-24 所示。

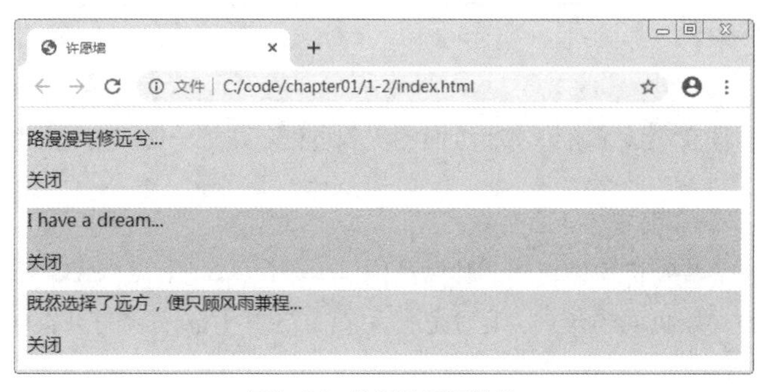

图1-24　许愿墙页面结构

1.8.3 编写许愿墙页面样式

（1）在 css\style.css 文件中编写许愿墙的样式，具体代码如下。

```
1  html {
2    height: 100%;
3  }
4  body {
5    background: linear-gradient(to bottom, #CBEBDB 0%, #3794C0 120%);
6    height: 100%;
7    margin: 0;
8  }
9  .container {
10   margin: 0 auto;
11   padding: 50px 0;
12   width: 720px;
13   overflow: hidden;
14 }
15 .container p {
16   height: 80px;
17   margin: 30px 10px;
18   overflow: hidden;
19   word-wrap: break-word;
20   line-height: 1.5;
21 }
22 .container span {
23   text-decoration: none;
24   color: white;
25   position: relative;
26   left: 150px;
27   font-size: 14px;
28 }
29 .item {
30   width: 200px;
31   height: 200px;
32   line-height: 30px;
33   box-shadow: 0 2px 10px 1px rgba(0, 0, 0, 0.2);
34   float: left;
35   margin: 0 20px;
36   border-bottom-left-radius: 20px 500px;
37   border-bottom-right-radius: 500px 30px;
38   border-top-right-radius: 5px 100px;
39 }
```

上述代码中，第 1～3 行代码设置 html 的高度为 100%；第 4～8 行代码设置 body 背景颜色渐变效果；第 9～14 行代码设置许愿墙页面的最外层容器样式；第 15～21 行代码设置许愿卡片内容的样式；第 22～28 行代码设置许愿墙卡片“关闭”功能的样式；第 29～39 行代码设置许愿墙卡片的样式。

（2）刷新浏览器页面，运行结果与图 1-22 相同。

1.8.4 项目总结

本项目的练习重点：

通过本项目的练习，读者应该了解许愿墙页面的实现过程。熟练掌握 CSS3 圆角边框和渐变在本项目中的简单运用。

本项目的练习方法：

建议读者在编码时，先编写许愿墙页面的整体结构，主要包括< div >、<p>和<span>标签，然后再使用圆角边框和渐变来实现许愿墙页面的样式。编写完成后保存文件，用浏览器打开页面，即可呈现出许愿墙页面的效果。

课后练习

一、填空题

1. ________表示页面中一个内容区块或整个页面的标题。
2. ________表示页面中一块与上下文不相关的独立内容，比如一篇文章。
3. CSS 的引入方式有 3 种，分别是行内式、内嵌式和________。
4. CSS 的浮动可以通过________属性进行设置。
5. 通用选择器________用来选择所有元素。
6. HTML5 中用________对代码进行解释，不会呈现在页面上。

二、判断题

1. HTML5 的一个核心理念就是保持一切新特性与原有功能保持平滑过渡。(　　)
2. CSS3 是 CSS 的当前最新版本，该版本提供了更加丰富且实用的规范。(　　)
3. background-color 用于设置元素的背景图片。(　　)
4. <html>标签标志着 HTML 文档的开始。(　　)

三、选择题

1. 下列选项中，不属于 HTML5 优势的是（　　）。

A. 进化而非颠覆　　B. 组件丰富
C. 强化 HTML5API，让页面设计更加简单　　D. 良好的用户体验

2. 下列选项中，不属于 HTML5 语义化标签的是（　　）。

A. <header>　　B. <nav>　　C. <div>　　D. <footer>

3. 下列选项中，可以实现元素圆角效果的是（　　）。

A. border　　B. border-radius　　C. arc　　D. circle

4. 下列选项中，可以实现元素向左浮动的是（　　）。

A. float: bottom　　B. float: right　　C. float: left　　D. float: top

四、简答题

请简述盒子模型是由哪几部分组成的。

第2章

CSS3文本与图标

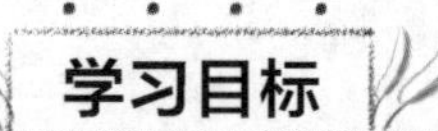

★ 熟悉 HTML5 中常用文本标签的含义

★ 掌握 CSS3 文本样式属性的使用

★ 了解 CSS3 中的@font-face 属性

★ 掌握 font-awesome 字体图标库的使用

★ 掌握 CSS3 用户界面属性的使用

★ 掌握软文推广页面的制作过程

网页的意义在于承载信息，而文字、图标等是表达信息的一种方式。随着前端技术的不断发展，在实现基本页面效果的同时，我们还可以使用 CSS3 提供的新特性实现更加丰富多彩的页面效果，如字体图标、CSS3 设置文本效果和 CSS3 用户界面属性等，进一步提升用户的体验。本章主要讲解如何使用 CSS3 文本、图标和 CSS3 用户界面属性构建文本类页面。

2.1 HTML5 中常用的文本标签

HTML5 提供了一些语义化的文本标签，方便在开发中使用。常用的文本标签如表 2-1 所示。

表 2-1 HTML5 文本标签

标签	描述
标题标签	HTML 中定义了 6 级标题，分别为 h1、h2、h3、h4、h5、h6，每级标题的字体大小依次递减，1 级标题字号最大，6 级标题字号最小
段落标签	<p>标签用于定义段落
 标签与<wbr>标签	 标签可插入一个简单的换行符，用来输入空行，而不是分割段落。 标签是空标签，在 XHTML 中，把结束标签放在开始标签中，也就是 。 <wbr>规定在文本中的何处适合添加换行符，其作用是建议浏览器在这个标记处可以断行，只是建议而不是必定会在此处断行，还要根据整行文字长度而定。除了 IE 浏览器，其他浏览器都支持<wbr>标签
<details>标签与<summary>标签	<details>标签用于描述文档或文档某个部分的细节，目前只有 Chrome 浏览器支持。<details>标签可以与<summary>标签配合使用。<summary>标签用于定义这个描述文档的标题

（续表）

标签	描述
<bdi>标签	<bdi>标签用于设置一段文本，使其脱离其父标签的文本方向设置
<ruby>标签、<rt>标签与<rp>标签	<ruby>标签用于定义 ruby 注释（中文注音或字符），与<rt>标签一同使用。 <rt>标签用于定义字符（中文注音或字符）的解释或发音。 <rp>标签在 ruby 注释中使用，以定义不支持<ruby>标签的浏览器所显示的内容
<mark>标签	<mark>标签主要用来在视觉上向用户呈现那些需要突出显示或高亮显示的文字，典型应用是搜索结果中高亮显示搜索关键词
<time>标签	<time>标签用于定义日期或时间，也可以同时定义两者
<meter>标签	<meter>标签用于定义度量衡，仅用于已知最大和最小值的度量
<progress>标签	<progress>标签用于定义任何类型任务的运行进度，也可以用于显示 JavaScript 中时间函数的进程

2.2　CSS3 文本样式属性

为了让网页中的文本看起来更加美观，CSS3 提供了丰富的文本样式属性，我们可以为文本设置字体、颜色、字号、阴影等效果。本节将对 CSS3 文本样式属性进行详细讲解。

2.2.1　字体样式属性

字体样式属性用于定义文本的字体系列、大小、风格等，常用的字体样式属性如表 2-2 所示。

表 2-2　常用的字体样式属性

属性	功能	允许取值	描述
font-size	字号大小	1em、5em 等	em 表示相对于当前对象内文本的字体尺寸
		5px	px 表示像素，最常用，推荐使用
font-family	字体	微软雅黑	网页中常用的字体有宋体、微软雅黑、黑体等
font-weight	字体粗细	normal	默认值，定义标准的字符
		bold	定义粗体字符
		bolder	定义更粗的字符
		lighter	定义更细的字符
		100~900（100 的整数倍）	定义由细到粗的字符，其中 400 等同于 normal，700 等同于 bold，值越大字体越粗
font-style	字体风格	normal	默认值，浏览器会显示标准的字体样式
		italic	浏览器会显示斜体的字体样式
		oblique	浏览器会显示倾斜的字体样式
word-wrap	长单词或 URL 自动换行	normal	只在允许的断字点换行（浏览器保持默认处理）
		break-word	在长单词或 URL 地址内部进行换行

除以上常用的属性外，CSS 还支持字体的合写。font 属性用于对字体样式进行综合设置，其基本语法格式如下。

```
选择器 { font: font-style || font-weight || font-size || line-height || font-family; }
```

2.2.2　文本外观属性

文本外观属性用于设置颜色、字间距、字母间距、水平对齐、文本装饰 、阴影等，常用的文本外观属性如表 2-3 所示。

表 2-3　文本外观属性

属性	功能	允许取值	描述
color	文本颜色	red，green，blue	预定义的颜色值
		#FF0000, #FF6600, #29D794	十六进制颜色值，也是最常用的定义颜色的方式
		rgba(255,0,0,0.5)或 rgba(100%,0%,0%, 0.5)	r 是红色值；g 是绿色值；b 是蓝色值，rgb 的取值可以是正整数也可以是百分数。a 是透明度，取值 0～1
letter-spacing	字间距	normal, 0.5em, 30px	用于定义字符与字符之间的空白。normal 为默认值，其属性值可为不同单位的数值，允许使用负值
word-spacing	单词间距	normal, 0.5em, 30px	用于增加或减少单词间的空白（即字间隔）。默认值 normal，其属性值可为不同单位的数值，允许使用负值
line-height	行间距	5px, 3em, 150%	用于定义行与行之间的距离。属性值单位有三种，分别为 px、相对值 em 和百分比%，实际工作中使用最多的是 px（像素）
text-transform	文本转换	none	不转换（默认值）
		capitalize	首字母大写
		uppercase	全部字符转换为大写
		lowercase	全部字符转换为小写
text-decoration	文本装饰	none	没有装饰（正常文本默认值）
		underline	设置文本下划线
		overline	设置文本上划线
		line-through	设置文本删除线
text-align	水平对齐方式	left	左对齐（默认值）
		right	右对齐
		center	居中对齐
text-indent	首行缩进	2em, 50px, 30%	用于设置首行文本的缩进。其属性值可为不同单位的数值、em 字符宽度的倍数或相对于浏览器窗口宽度的百分比%，允许使用负值，建议使用 em 作为设置单位
white-space	空白符处理	normal	常规（默认值），文本中的空格、空行无效，满行（到达区域边界）后自动换行
		pre	预格式化，按文档的书写格式保留空格、空行原样显示
		nowrap	合并所有空白符为一个空白符，强制文本不能换行，除非遇到换行标记 。内容超出元素的边界也不换行，若超出浏览器页面则会自动增加滚动条
text-overflow	标示对象内溢出文本	clip	修剪溢出文本，不显示省略标记“...”
		ellipsis	用省略标记“...”标示被修剪文本，省略标记插入的位置是最后一个字符位置。需要结合 overflow:hidden;使用

表 2-3 分别给出了不同的属性可以实现不同的页面样式效果，读者可以根据需要选择使用。

为了帮助读者理解 CSS3 新文本属性，下面以 text-shadow 为例讲解如何为文本添加阴影效果。text-shadow 属性的基本语法格式如下。

```
选择器 { text-shadow: h-shadow v-shadow blur color; }
```

在上面的语法格式中，h-shadow 用于设置水平阴影的距离，v-shadow 用于设置垂直阴影的距离，blur

用于设置模糊半径，color 用于设置阴影颜色。text-shadow 属性的具体用法如例 2-1 所示。

【例 2-1】

（1）创建 C:\code\chapter02\demo01.html，具体代码如下。

```
1  <!DOCTYPE html>
2  <html>
3  <head>
4    <meta charset="utf-8">
5    <title>text-shadow 属性</title>
6    <style type="text/css">
7      p {
8        font-size: 50px;
9        /* 设置文字阴影的水平距离、垂直距离、模糊半径和颜色 */
10       text-shadow: 10px 10px 10px #2c41ff;
11     }
12   </style>
13 </head>
14 <body>
15   <p>设置文本阴影</p>
16 </body>
17 </html>
```

（2）用浏览器打开 demo01.html，页面效果如图 2-1 所示。

图2-1　demo01.html页面效果

2.2.3　链接属性

在实际开发中，网页中的链接有 4 种状态，具体如下所示。

- a:link：链接的初始状态。
- a:hover：把鼠标放上去时悬停的状态。
- a:active：鼠标单击时的状态。
- a:visited：访问过后的状态。

我们要为上面 4 种不同状态的链接设置不同的样式，来区分它们。这 4 种状态的排序有一个有趣的规则——LoVe HAte 原则，即按照 link、visited、hover、active 的顺序进行设置。

改变超链接样式的示例代码如下。

```
/* 将全站有链接的文字颜色样式设置为 color:#333; 并无下划线 */
a { color: #333; text-decoration: none; }
/* 对鼠标放到超链接上的情况，将文字颜色样式变为 color: #CC3300 ;
并给文字链接加下划线 text-decoration: underline; */
a:hover { color: #CC3300; text-decoration: underline; }
```

2.2.4　@font-face 属性

@font-face 是 CSS3 的新特性，用于定义服务器字体。通过@font-face 属性，开发者便可以使用用户计算机未安装的字体。

@font-face 属性的语法格式如下所示。

```
@font-face {
  font-family: <YourWebFontName>;
  src: <source> [<format>][,<source> [<format>]]*;
  [font-weight: <weight>];
  [font-style: <style>];
}
```

@font-face 属性的取值说明如下所示。

（1）YourWebFontName：此值指的是自定义的字体名称，最好是使用下载的默认字体（如下载字体名称为 myFont，这里填写"myFont"），它将被引用到 Web 元素中的 font-family，如"font-family: myFont"。

（2）source：此值指的是自定义的字体的存放路径，可以是相对路径也可以是绝对路径。

（3）format：此值指的是自定义的字体的格式，主要用来帮助浏览器识别，其值主要有 truetype、opentype、truetype-aat、embedded-opentype、svg 几种类型。

（4）weight 和 style：weight 定义字体是否为粗体，style 主要定义字体样式，如斜体。

@font-face 属性的具体用法如例 2-2 所示。

【例 2-2】

（1）创建 C:\code\chapter02\demo02.html，具体代码如下。

```
1  <!DOCTYPE html>
2  <html>
3  <head>
4    <meta charset="UTF-8">
5    <title>@font-face 用法</title>
6    <style>
7    @font-face {
8      font-family: myFont;
9      src: url("css/fonts/书法.ttf");
10   }
11   div{
12     font-family: myFont;
13     font-size: 4em;
14   }
15   </style>
16 </head>
17 <body>
18 <div>
19   使用@font-face，应用漂亮的 Web 字体
20 </div>
21 </body>
22 </html>
```

（2）用浏览器打开 demo02.html，页面效果如图 2-2 所示。

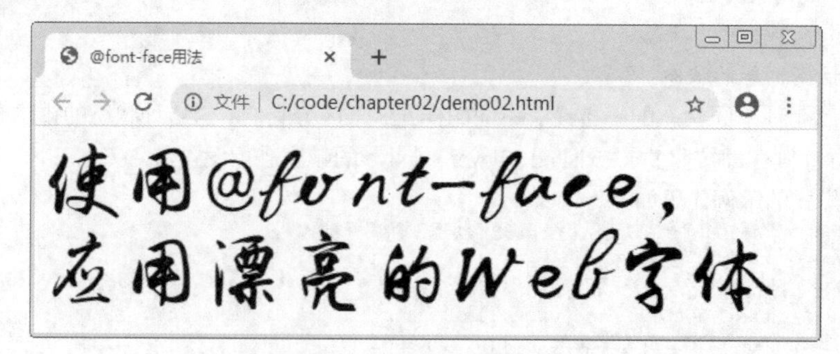

图2-2　demo02.html页面效果

在 demo02.html 中，@font-face 属性设置了自定义字体，font-family 属性表示为自定义字体取的名字，src 属性用来设置文件的路径，"书法.ttf"为字体文件。读者可以根据个人的喜好下载自己喜欢的字体。需要注意的是，最后需要对页面文字进行字体设置，如代码第 12～15 行所示。

2.3 font-awesome 字体图标

在传统的网页制作过程中，涉及图标的情况大多用图片进行处理，图片有优势也有不足。例如，使用图片会增加总文件的大小并带来很多额外的 HTTP 请求，增大服务器的负担。并且大量图片需要下载时，也增加了用户的等待时间，牺牲了用户体验。另外，如果图片不是矢量图，在移动端高分辨率显示屏上会变得模糊，因此，在响应式设计中推荐用字体图标来代替图片。字体图标就是将图标字体化，字体通常是矢量的，能解决图片放大模糊的缺点。

自己制作字体图标是非常麻烦的，但我们可以使用 font-awesome，它是一款完全开源、免费的字体图标库，提供了将近 500 个常用图标（并且还在不断更新）。本节将对 font-awesome 的使用进行讲解。

2.3.1 下载 font-awesome

font-awesome 其实就是一个图标工具，这里主要讲解 4.5.0 版本的使用。我们可以在 GitHub 上找到 font-awesome 项目，将文件下载到本地。解压之后，打开文件夹目录，效果如图 2-3 所示。

在图 2-3 中，我们只需关注两个文件夹 css 和 fonts，fonts 文件夹中有我们需要的字体文件，css 文件夹中是该工具提供的 css 文件。

将 fonts 文件和 font-awesome.min.css 文件复制到 chapter02 中的 css 文件目录下，结构如图 2-4 所示。

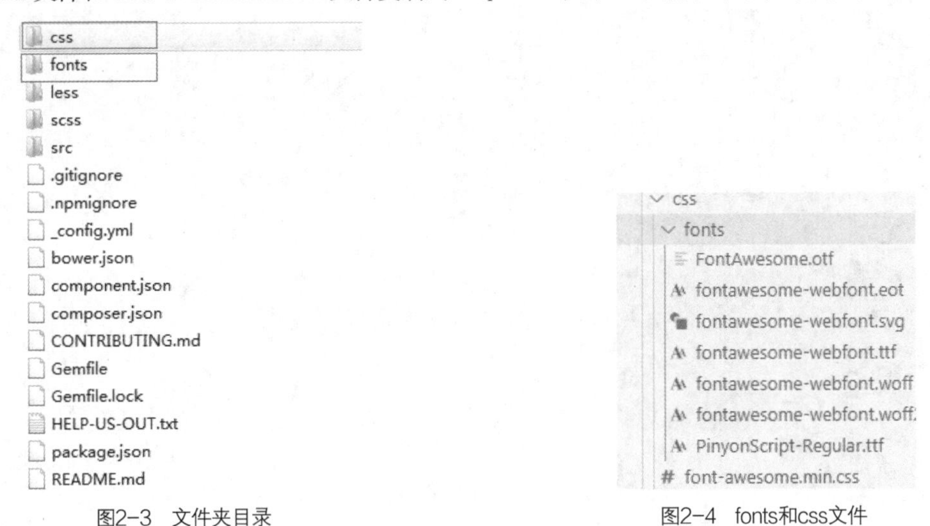

图2-3 文件夹目录

图2-4 fonts和css文件

2.3.2 使用 font-awesome

接下来介绍如何使用 font-awesome 提供的字体图标，代码如例 2-3 所示。

【例 2-3】

（1）创建 C:\code\chapter02\demo03.html，具体代码如下。

```
1  <!DOCTYPE html>
2  <html>
3  <head>
4    <meta charset="UTF-8">
5    <title>字体图标应用</title>
6    <link href="css/font-awesome.min.css" rel="stylesheet" type="text/css">
7  </head>
8  <body>
9    <i class="fa fa-comments fa-5x"></i>
10 </body>
11 </html>
```

上述代码中，fa-comments 表示评论图标，字体图标的大小设置为 fa-5x。

（2）用浏览器打开 demo03.html，页面效果如图 2-5 所示。

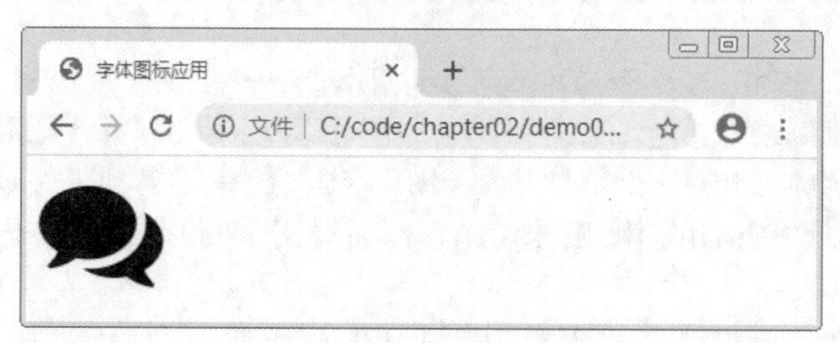

图2-5　demo03.html页面效果

图 2-5 显示的是 font-awesome 官方提供的图标。如果我们想使用其他的图标，到 font-awesome 图标库网站中查找想要的图标，找到图标的 class 值，在代码中使用即可。

除了引用字体图标的方法外，开发者还可以自定义引用字体图标的类名，如例 2-4 所示。

【例 2-4】

（1）创建 C:\code\chapter02\demo04.html，具体代码如下。

```
1  <!DOCTYPE html>
2  <html>
3  <head>
4    <meta charset="UTF-8">
5    <title>字体图标应用</title>
6    <style>
7      @font-face {
8        font-family: 'FontAwesome';
9        src: url("css/fonts/fontawesome-webfont.eot?v=4.5.0");
10       src: url("css/fonts/fontawesome-webfont.eot?#iefix&v=4.5.0")
11       format("embedded-opentype"),
12       url("css/fonts/fontawesome-webfont.woff2?v=4.5.0") format("woff2"),
13       url("css/fonts/fontawesome-webfont.woff?v=4.5.0") format("woff"),
14       url("css/fonts/fontawesome-webfont.ttf?v=4.5.0")
15       format("truetype"),
16       url("css/fonts/fontawesome-webfont.svg?v=4.5.0#fontawesomeregular")
17       format("svg");
18       font-weight: normal;
19       font-style: normal;
20     }
21     /* 设置字体编码 */
22     .fa-weixin:before {
23       content: "\f1d7";
24     }
25     .fa {
26       color: green;
27       font:  normal normal 5em FontAwesome;
28       -webkit-font-smoothing: antialiased;
29     }
30   </style>
31 </head>
32 <body>
33   <i class="fa fa-weixin"></i>
34   <h5>微信公共平台开发</h5>
35 </body>
36 </html>
```

（2）用浏览器打开 demo04.html，页面效果如图 2-6 所示。

demo04.html 代码中的“fa-weixin”是自定义的字体图标类名，这里将第 23 行的 content 属性值设置为微信图标对应的编码，这个编码是使用 UI 设计师提供给前端人员的 svg 矢量图生成的，也可以在网上通过第三方网站获得，这里仅作了解即可。

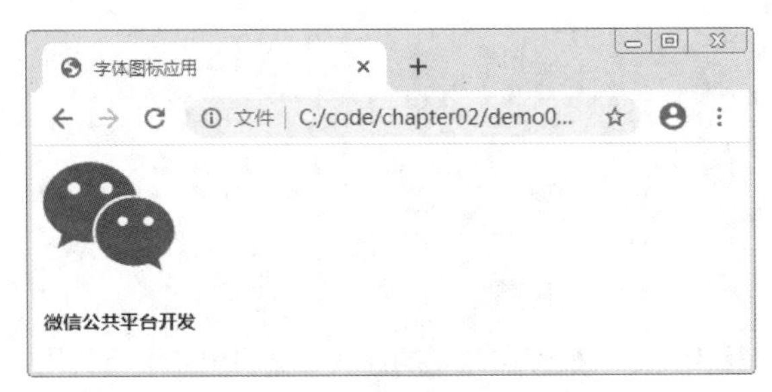

图2-6 demo04.html页面效果

在font-awesome字体文件中，每个图标都有其对应的编码，编码保存在font-awesome.min.css文件中，我们使用字体图标时只需引用对应的class值。

2.4 CSS3用户界面属性

CSS3增加了一些新的用户界面特性来调整元素尺寸、框尺寸和外边框，例如，box-sizing、outline-offset和resize属性。本节将对这些属性进行详细讲解。

2.4.1 box-sizing属性

box-sizing属性的作用是告诉浏览器如何计算元素的总宽度和总高度，其取值有content-box（默认值）、border-box和inherit，inherit表示从父元素继承。

content-box是CSS2.1中指定元素宽度和高度的方式，元素的宽度和高度不包括padding和border。这就意味着在设置元素的width和height时，元素真实展示的高度与宽度会更大，因为元素的边框与内边距也会计算在width和height中。

border-box用来指定元素的宽度和高度（包括padding和border）。也就是说，从已设置的宽度和高度中分别减去边框和内边距才能得到内容的宽度和高度。

接下来介绍如何使用box-sizing属性，代码如例2-5所示。

【例2-5】

（1）创建C:\code\chapter02\demo05.html，具体代码如下。

```
1  <!DOCTYPE html>
2  <html>
3  <head>
4    <meta charset="utf-8">
5    <title>CSS3 盒子模型</title>
6    <style>
7      .box {
8        width: 600px;
9      }
10     img {
11       width: 150px;
12       height: 150px;
13       float: left;
14       box-sizing: border-box;
15       /* box-sizing: content-box; */
16       /* 设置盒子的边框 */
17       border: 1px solid #000;
18       /* 设置左侧外边距 */
19       /* margin-left: 1px; */
20       /* 设置盒子的内边距 */
21       /* padding: 10px; */
22     }
23   </style>
24 </head>
```

```
25 <body>
26   <div class="box">
27     <img src="images/goods/登山鞋.jpg" alt="">
28     <img src="images/goods/女包.jpg" alt="">
29     <img src="images/goods/男包.jpg" alt="">
30     <img src="images/goods/棉服.jpg" alt="">
31   </div>
32 </body>
33 </html>
```

上述代码中，第 7～9 行代码定义最外层盒子的样式；第 10～22 行代码定义图片样式，设置图片的 box-sizing 的值为 border-box；第 26～31 行代码定义商品信息。

（2）用浏览器打开 demo05.html，页面效果如图 2-7 所示。

图2-7　demo05.html页面效果

图 2-7 中，由于设置了图片的 box-sizing 值为 border-box，所以图片会在一行内展示。如果去掉该属性或者将属性值设置为 content-box，那么设置了边框的图片会超出父盒子.box 的宽度另起一行排列。因此，CSS3 的 box-sizing 属性很好地解决了这个问题。

目前，很多浏览器已经支持 box-sizing: border-box。推荐所有元素使用 box-sizing，但是存在兼容性问题。详细信息见表 2-4 所示。

表 2-4　浏览器兼容性

浏览器	Chrome	IE	Firefox	Safari	Opera
box-sizing	10.0 4.0 -webkit-	8.0	29.0 2.0 -moz-	5.1 3.1 -webkit-	9.5

表 2-4 中的数字表示支持该属性的第一个浏览器的版本号。紧跟在数字后面的-webkit- 或-moz-等为指定浏览器的前缀。

需要注意的是，由于 margin 设置的是盒子最外层的边距值，border-box 对于 margin 外边距无效。box-sizing: border-box 是很多开发人员需要的效果，采用更直观的方式展示大小，效果更好。但是它并不适用于所有元素，例如，当 input 和 text 元素设置了 width: 100%时，宽度是不一样的。

2.4.2　resize 调整尺寸

在 CSS3 中，resize 属性指定一个元素是否应该由用户去调整大小。其取值有 none（默认值）、both、horizontal 和 vertical。none 表示用户无法调整元素的尺寸；both 表示用户可调整元素的高度和宽度；horizontal 表示用户可调整元素的宽度；vertical 表示用户可调整元素的高度。

接下来，我们介绍如何使用 resize 属性，代码如例 2-6 所示。

【例 2-6】

（1）创建 C:\code\chapter02\demo06.html，具体代码如下。

```
1  <!DOCTYPE html>
2  <html>
3  <head>
```

```
4     <meta charset="utf-8">
5     <title>CSS3 resize 调整大小</title>
6     <style>
7       .box {
8         resize: both;
9         width: 400px;
10        height: 400px;
11        border: 1px solid #000;
12        overflow: auto;
13      }
14      img {
15        width: 200px;
16        height: 200px;
17        box-sizing: border-box;
18        padding: 10px;
19      }
20    </style>
21 </head>
22 <body>
23   <div class="box">
24     <img src="images/bg.jpg" alt="">
25     <p>CSS3 中，resize 属性指定一个元素是否应该由用户去调整大小。这个 div 元素由用户调整大小。 </p>
26   </div>
27 </body>
28 </html>
```

上述代码中，第 7～13 行代码定义.box 的样式，其中，将 resize 的值设置为 both，表示可以调节.box 盒子的宽度和高度；第 14～19 行代码定义图片的样式；第 23～26 行代码定义图片和文字的页面结构。

（2）用浏览器打开 demo06.html，页面效果如图 2-8 所示。

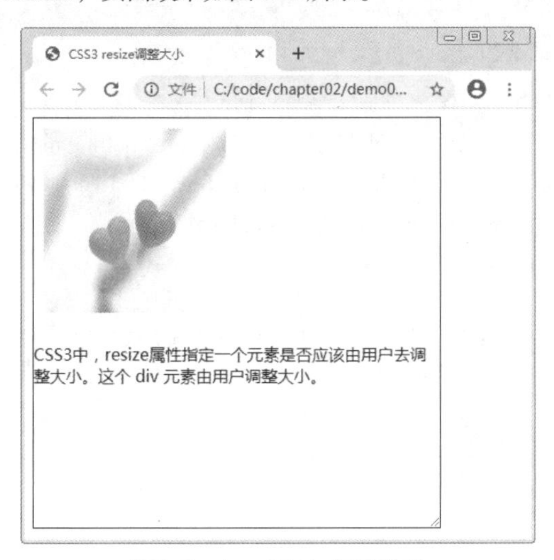

图2-8　demo06.html页面效果

图 2-8 是将鼠标指针移到右下角的位置，然后，按住鼠标左键向右和向左拖动.box 后的页面效果。如果将 both 修改为 horizontal，则表示只可以调整.box 的宽度。读者可以通过修改 resize 的值自行体验。

目前，很多浏览器已经支持 resize，但是存在兼容性问题。详细信息见表 2-5 所示。

表 2-5　浏览器兼容性

浏览器	Chrome	IE	Firefox	Safari	Opera
resize	4.0	不兼容	5.0 4.0 -moz-	4.0	15.0

表 2-5 中的数字表示支持该属性的第一个浏览器版本号。在-webkit-、-ms-或-moz-之前的数字为支持

该前缀属性的第一个浏览器版本号。

2.4.3 outline-offset 外形修饰

outline-offset 属性对轮廓进行偏移，并在超出边框边缘的位置绘制轮廓。其取值有 0（默认值）、length 和 inherit。length 是轮廓与边框边缘的距离；inherit 规定对象元素应从父元素继承 outline-offset 属性的值。

需要注意的是，轮廓与边框不同的是，轮廓不影响元素的宽高或者位置，轮廓不一定是矩形。

接下来介绍如何使用 CSS3 outline-offset 属性，代码如例 2-7 所示。

【例 2-7】

（1）创建 C:\code\chapter02\demo07.html，具体代码如下。

```
1  <!DOCTYPE html>
2  <html>
3  <head>
4    <meta charset="utf-8">
5    <title>CSS3 outline-offset 属性</title>
6    <style>
7      img {
8        margin: 20px;
9        width: 100px;
10       height: 100px;
11       border: 1px solid #eee;
12       outline: 1px solid #000;
13       outline-offset: 15px;
14     }
15   </style>
16 </head>
17 <body>
18   <img src="images/goods/登山鞋.jpg" alt="">
19 </body>
20 </html>
```

上述代码中，第 7～14 行代码定义 img 图片的样式。其中，将 outline 的值设置为 1px solid #000，表示黑色轮廓；并设置图片的边框为灰色；设置轮廓的偏移量为 15px。第 18 行代码定义图片。

（2）用浏览器打开 demo07.html，页面效果如图 2-9 所示。

图2-9 demo07.html页面效果

图 2-9 中，这个图片在边框之外 15px 处有一个黑色的轮廓。

目前，很多浏览器已经支持 outline-offset，但是存在兼容性问题。详细信息见表 2-6 所示。

表 2-6 浏览器兼容性

浏览器	Chrome	IE	Firefox	Safari	Opera
outline-offset	4.0	不兼容	3.5	3.1	10.5

表 2-6 中的数字表示支持该属性的第一个浏览器版本号。在-webkit-、-ms-或-moz-之前的数字为支持该前缀属性的第一个浏览器版本号。

2.5 【项目 2】软文推广页面

2.5.1 项目分析

1. 项目展示

广告软文是一种网站推广的表现形式，其精美的外观和精简的内容信息很容易被用户所接受，从而达到很好的推广效果。本项目将带领读者实现一个软文推广页面。页面效果如图 2-10 所示。

2. 项目页面结构

有了前导知识作为铺垫，接下来我们来完成这个广告推广软文页面。该页面结构，如图 2-11 所示。

图2-10 软文推广页面

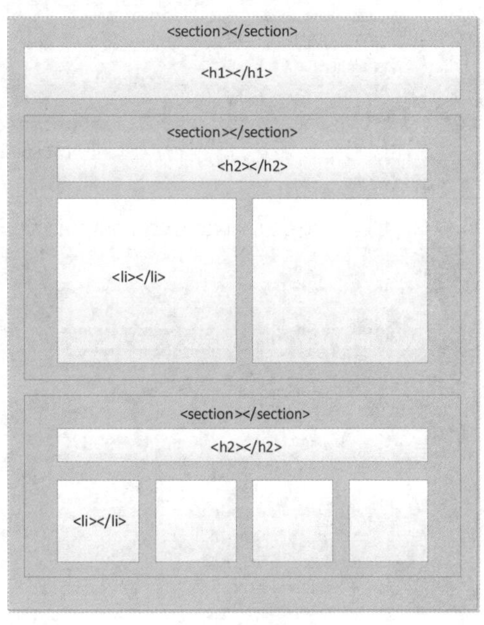

图2-11 页面结构

该软文推广页面由<section>标签嵌套多个<section>标签构成，在<section>标签中分别实现 ul 列表结构。

该页面的实现细节，具体分析如下。

（1）标题分别使用<h1>和<h2>标签，其中 h1 表示一级标题，h2 表示二级标题。

（2）<h1>标签中应用了名称为“书法.ttf”的字体，并且添加文字阴影。

（3）.middle 和.footer 中的字体图标使用<i>标签引用对应的 class 值来完成。

（4）在<p>标签中定义 HTML5 和 CSS3 描述信息。

3. 项目目录结构

在进行项目开发之前，首先需要完成项目目录结构的搭建，具体文件目录结构如图 2-12 所示。

图2-12 目录结构

图 2-12 中，在 css 目录下创建 advertising.css 文件、font-awesome.min.css 文件和 fonts 目录，用来实现页面的结构中的字体样式和字体图标；index.html 用来实现软文推广的页面结构。

2.5.2 编写头部页面效果

在项目分析完成之后，我们就可以根据项目结构图编写 HTML 代码，然后再编写 CSS 样式代码，这样就可以实现软文推广页面的效果了。

（1）创建 C:\code\chapter02\2-1\index.html 文件，编写头部结构，具体代码如下。

```
1  <!DOCTYPE html>
2  <html>
3  <head>
4    <meta charset="UTF-8">
5    <title>广告推广软文页面</title>
6    <link href="css/font-awesome.min.css" rel="stylesheet">
7    <link href="css/advertising.css" rel="stylesheet" >
8  </head>
9  <body>
10   <section class="container">
11     <h1>万物互联，极致体验</h1>
12   </section>
13 </body>
14 </html>
```

上述代码中，第 6 行代码引入 font-awesome.min.css 文件；第 7 行代码引入 advertising.css；第 11 行代码定义头部标题。

（2）创建 C:\code\chapter02\2-1\advertising.css 文件，编写头部样式，具体代码如下。

```
1  html,
2  body,
3  ul {
4    width: 100%;
5    height: 100%;
6    /* 新增的，去body 的默认边距 */
7    padding: 0;
8    margin: 0;
9  }
10 .container h1{
11   text-align: center;
12   font: 40px "myFont";
13   margin-top: 75px;
14   text-shadow: 5px 5px 5px #2c41ff;
15 }
16 @font-face {
17   font-family: myFont;
18   src: url("fonts/书法.ttf");
19 }
```

上述代码中，第 1~9 行代码初始化 html、body 和 ul 等样式；第 10~15 行代码设置头部标题样式，其中，第 12 行代码设置字体样式；第 16~19 行代码定义 myFont 字体样式。

（3）在浏览器中打开 index.html，运行结果如图 2-13 所示。

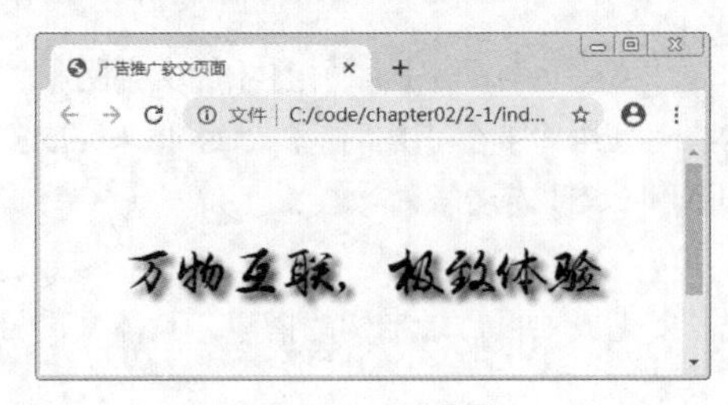

图2-13 头部样式

2.5.3 编写中间部分页面效果

（1）在 2.5.2 小节第（1）步中的第 9 行代码后面，添加代码实现中间部分结构，具体代码如下。

```
1  <section class="middle">
2    <h2>HTML5 + CSS3</h2>
3    <ul>
4      <li>
5        <p>
6          <i class="fa fa-html5 fa-5x"></i>
7        </p>
8        <p>
9          【HTML5】HTML5 不仅仅是 HTML 规范的当前最新版本，HTML5 进化的重大意义还在于 HTML5 从技术层面带来了八个类别的革新。HTML5 规范以“用户至上”为宗旨。也就是说在遇到冲突时，规范的优先级为用户>页面作者>实现者（浏览器）>规范开发者（W3C/WHATWG）>纯理论。除此之外，HTML5 还引入了一种新的安全模型来保证 HTML5 足够安全。
10       </p>
11     </li>
12     <li>
13       <p>
14         <i class="fa fa-css3 fa-5x"></i>
15       </p>
16       <p>
17         【CSS3】CSS3 是 CSS 的当前最新版本，该版本提供了更加丰富且实用的规范。在 Web 开发中采用 CSS3 技术将会美化页面，显著地提高用户体验，同时也能极大地提高程序的性能。例如列表模块、超链接、语言模块、背景和边框、颜色、文字特效、多栏布局和动画，等等。
18       </p>
19     </li>
20   </ul>
21 </section>
```

上述代码中，第 2 行代码定义 h2 标题；第 3～20 行代码定义 ul 列表，其中，第 5～7 行代码实现 HTML5 字体图标，并且设置字体图标的大小为 fa-5x。

（2）在 2.5.2 小节第（2）步中的第 19 行代码后面，添加代码实现中间部分结构样式，具体代码如下。

```
1  .middle {
2    margin-top: 20px;
3    width: 800px;
4    margin: 0 auto;
5    text-align: center;
6  }
7  .middle ul li {
8    box-sizing: border-box;
9    width: 400px;
10   padding: 10px;
11   overflow: hidden;
12   float: left;
13   list-style: none;
14   line-height: 30px;
15 }
```

上述代码中，第 1～6 行代码设置.middle 最外层盒子样式；第 7～15 行代码设置 ul 列表的样式。

（3）刷新浏览器页面，运行结果如图 2-14 所示。

图2-14　中间部分结构样式

2.5.4 编写底部页面效果

（1）在 2.5.3 小节第（1）步中的第 21 行代码后面，添加代码实现底部结构，具体代码如下。

```
1  <section class="footer">
2    <h2>平台支持</h2>
3    <ul>
4      <li>
5        <i class="fa fa-apple fa-3x"></i>
6        <h5>
7          <a href="#">原生移动 APP 开发</a>
8        </h5>
9      </li>
10     <li>
11       <i class="fa fa-weixin fa-3x"></i>
12       <h5>
13         <a href="#">微信公共平台开发</a>
14       </h5>
15     </li>
16     <li>
17       <i class="fa fa-desktop fa-3x"></i>
18       <h5>
19         <a href="#">网站开发</a>
20       </h5>
21     </li>
22     <li>
23       <i class="fa fa-laptop fa-3x"></i>
24       <h5>
25         <a href="#">桌面应用开发</a>
26       </h5>
27     </li>
28   </ul>
29 </section>
```

上述代码中，第 2 行代码定义标题；第 3～28 行代码定义底部列表结构，其中，第 4～9 行代码定义字体图标和 h5 标题结构。

（2）在 2.5.3 小节第（2）步中的第 16 行代码后面，添加代码实现底部结构样式，具体代码如下。

```
1  .footer {
2    clear: both;
3    margin-top: 20px;
4    text-align: center;
5    margin: 0 auto;
6    width: 800px;
7  }
8  .footer ul li {
9    width: 200px;
10   padding: 10px;
11   /* 新增的 */
12   float: left;
13   box-sizing: border-box;
14   list-style: none;
15 }
```

上述代码中，第 1～7 行代码设置底部.footer 最外侧盒子样式。其中，第 2 行代码清除浮动，第 5 行代码使用 margin 将其居中显示。第 8～15 行代码设置列表样式。其中，第 12 行代码设置左浮动，第 13 行代码使用 box-sizing 设置 CSS3 盒子模型。

（3）刷新浏览器页面，运行结果与图 2-10 相同。

2.5.5 项目总结

本项目的练习重点：

通过本项目的练习，读者要熟练掌握使用字体图标，使用 CSS3 中@font-face 属性自定义字体样式，以及下载和使用 font-awesome 字体图标库。

本项目的练习方法：

建议读者先进行结构代码的编写，再进行样式添加。

本项目的注意事项：

（1）该项目在字体图标部分所应用的文件可以在网上进行下载，本书的源码中也会提供，不要忘记在 HTML 页面引入“css/font-awesome.min.css”，这个文件中有部分代码需要在该路径下。

（2）CSS 文件中的路径需要修改成本地的路径，也可以按照代码中的位置存放文件，制作过程中注意字体图标的应用和各种文字的设置。

课后练习

一、填空题

1. 通过 CSS 的________属性设置字体的大小。
2. CSS3 新特性中，________用于定义服务器字体。
3. 通过设置 font-weight 的值为________定义粗体字符。
4. 通过设置 font-style 的值为________实现斜体的字体样式。
5. 通过设置元素的________属性来实现文本的首行缩进。

二、判断题

1. HTML 中，定义了 6 级标题，分别为 h1、h2、h3、h4、h5、h6，每级标题的字体大小依次递减，1 级标题字号最大，6 级标题字号最小。(　　)
2. 字体图标就是将图标字体化，字体通常是矢量的，解决了图片放大模糊的缺点。(　　)
3. 文本外观属性用于设置颜色、字间距、字母间距、水平对齐、文本装饰、阴影等。(　　)
4. box-sizing 属性对轮廓进行偏移，并在超出边框边缘的位置绘制轮廓。(　　)
5. @font-face 属性中的 source 指的是自定义的字体的存放路径，可以是相对路径也可以是绝对路径。(　　)

三、选择题

1. 下列选项中，可以实现文本的阴影效果的是（　　）。

A. text-shadow　　B. text-align　　C. text-indent　　D. text-overflow

2. 下列选项中，实现文本水平对齐方式的是（　　）。

A. text-transform　　B. text-shadow　　C. text-align　　D. text-indent

3. 在@font-face 中，可以用来定义字体名称的是（　　）。

A. font　　B. src　　C. font-family　　D. name

4. 在 font-awesome 字体图标库中，可以用来设置字体大小的是（　　）。

A. fa-5　　B. fa-5x　　C. fa-5px　　D. fa

四、简答题

请通过代码演示@font-face 的使用方法。

第3章

CSS3过渡、变形与动画

学习目标

★ 掌握CSS3过渡

★ 掌握transition的子属性

★ 掌握CSS3变形以及CSS3动画

★ 掌握摇晃的桃子的实现过程

为追求更为直观的浏览与交互体验，用户对网站的美观性和交互性的要求越来越高。CSS3不仅可以实现页面的基本样式，还可以为页面中的元素添加过渡效果。除此之外，CSS3还可以使用animation实现更加复杂的动画，来提高用户的体验。本章将重点讲解CSS3过渡、变形与动画的使用方法。

3.1 CSS3过渡

在CSS3之前，由于没有过渡属性transition，当修改CSS样式时，CSS样式属性值就会瞬间变成修改后的值，此时CSS样式的变化是没有过渡效果的，这样会直接影响到用户的体验。过渡其实就是一个简单的动画效果，使用起来非常简单。本节讲解transition属性的基本语法。

3.1.1 什么是过渡

CSS3的过渡就是平滑地改变一个元素的CSS值，使元素从一个样式逐渐过渡到另一个样式。要实现这样的效果，必须规定如下两项内容。

（1）规定应用过渡的CSS属性名称。

（2）规定过渡效果的时长。

CSS3的过渡使用transition属性来定义，transition属性的基本语法如下。

```
element {
  transition: property duration timing-function delay;
}
```

上述代码中，element表示需要过渡的元素；transition属性是一个复合属性，主要包括property、duration、timing-function和delay等子属性，通过将这些子属性设置为不同的值，来实现不同的过渡效果。关于取值以及取值说明将在下一小节中进行详细讲解。

transition 属性可以实现简单的动画效果，但如果想要实现更复杂的动画效果，可以使用 CSS3 中的

animation 和@keyframes。

3.1.2 transition 的子属性

在学习了 transition 属性的基本语法之后，为了实现页面中元素的过渡效果，就需要学习 transition 属性的常用子属性了，具体如表 3-1 所示。

表 3-1　transition 的子属性

属性	描述	允许取值	取值说明
property	规定应用过渡的 CSS 属性的名称	none	没有属性会获得过渡效果
		all	默认值，所有属性都将获得过渡效果
		property	定义应用过渡效果的 CSS 属性名称列表
duration	定义过渡效果花费的时间	time 值	以秒或毫秒计，默认是 0，意味着没有效果
timing-function	规定过渡效果的时间曲线	linear	规定以相同速度开始至结束的过渡效果，相当于 cubic-bezier(0,0,1,1)
		ease	默认值，规定慢速开始，然后变快，然后慢速结束的过渡效果，相当于 cubic-bezier(0.25,0.1,0.25,1)
		ease-in	规定以慢速开始的过渡效果，相当于 cubic-bezier (0.42,0,1,1)
		ease-out	规定以慢速结束的过渡效果，相当于 cubic-bezier (0,0,0.58,1)
		ease-in-out	规定以慢速开始和结束的过渡效果，相当于 cubic-bezier (0.42,0,0.58,1)
		cubic-bezier(n,n,n,n)	在 cubic-bezier 函数中定义自己的值。可以是 0 至 1 之间的数值
delay	规定效果开始之前需要等待的时间	time 值	以秒或毫秒计，默认是 0

表 3-1 详细说明了 transition 属性的子属性取值以及含义。

需要注意的是，添加多个子属性时要用空格隔开；如果要实现多个样式的变换效果，添加的属性需要由逗号分隔。如果时长 duration 未设置，则不会有过渡效果，因为默认值是 0。

接下来介绍如何使用 transition 实现元素显示、隐藏的过渡效果，代码如例 3-1 所示。

【例 3-1】

（1）创建 C:\code\chapter03\demo01.html，具体代码如下。

```
1  <!DOCTYPE html>
2  <html>
3  <head>
4    <meta charset="UTF-8">
5    <title>CSS3 过渡</title>
6    <style>
7      /* 显示 */
8      .box {
9        width: 100px;
10       height: 100px;
11       background-color: #eee;
12       opacity: 1;
13       transition:  3s ;
14     }
15     /* 隐藏 */
16     .box:hover {
```

```
17      opacity: 0;
18    }
19  </style>
20 </head>
21 <body>
22   <div class="box"></div>
23 </body>
24 </html>
```

上述代码中，第 8～14 行代码定义.box 的样式，设置透明度为 1，transition 的值为 3s，表示过渡效果花费的时间是 3s；第 16～18 行代码定义元素的透明度为 0，表示当鼠标指针悬停在.box 元素上时元素隐藏，当鼠标离开盒子时元素显示。

（2）用浏览器打开 demo01.html，页面效果如图 3-1 所示。

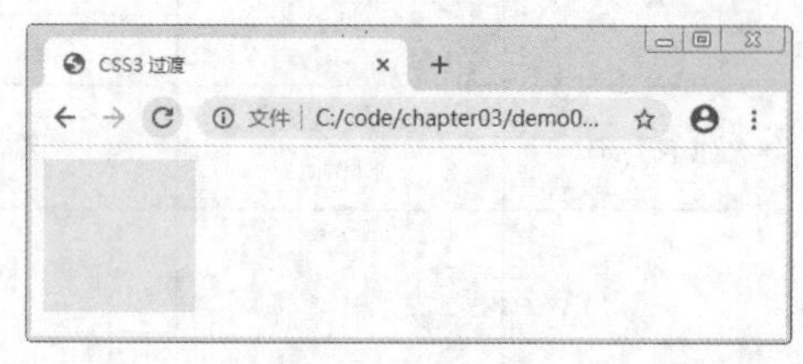

图3-1　CSS3过渡

在图 3-1 中，展示了初始页面效果。用户可以将鼠标指针移入和移出灰色盒子，查看元素的隐藏效果。

需要注意的是，元素的过渡效果开始于指定的 CSS 属性改变值时。CSS 属性改变的典型时间是鼠标指针位于元素上或离开元素时；当鼠标光标移动到该元素时，该元素逐渐改变它原有样式。

目前，很多浏览器已经支持 transition 属性，但是存在兼容性问题。IE 10、Firefox、Chrome 及 Opera 支持 transition 属性，Safari 前缀为-webkit-的版本支持 transition 属性，IE 9 以及更早的版本不支持 transition 属性，Chrome 25 以及更早的版本需要前缀为-webkit-才支持 transition 属性。

3.2 CSS3 变形

CSS3 动画相关的第 2 个属性就是 transform，翻译成中文就是“改变和转换”。CSS3 transform 属性允许我们对元素进行旋转、缩放、移动或倾斜，对元素应用 2D 或 3D 转换。本节将详细讲解如何使用 transform 属性实现元素的变形。

3.2.1 2D 转换

transform 属性的基本语法如下所示。

```
transform: none | transform-functions;
```

在上面的语法中，transform 属性的默认值为 none，适用于内联元素和块元素，表示不进行变形；transform-functions 用于设置变形函数，可以是一个或多个变形函数列表。

2D 转换的常用函数如表 3-2 所示。

表 3-2　2D 转换的常用函数

函数名	描述	参数说明
rotate(angel)	旋转元素	angel 是度数值，代表旋转角度
skew(x-angel,y-angel)	倾斜元素	angel 是度数值，代表倾斜角度
skewX(angel)	沿着 *x* 轴倾斜元素	
skewY(angel)	沿着 *y* 轴倾斜元素	
scale(x,y)	缩放元素，改变元素的高度和宽度	代表缩放比例，取值包括正数、负数和小数
scaleX(x)	改变元素的宽度	
scaleY(y)	改变元素的高度	
translate(x,y)	移动元素对象，基于 *x* 和 *y* 坐标重新定位元素	元素移动的数值，*x* 代表左右方向，*y* 代表上下方向，向左和向上使用负数，反之用正数

（续表）

函数名	描述	参数说明
translateX(x)	沿着 *x* 轴移动元素	元素移动的数值，*x* 代表左右方向，*y* 代表上下方向，向左和向上使用负数，反之用正数
translateY(y)	沿着 *y* 轴移动元素	
matrix(n,n,n,n,n,n)	2D 转换矩阵	使用六个值的表示变形，所有变形的本质都是由矩阵完成的

表 3-2 中，详细说明了 transform 属性的参数取值以及含义。

需要注意的是，IE 10、Firefox 和 Opera 支持 transform 属性，Chrome 和 Safari 前缀为-webkit-的版本支持 transform 属性，IE 9 前缀为-ms-的版本支持 transform 属性。

接下来介绍如何使用 2D 转换实现元素的旋转、缩放和变形等，如例 3-2 所示。

【例 3-2】

（1）创建 C:\code\chapter03\demo02.html，具体代码如下。

```
1  <!DOCTYPE html>
2  <html>
3  <head>
4    <meta charset="UTF-8">
5    <title>CSS3 旋转缩放</title>
6    <style>
7      div{
8        width: 150px;
9        height: 150px;
10       background-color: #eee;
11       transition: all 1s
12     }
13     div:hover{
14       transform:rotate(360deg) scale(0.5);
15     }
16   </style>
17 </head>
18 <body>
19   <div></div>
20 </body>
21 </html>
```

上述代码中，第 7～11 行代码设置 div 盒子样式；第 12～14 行代码实现当鼠标指针悬停在 div 盒子上时，让 div 盒子顺时针旋转 360 度，并且缩小一半的效果。

（2）在浏览器中打开 demo02.html，运行结果如图 3-2 所示。

图 3-2 展示了 div 盒子的最终状态，过渡效果可以在浏览器中自行体验。如果一个元素需要设置多种变形效果，可以使用空格把多个变形属性值隔开。

图3-2　CSS3旋转缩放

3.2.2　元素变形原点

元素的变形都有一个原点，元素围绕着这个点进行变形或者旋转，默认的起始位置是元素的中心位置。CSS3 变形使用 transform-origin 属性指定元素变形基于的原点，具体语法格式如下。

```
transform-origin: x-axis y-axis z-axis;
```

上述代码中，x-axis 表示 *x* 轴偏移量，允许取值分别是 left、center、right、length 和%；y-axis 表示 *y* 轴偏移量，允许取值分别是 top、center、bottom、length 和%；z-axis 表示 *z* 轴偏移量，允许取值为 length。

接下来介绍如何修改元素变形原点位置来实现不同的页面效果，如例 3-3 所示。

【例 3-3】

（1）创建 C:\code\chapter03\demo03.html，具体代码如下。

```
1  <!DOCTYPE html>
2  <html>
3  <head>
4    <meta charset="UTF-8">
5    <title>CSS3 变形原点</title>
6    <style>
7      div {
8        width: 150px;
9        height: 150px;
10       background-color: #eee;
11       transform: rotate(30deg);
12       transform-origin: left bottom 0px;
13     }
14   </style>
15 </head>
16 <body>
17   <div></div>
18 </body>
19 </html>
```

上述代码中，主要是第 12 行代码改变 div 盒子变形原点。此时，div 盒子会以左下角为原点进行旋转。

（2）在浏览器中打开 demo03.html，运行结果如图 3-3 和图 3-4 所示。

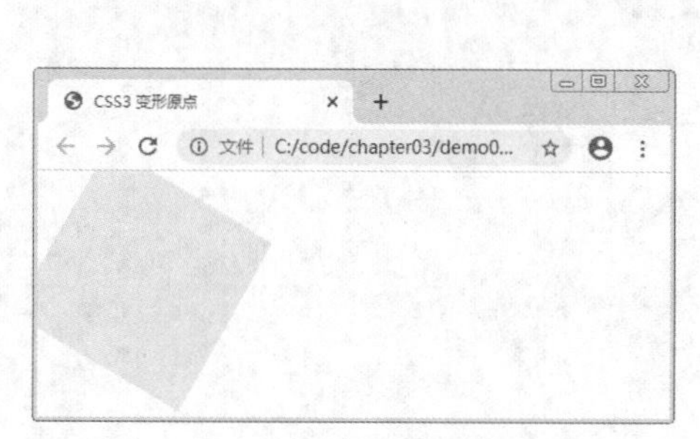

图3-3 默认旋转

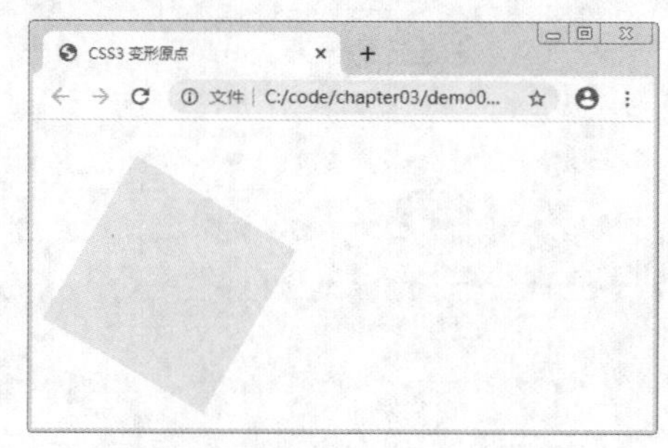

图3-4 修改变形原点为左下角

需要注意的是，当参数值为 0px 时，可以省略单位，也可以不写此参数，因为它们都是可选参数。

3.2.3 3D 转换

既然 transform-origin 支持 *z* 轴的偏移，那么 transform 支持 3D 变形也是理所当然的事情。3D 变形是指某个元素围绕其 *x* 轴、*y* 轴和 *z* 轴进行旋转。

transform-functions 的常用于 3D 转换的函数如表 3-3 所示。

表 3-3 3D 转换的函数

函数名	描述	参数说明
rotate3d(x,y,z,angel)	定义 3D 旋转	前三个值用于判断需要旋转的轴，旋转轴的值设置为 1，否则为 0，angel 代表元素旋转的角度
rotateX(angel)	沿着 *x* 轴 3D 旋转	
rotateY(angel)	沿着 *y* 轴 3D 旋转	
rotateZ(angel)	沿着 *z* 轴 3D 旋转	
scale3d(x,y,z)	定义 3D 缩放	代表缩放比例，取值包括正数、负数和小数
scaleX(x)	沿着 *x* 轴缩放	
scaleY(y)	沿着 *y* 轴缩放	
scaleZ(z)	沿着 *z* 轴缩放	
translate3d(x,y,z)	定义 3D 转化	元素移动的数值
translateX(x)	仅用于 *x* 轴的值	

（续表）

函数名	描述	参数说明
translateY(y)	仅用于 y 轴的值	元素移动的数值
translateY(z)	仅用于 z 轴的值	
matrix3d(n,n,n,n,n,n,n,n,n,n,n,n,n,n,n,n)	3D 转换矩阵	使用 16 个值的 4×4 矩阵，所有的变形本质都是由矩阵完成的
perspective(n)	定义 3D 转换元素的透视视图	一个代表透视深度的数值

表 3-3 中，详细说明了 3D 转换的函数属性的参数取值以及含义。由于计算机屏幕是二维平面，通过 perspective 属性就可以实现视觉上的 3D 效果。

接下来介绍如何使用 3D 转换实现立方体结构，代码如例 3-4 所示。

【例 3-4】

（1）创建 C:\code\chapter03\demo04.html，具体代码如下。

```
1  <!DOCTYPE html>
2  <html>
3  <head>
4    <meta charset="UTF-8">
5    <title>CSS 立方体</title>
6    <style>
7      .box {
8        width: 200px;
9        height: 200px;
10       position: relative;
11       perspective: 1000px;
12       /* 定义子元素保留 3D 位置 */
13       transform-style: preserve-3d;
14       transform: translate(150px,100px) rotateX(-30deg) rotateY(30deg);
15     }
16   </style>
17 </head>
18 <body>
19   <div class="box">
20     <div class="front">1</div>
21     <div class="back">2</div>
22     <div class="left">3</div>
23     <div class="right">4</div>
24     <div class="top">5</div>
25     <div class="bottom">6</div>
26   </div>
27 </body>
28 </html>
```

上述代码中，第 7～15 行代码定义 3D 环境容器。其中，设置 transform-style 的值为 preserve-3d;表示设置 3D 环境；第 11 行代码设置 perspective 值为 1000px，表示元素距视图的距离为 1000px；第 10 行代码设置相对定位；第 14 行代码设置 3D 容器的位移和旋转角度。第 20～25 行代码定义立方体每个面的结构。

（2）设置立方体面的公共样式，具体代码如下。

```
1  .front, .back, .left, .right, .top, .bottom {
2    background-color: #ccc;
3    font-size: 30px;
4    text-align: center;
5    line-height: 200px;
6    position: absolute;
7    border: 1px solid #fff;
8    right: 0;
9    bottom: 0;
10   left: 0;
11   top: 0;
```

```
12   opacity: 0.5;
13 }
```

上述代码中，第 6 行代码将立方体的每个面设置为绝对定位元素；第 8～11 行代码设置相对于父元素盒子的右侧、底部、左侧和顶部的偏移量为 0。

（3）在第（2）步中的 13 行代码后面添加代码，实现立方面前面的效果，具体代码如下。

```
1  .front{
2    transform: translateZ(100px);
3  }
```

上述代码中，第 2 行代码让元素沿 z 轴正方向移动 100px。

（4）用浏览器打开 demo04.html，页面效果如图 3-5 所示。

（5）在第（3）步中第 3 行代码后面添加代码，实现立方面后面的效果，具体代码如下。

```
1  .back {
2    transform: translateZ(-100px);
3  }
```

上述代码中，第 2 行代码让立方体后面沿 z 轴负方向移动 100px。

（6）刷新浏览器页面，运行结果如图 3-6 所示。

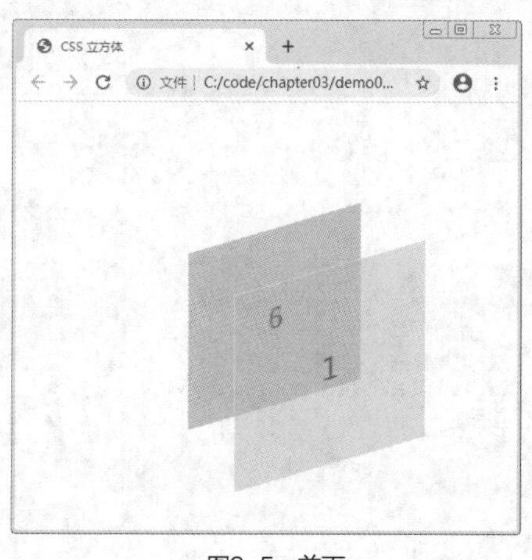

图3-5　前面

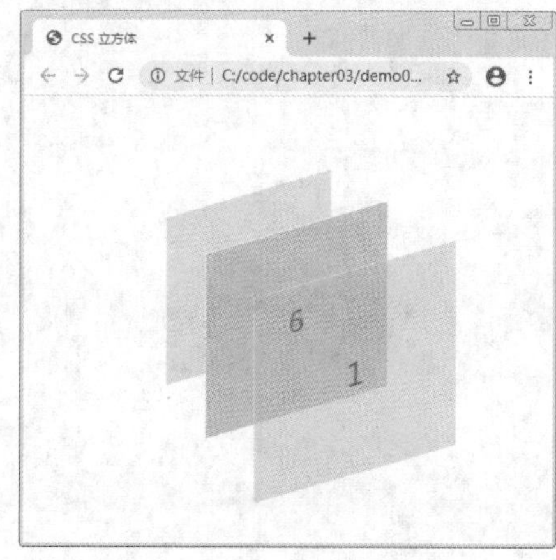

图3-6　后面

（7）在第（5）步中第 3 行代码后面添加代码，分别实现立方面左面、右面、上面和下面的效果，具体代码如下。

```
1  .left {
2    transform: rotateY(90deg) translateZ(-100px);
3  }
4  .right {
5    transform: rotateY(90deg) translateZ(100px);
6  }
7  .top {
8    transform: rotateX(90deg) translateZ(100px);
9  }
10 .bottom {
11   transform: rotateX(90deg) translateZ(-100px);
12 }
```

上述代码中，第 1～3 行代码实现立方面左面的效果；第 4～6 行代码实现立方面的右面的效果；第 7～9 行代码实现立方面上面的效果；第 10～12 行代码实现立方面下面的效果。

（8）刷新浏览器页面，运行结果如图 3-7 所示。

在 demo04 中我们给.box 这个 div 元素设置了 perspective 透视，如果不做透视设置是无法实现立方体效果的。另外，还使用了 transform-style:preserve-3d;属性，用于定义子元素保留 3D 位置，如果不做此项设置，这个立方体会是“扁”的。

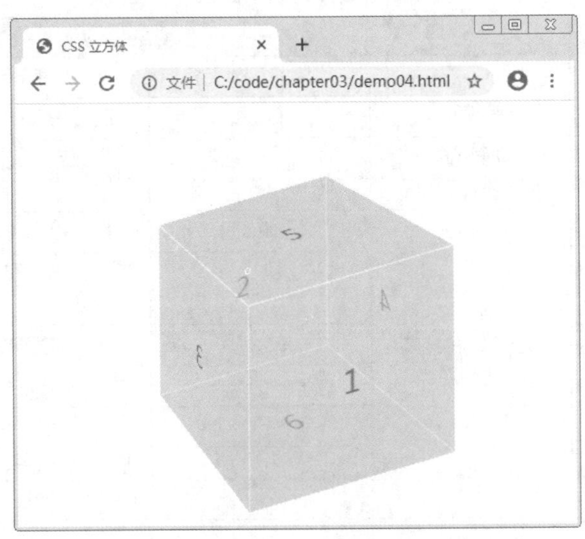

图3-7　demo04页面效果

3.3　CSS3 动画

CSS3 的 transition 属性和 transform 属性，虽然二者结合可以实现一些简单的动画效果，但是也有一些难以克服的缺点，例如，实现让动画在多个状态中转换。本节将会讲解 CSS3 动画属性，有了它就可以解决这样的问题。

3.3.1　@keyframes 规则

一个完整的 CSS 动画由两部分构成，分别是“一组定义的动画关键帧”和“描述该动画的 CSS 声明”，前者使用@keyframes 创建，后者使用 animation 属性声明。

CSS3 中使用@keyframes 规则来创建关键帧。我们可以在@keyframes 规则内指定 CSS 样式和动画，用来让元素逐步从目前的样式更改为新的样式。@keyframes 规则可以设置多个关键帧，每个关键帧表示动画过程中的一个状态，多个关键帧就可以使动画十分绚丽。

@keyframes 规则的语法格式如下所示。

```
@keyframes animationname {
  keyframes-selector { css-styles; }
}
```

在上面的语法格式中，animationname 表示当前动画的名称，它将作为引用时的唯一标识，不能为空。keyframes-selector 是关键帧选择器，即指定当前关键帧要应用到整个动画过程中的位置值，可以是一个百分比、from 或者 to。其中，from 和 0%效果相同，表示动画的开始；to 和 100%效果相同，表示动画的结束。css-styles 定义执行到当前关键帧时对应的动画状态。

3.3.2　animation 属性

CSS3 可以创建动画，它可以取代许多网页动画图像、Flash 动画和 JavaScript 实现的效果。animation 属性用于描述动画的 CSS 声明，包括指定具体动画以及动画时长等行为。

animation 属性的基本语法如下所示。

```
animation: name duration timing-function delay iteration-count direction fill-mode play-state;
```

与 transition 类似，animation 也是一个复合属性。animation 的 8 个子属性如表 3-4 所示。

表 3-4　CSS3 动画 animation 子属性

属性	描述		
animation-name	规定@keyframes 动画的名称	keyframe name	规定需要绑定到选择器的 keyframe 的名称
		none	规定无动画效果（可用于覆盖来自级联的动画）
animation-duration	规定动画完成一个周期所花费时间	time 值	以秒或毫秒计算，默认是 0
animation-timing-function	规定动画的速度曲线	linear	动画从头到尾的速度是相同的
		ease	默认值。动画以低速开始，然后加快，在结束前变慢
		ease-in	动画以低速开始
		ease-out	动画以低速结束
		ease-in-out	动画以低速开始和结束
		cubic-bezier(n,n,n,n)	在 cubic-bezier 函数中自己的值。可以是从 0 到 1 的数值
animation-delay	规定动画开始前的延迟，可选	time 值	以秒或毫秒计，默认是 0
animation-iteration-count	规定动画被播放的次数	n	定义动画播放次数的数值，默认是 1
		infinite	规定动画应该无限次播放
animation-direction	规定动画是否在下一周期逆向播放	normal	默认值。动画应该正常播放
		alternate	动画应该轮流反向播放
animation-play-state	规定动画是否正在运行或暂停	paused	规定动画已暂停
		running	默认值，规定动画正在播放
animation-fill-mode	规定对象动画时间之外的状态	none	不改变默认行为
		forwards	当动画完成后，保持最后一个属性值（在最后一个关键帧中定义）
		backwards	在 animation-delay 所指定的一段时间内，在动画显示之前，应用开始属性值（在第一个关键帧中定义）
		both	向前和向后填充模式都被应用

表 3-4 详细说明了 CSS3 动画 animation 子属性的取值以及含义。

接下来介绍如何使用 animation 实现旋转风车的动画效果，如例 3-5 所示。

【例 3-5】

（1）创建 C:\code\chapter03\demo05.html，具体代码如下。

```
1   <!DOCTYPE html>
2   <html>
3   <head>
4     <meta charset="UTF-8">
5     <title>CSS3 动画</title>
6     <style>
7       img {
8         width: 150px;
9       }
10      @keyframes rotate {
11        0% {
12          transform: rotate(0deg);
13        }
14        100% {
```

```
15          transform: rotate(360deg);
16        }
17      }
18      img:hover {
19        animation: rotate 0.5s linear infinite;
20      }
21    </style>
22  </head>
23  <body>
24      <img src="./images/fengche.png">
25  </body>
26  </html>
```

上述代码中，第10行代码定义animation属性实现动画效果；第10～17行代码定义rotate动画让图片从0%到100%顺时针旋转360度；第18～20行代码通过animation动画实现当鼠标指针悬停在图片上时让图片不停地旋转。

（2）用浏览器打开demo05.html，页面效果如图3-8所示。

图3-8　demo05.html页面效果

图3-8展示的是风车的静态页面，读者可以在浏览器中查看风车的动画效果。

3.4　【项目3】摇晃的桃子

3.4.1　项目分析

1. 项目展示

CSS3的出现使网页中的动画效果不再只依赖于Flash和JavaScript。本项目实现了一个有趣的动画效果，名称叫作摇晃的桃子，如图3-9所示。

图3-9　摇晃的桃子

2. 项目页面结构

有了前导知识作为铺垫，接下来我们分析一下如何实现摇晃的桃子的页面。摇晃的桃子页面结构如

图 3-10 所示。

在图 3-10 中，该页面通过控制几个<div>标签的位置，让<div>标签内的其他标签显示在适当的位置。该页面的实现细节，具体分析如下。

（1）为类名为 act_wrapper 的<div>标签设置背景图，其中包括桃树树枝的部分。

（2）在类名为 act_content 的<div>标签中嵌套<p>标签，用来添加“摇晃的桃子”文字。

（3）六个桃子使用<span>标签+CSS3 精灵技术完成，首先定义类名为 mod_style 的<div>标签作为桃子的最外层容器，然后在容器内部定义<span>标签来实现桃子的定位效果。

（4）桃子左右摇晃的效果使用 CSS3 的动画技术来实现。

3. 项目目录结构

在进行项目开发之前，首先需要完成项目目录结构的搭建。具体的项目目录结构如图 3-11 所示。

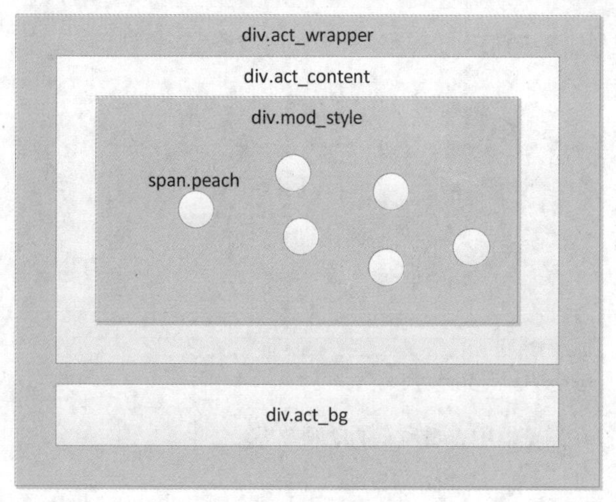

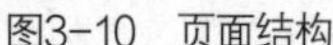
图3-10　页面结构

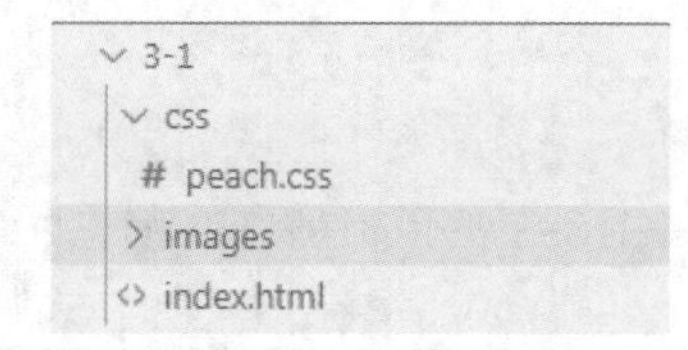

图3-11　目录结构

图 3-11 中，在 css 目录下创建 peach.css 文件，用来实现桃子的页面效果；index.html 用来实现桃子的页面结构；images 文件中存放页面的图片。

3.4.2　编写摇晃桃子的基本页面效果

在完成项目分析之后，我们就可以根据项目结构图编写 HTML 代码，然后再编写 CSS 样式代码，这样就可以实现摇晃桃子的效果了。具体实现步骤如下。

（1）创建 C:\code\chapter03\3-1\index.html 文件，具体代码如下。

```
1  <!DOCTYPE html>
2  <html>
3  <head>
4    <meta charset="utf-8">
5    <title>CSS3 实现摇晃的桃子动画特效</title>
6    <link rel="stylesheet" type="text/css"  href="css/peach.css">
7  </head>
8  <body>
9    <div class="act_wrapper">
10     <div class="act_content">
11     </div>
12     <div class="act_bg"></div>
13   </div>
14 </body>
15 </html>
```

上述代码中，第 6 行代码引入 peach.css 文件；第 9 行代码定义页面结构的最外层容器；第 10~11 行代码定义页面中桃子的区域；第 12 行代码定义页面中的桃子的背景图片。

（2）创建 C:\code\chapter03\3-1\css\peach.css 文件，具体代码如下。

```
1  .act_wrapper {
2   position: relative;
3   z-index: 1;
4   /* 元素最小宽度为 1000px */
5   min-width: 1000px;
6   margin: 0 auto;
7   overflow: hidden;
8  }
9  .act_wrapper .act_content {
10  position: relative;
11  z-index: 2;
12  width: 1000px;
13  height: 1200px;
14  margin: 0 auto;
15  margin-top: -569px
16 }
17 .mod_style {
18  position: absolute;
19  top: 716px;
20  left: 200px;
21  width: 870px;
22  height: 560px
23 }
24 /* 背景图片 */
25 .act_wrapper .act_bg {
26  position: absolute;
27  left: 50%;
28  top: 0;
29  z-index: 1;
30  width: 1920px;
31  margin-left: -1350px;
32  background: url(../images/bg.jpg) 100% 0 no-repeat;
33  height: 750px
34 }
35 p{
36  font-family: "微软雅黑";
37  font-size: 40px;
38  position: absolute;
39  top: -100px;
40  left: 0px;
41 }
```

上述代码中，第 1～23 行代码定义最外层盒子、桃子展示区域等结构的样式；第 25～34 行代码定义“摇晃的桃子”背景图片的样式；第 35～41 行代码定义标题“摇晃的桃子”的样式。

（3）在浏览器中打开 index.html，运行结果如图 3-12 所示。

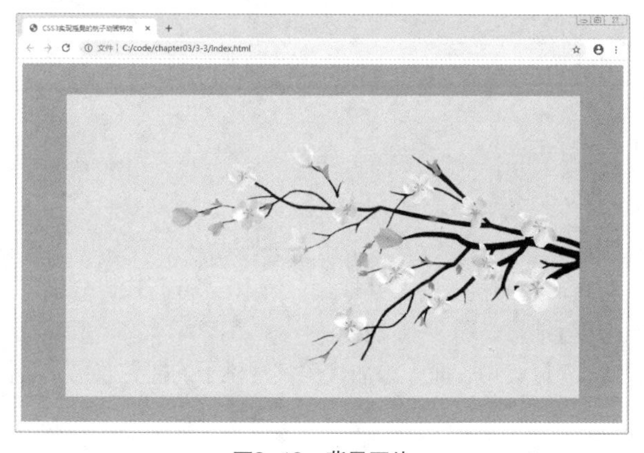

图3-12　背景图片

3.4.3　编写桃子的摇晃效果

（1）在 3.4.2 小节第（1）步中的第 10 行代码后面，添加代码实现桃子页面结构，具体代码如下。

```
1  <div class="mod_style">
2    <p>摇晃的桃子</p>
3    <span class="peach peach1 shake1"></span>
4    <span class="peach peach2 shake2"></span>
5    <span class="peach peach3 shake3"></span>
6    <span class="peach peach4 shake4"></span>
7    <span class="peach peach5 shake5"></span>
8    <span class="peach peach6 shake6"></span>
9  </div>
```

上述代码中，定义多个<span>标签实现每一个桃子，其中，类名 peach 表示桃子基础样式；peach1～peach6 实现每个桃子特有样式；shake1～shake6 实现每个桃子的摇晃效果。

（2）在 3.4.2 小节第（2）步中的第 41 行代码后面，添加代码实现桃子页面样式，具体代码如下。

```
1  .peach {
2    position: absolute;
3    top: 0;
4    left: 0;
5    width: 90px;
6    height: 100px;
7    /* 设置背景图片为精灵图片 */
8    background: url(../images/peach.png) no-repeat 0 0;
9  }
10 .peach1 {
11   background-position: 0 0;
12   top: 100px;
13   left: 72px;
14 }
15 .peach2 {
16   background-position: 0 -115px;
17   top: 39px;
18   left: 242px;
19 }
20 .peach3 {
21   background-position: 0 -215px;
22   top: 71px;
23   left: 452px
24 }
25 .peach4 {
26   background-position:0 -328px;
27   top: 156px;
28   left: 261px;
29 }
30 .peach5 {
31   background-position: 0 -435px;
32   top: 256px;
33   left: 412px;
34 }
35 .peach6 {
36   background-position: 0 -545px;
37   top: 247px;
38   left: 575px;
39 }
```

上述代码中，第 1～9 行代码定义桃子的公共样式；第 10～39 行代码分别定义每个桃子的定位位置。

（3）刷新浏览器页面，运行结果如图 3-13 所示。

（4）在第（2）步中的第 39 行代码后面，添加代码实现桃子的摇晃效果，具体代码如下。

```
1  .shake1 {
2    animation-duration: 2.5s;
3  }
```

```
4   .shake2, .shake6 {
5     animation-duration: 3.5s;
6   }
7   .shake3 {
8     animation-duration: 1.5s;
9   }
10  .shake4 {
11    animation-duration: 4s;
12  }
13  .shake5 {
14    animation-duration: 3s;
15  }
16  .shake1, .shake2, .shake3, .shake4, .shake5, .shake6 {
17    /* 动画被播放的次数：无限次播放 */
18    animation-iteration-count: infinite;
19    /* 动画名称：摇晃 */
20    animation-name: shake;
21    /* 动画的速度曲线：以低速开始和结束 */
22    animation-timing-function: ease-in-out;
23  }
24  @keyframes shake{
25    0% {
26      transform:rotate(2deg);
27      transform-origin:50% 0;
28    }
29    20% {
30      transform:rotate(10deg);
31      transform-origin:50% 0;
32    }
33    40% {
34      transform:rotate(0deg);
35      transform-origin:50% 0;
36    }
37    60% {
38      transform:rotate(-2deg);
39      transform-origin:50% 0;
40    }
41    80% {
42      transform:rotate(-10deg);
43      transform-origin:50% 0;
44    }
45    100% {
46      transform:rotate(0deg);
47      transform-origin:50% 0;
48    }
49  }
```

图3-13　桃子

上述代码中，第 1～15 行代码定义每个桃子不同的动画时间；第 16～23 行代码定义.shake1～.shake6 样式；第 24～49 行代码定义桃子的摇晃动画 shake。

（5）刷新浏览器页面，运行效果与图 3-9 相同。由于书中只能展示静态效果，所以读者需要在浏览器中自行体验动态运行效果。

3.4.4 项目总结

本项目的练习重点：

本项目主要练习的知识点有 CSS3 动画 animation 属性、@keyframes 规则和 CSS 精灵技术。

本项目的练习方法：

建议读者在编码时，先用精灵技术绘制出每个桃子，再给桃子加上动画效果。在加动画效果时，可复制粘贴重复的内容，进行值的修改调整。

本项目的注意事项：

为了更真实的动画体验，本项目对每个桃子设置了不一样的动画时间。

课后练习

一、填空题

1. transition 属性中________规定应用过渡的 CSS 属性的名称。
2. transition 属性中________定义过渡效果花费的时间。
3. transition 属性中________属性规定过渡效果的时间曲线。
4. transform 属性中________可以旋转元素。
5. transform 属性中________可以缩放元素，改变元素的高度和宽度，其参数代表缩放比例，取值包括正数、负数和小数。

二、判断题

1. transition 属性是一个复合属性，主要包括 property、duration、timing-function 和 delay 等参数。（　　）
2. 添加多个参数时要用空格隔开；多个样式的变换效果，添加的属性需要由逗号分隔。（　　）
3. 元素的变形都有一个原点，元素围绕着这个点进行变形或者旋转，默认的起始位置是元素的中心位置。（　　）
4. CSS Sprites 被称为 CSS 精灵技术，是一种网页图片应用处理方式。（　　）
5. 一个完整的 CSS 动画由两部分构成：一组定义的动画关键帧和描述该动画的 CSS 声明。（　　）

三、选择题

1. 下列选项中，可以实现元素水平方向位移的是（　　）。

A. translateX(x)　　B. translateY(x)　　C. translateZ(x)　　D. translate (x,y)

2. 下列选项中，可以实现元素动画效果的是（　　）。

A. animation　　B. rotate　　C. skew　　D. scale

3. 在 timing-function 中，表示以相同速度开始至结束的过渡效果，相当于 cubic-bezier(0,0,1,1)的是（　　）。

A. ease-out　　B. ease-in　　C. ease　　D. linear

4. 在 animation 中，规定动画完成一个周期所花费时间的是（　　）。

A. animation-delay　　B. animation-iteration-count

C. animation-name　　D. animation-duration

四、简答题

请通过代码演示 transition 的简单使用。

第 4 章

HTML5表单的应用

学习目标

★ 掌握 form 表单的使用

★ 掌握<input>标签的使用

★ 掌握 HTML5 表单新特性

★ 掌握调查问卷页面的实现过程

★ 掌握登录注册页面的实现过程

拓展阅读

在进行前端页面开发时，我们可以通过 HTML5 语义化标签来实现页面结构，如导航栏、标题和内容等。在 HTML5 中，如果需要用户填写用户信息时，可以使用 HTML5 表单元素来实现，如用户登录注册页面。此外，HTML5 还提供了表单验证功能，使用起来非常方便。本章主要讲解 HTML5 表单元素的使用方法。

4.1 介绍表单

4.1.1 <form>标签

学习表单标签之前，首先需要理解表单的概念。表单主要负责采集用户输入的信息，相当于一个控件集合，由文本域、复选框、单选框、菜单、文件地址域和按钮等表单元素组成。最常见的表单应用有用户调查问卷页面、用户登录页面和用户注册页面等。

<form>标签用于创建一个表单，其基本语法如下所示。

```
<form action="URL 地址"
  method="提交方式"
  name="表单名称"
  enctype="multipart/form-data">
  各种表单控件
</form>
```

在上面的语法中，action、method、name 为<form>标签的常用属性。name 属性用来区分一个网页中的多个表单；action 属性用于指定接收并处理表单数据的服务器 URL 地址；enctype 表示以“multipart/form-data”编码格式发送表单数据；method 属性用于设置表单数据的提交方式，其取值可以为 get 或 post，默认为 get，这种方式提交的数据将显示在浏览器的地址栏中，保密性差且有数据量限制。而使用 post 不但保密性好，还可以提交大量的数据。明白了两者的差异后，读者可根据实际情况选择使用。

接下来我们通过创建一个简单的表单来讲解表单的结构，如例 4–1 所示。

【例 4-1】

（1）创建 C:\code\chapter04\demo01.html，具体代码如下。

```
1  <!DOCTYPE html>
2  <html>
3  <head>
4    <meta charset="UTF-8">
5    <title>表单</title>
6  </head>
7  <body>
8    <form action="#" method="post" name="search">
9      <input name="save" />
10     <button>提交按钮</button>
11   </form>
12 </body>
13 </html>
```

（2）用浏览器打开 demo01.html，页面效果如图 4–1 所示。

图4–1　demo01.html页面效果

在 demo01.html 中，代码虽然很少，但是已经包含了表单的 3 个核心元素表单标签（form）、表单域（input）和表单按钮（button），具体说明如下。

（1）表单标签：这里面包含了处理表单数据所用的 CGI 程序的 URL 以及数据提交到服务器的方法。

（2）表单域：包含了文本框、密码框、隐藏域、多行文本框、复选框、单选框、下拉选择框和文件上传框等。

（3）表单按钮：包括提交按钮、重置按钮和一般按钮；用于将数据传送到服务器上的 CGI 脚本或者取消输入，还可以用表单按钮来控制其他定义了处理脚本的工作。

4.1.2　<input>标签

表单中最为核心的就是<input>标签，使用<input>标签可以在表单中定义文本输入框、单选按钮、复选框、重置按钮等，其基本语法格式如下。

```
<input type="控件类型" />
```

在上面的语法格式中，type 属性是最基本的属性，其取值有多种，用来指定不同的控件类型。除 type 属性外，还可以定义很多其他属性，常用属性如 name、value 和 size 等，如表 4–1 所示。

表 4-1　<input>标签相关属性

属性	允许取值	取值说明
type	text	单行文本输入框
	password	密码输入框
	radio	单选框
	checkbox	复选框
	button	普通按钮
	submit	提交按钮
	reset	重置按钮
	image	图像形式的提交按钮

（续表）

属性	允许取值	取值说明
type	hidden	隐藏域
	file	文件域
	email	E-mail 地址的输入域
	url	URL 地址的输入域
	number	数值的输入域
	range	一定范围内数字值的输入域
	Date pickers (date, month, week, time, datetime, datetime-local)	日期和时间的输入类型
	search	搜索域
	color	颜色输入类型
	tel	电话号码输入类型
name	由用户自定义	控件的名称
value	由用户自定义	input 控件中的默认文本值
readonly	readonly	该控件内容为只读（不能编辑修改）
disabled	disabled	第一次加载页面时禁用该控件（显示为灰色）
checked	checked	定义选择控件默认被选中的项
maxlength	正整数	控件允许输入的最多字符数
size	正整数	input 控件在页面中的显示宽度

表 4-1 中分别展示了<input>标签的多种属性以及属性取值的含义。读者在使用时，可以根据需要选择使用。

需要注意的是，HTML5 提供了不同输入类型的文本框，如 email、url 等这些文本框会在表单提交时，自动验证输入的文本是否符合要求，不符合时会进行错误提示。这部分内容将在表单验证时进行详细说明。

接下来我们通过一个案例来演示如何使用<input>标签实现密码框功能，如例 4-2 所示。

【例 4-2】

（1）创建 C:\code\chapter04\demo02.html，具体代码如下。

```
1  <!DOCTYPE html>
2  <html>
3  <head>
4    <meta charset="UTF-8">
5    <title>常用表单控件</title>
6    <style>
7      form {
8        width: 260px;
9        margin: 0 auto;
10       border: 1px solid #ccc;
11       padding: 20px;
12     }
13     .right {
14       float: right;
15     }
16   </style>
17 </head>
18 <body>
19   <form action="#" method="post">
20     用户名:
21     <input class="right" type="text"  value="张三" maxlength="6" />
22     <br><br>
```

```
23     密码:
24     <input class="right" type="password" />
25   </form>
26 </body>
27 </html>
```

上述代码中，第 7～12 行代码定义 form 的样式；第 13～15 行代码定义 input 右浮动的样式；第 19～25 行代码定义表单结构。其中，第 21 行代码定义用户名输入框；第 24 行代码定义密码输入框，即 type 的值为 password。

（2）用浏览器打开 demo02.html，使用默认用户名，输入密码，页面效果如图 4-2 所示。

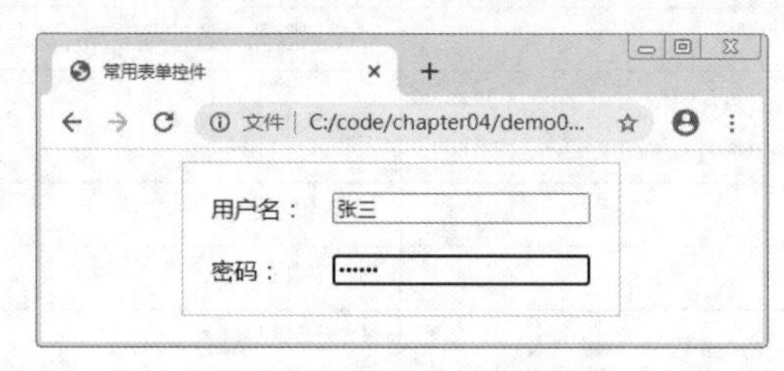

图4-2 demo02.html页面效果

图 4-2 中，用户名“张三”是通过<input>标签的 value 属性设置的，密码自动隐藏。

4.1.3 其他表单标签

在 4.1.2 节中介绍了<input>标签的使用。除了<input>标签外，HTML 还有其他常用表单标签，如<textarea>、<label>、<select>和<fieldset>标签，HTML5 之后还增加了<datalist>和<output>表单标签，接下来分别进行介绍。

1. <textarea>标签

<textarea>标签用于定义多行文本输入框，可以通过 cols 和 rows 属性来规定文本区域内可见的列数和行数，具体的尺寸可以通过 width 和 height 来设置。

其基本语法格式如下。

```
<textarea rows="" cols="">这里是文本</textarea>
```

<textarea>标签的常用属性如表 4-2 所示。

表 4-2 <textarea>标签的常用属性

属性	允许取值	取值说明
name	由用户自定义	控件的名称
readonly	readonly	该控件内容为只读（不能编辑修改）
disabled	disabled	第一次加载页面时禁用该控件（显示为灰色）
maxlength	正整数	控件允许输入的最多字符数
autofocus	autofocus	指定页面加载后是否自动获取焦点
placeholder	字符串	为 input 类型的输入框提供一种提示
required	required	规定输入框填写的内容不能为空
cols	number	规定文本区内的可见宽度
rows	number	规定文本区内的可见行数

表 4-2 中分别展示了<textarea>标签的多种属性以及属性取值的含义。读者在使用时，可以根据需要选择使用。

接下来我们来讲解<textarea>标签的使用，如例 4-3 所示。

【例 4-3】

（1）创建 C:\code\chapter04\demo03.html，具体代码如下。

```
1  <!DOCTYPE html>
2  <html>
3  <head>
4    <meta charset="UTF-8">
5    <title>textarea</title>
6  </head>
7  <body>
8    <h2>多行文本框：</h2>
9    <textarea name="content"  cols="20" rows="10">
10     默认文本
11   </textarea>
12 </body>
13 </html>
```

（2）用浏览器打开 demo03.html，页面效果如图 4-3 所示。

图4-3　demo03.html页面效果

如果要为<textarea>标签设置提示信息，可以使用 placeholder 属性。

2. <label>标签

<label>标签用于为<input>标签定义标注（标记），当用户选择该标签时，浏览器就会自动将焦点转到与标签相关的表单控件上。

接下来我们来讲解<label>标签的使用，如例 4-4 所示。

【例 4-4】

（1）创建 C:\code\chapter04\demo04.html，具体代码如下。

```
1  <!DOCTYPE html>
2  <html>
3  <head>
4    <meta charset="UTF-8">
5    <title>label</title>
6  </head>
7  <body>
8    性别：
9    <label for="male">男</label>
10   <input type="radio" name="sex" id="male" />
11   <label for="female">女</label>
12   <input type="radio" name="sex" id="female" />
13 </body>
14 </html>
```

上述代码中，第 9 行代码 for 属性的值与第 10 行代码 id 的值相同，即 male，这样就会将<input>标签与<label>标签进行绑定。

（2）用浏览器打开 demo04.html，页面效果如图 4-4 所示。

（3）单击“女”字，单选按钮同样被选中，这就是<label>标签与<input>标签绑定的作用，如图 4-5 所示。

为达到“绑定”效果，<label>标签的 for 属性值应当与相关标签的 id 属性值相同，这里的相关标签不仅指<input>标签，也包括控制页面样式其他表单标签，如<textarea>标签。

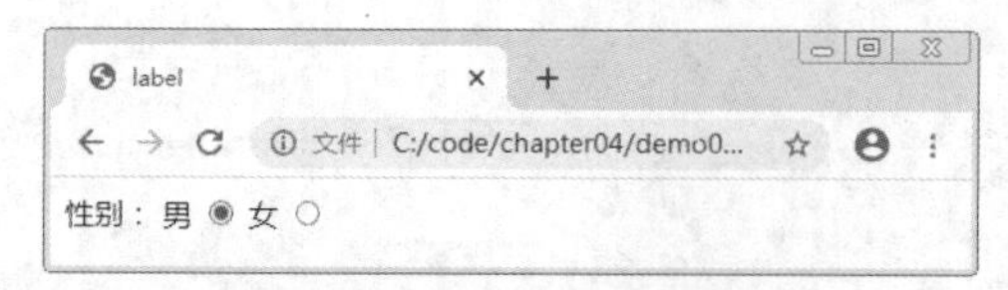

图4-4　demo04.html页面效果

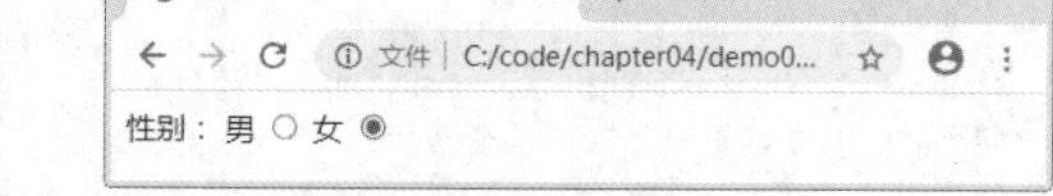

图4-5　选中效果

3. <select>标签

<select>标签可创建单选或多选菜单，其语法格式如下。

```
<select>
  <option value="1">选项一</option>
  <option value="2">选项二</option>
  <option value="3">选项三</option>
  <option value="3">选项四</option>
</select>
```

在上面的语法格式中，<select>标签中的<option>标签用于定义列表中的可用选项。另外，可以通过定义属性，改变下拉菜单的外观显示效果。<select>标签常用属性如表 4-3 所示。

表 4-3　<select>标签常用属性

标签名	常用属性	描述
<select>	size	指定下拉菜单的可见选项数（取值为正整数）
	multiple	定义 multiple="multiple"时，下拉菜单将具有多项选择的功能，多选方法为按住 Ctrl 键的同时选择多项
<option>	selected	定义 selected="selected"时，当前项即为默认选中项

表 4-3 中，分别展示了<select>标签的多种属性以及属性取值的含义。读者在使用时，可以根据需要选择使用。

接下来我们通过创建一个简单的表单来讲解<select>标签的使用，如例 4-5 所示。

【例 4-5】

（1）创建 C:\code\chapter04\demo05.html，具体代码如下。

```
1  <!DOCTYPE html>
2  <html>
3  <head>
4    <meta charset="UTF-8">
5    <title>select</title>
6  </head>
7  <body>
8    <!-- 单选下拉菜单，可设置默认选中项 -->
9    所在城市（单选）：<br>
10   <select>
11     <option>-请选择-</option>
12     <option selected="selected">北京</option>
13     <option>上海</option>
14     <option>广州</option>
15   </select><br><br>
16   <!-- 多选下拉菜单，可设置可见选项数，默认选中项可以设置多个 -->
17   兴趣爱好（多选）:<br>
18   <select multiple="multiple" size="4">
19      <option>读书</option>
20      <option selected="selected">旅行</option>
21      <option selected="selected">听音乐</option>
22      <option>运动</option>
23   </select>
24 </body>
25 </html>
```

（2）用浏览器打开 demo05.html，页面效果如图 4-6 所示。

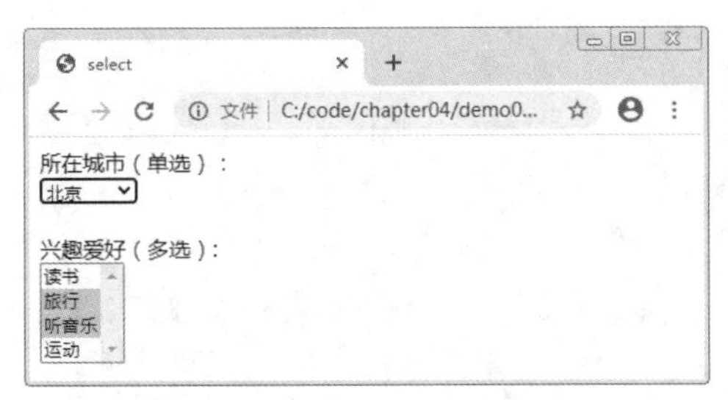

图4-6　demo05.html页面效果

4. <fieldset>标签

<fieldset>标签用于对表单中的元素进行分组，也就是通过一个带有边框样式的容器将表单中的一部分元素包裹起来，形成一个分组。在<fieldset>标签中，还可以使用<legend>标签定义分组的标题。接下来我们通过案例来讲解<fieldset>标签的使用，如例 4-6 所示。

【例 4-6】

（1）创建 C:\code\chapter04\demo06.html，具体代码如下。

```
1  <!DOCTYPE html>
2  <html>
3  <head>
4    <meta charset="UTF-8">
5    <title>fieldset</title>
6  </head>
7  <body>
8    <form action="#">
9      <fieldset>
10       <legend>学生信息</legend>
11       姓名：<input type="text" name="name" />
12       班级：<input type="text" name="class" />
13     </fieldset>
14   </form>
15 </body>
16 </html>
```

（2）用浏览器打开 demo06.html，页面效果如图 4-7 所示。

图4-7　demo06.html页面效果

5. <datalist>标签

<datalist>用于定义输入域的选项列表，通过 id 属性与<input>标签关联，用来配合定义<input>标签可能的值。列表通过<datalist>标签嵌套<option>标签来创建。

接下来我们通过案例来讲解<datalist>标签的使用，如例 4-7 所示。

【例 4-7】

（1）创建 C:\code\chapter04\demo07.html，具体代码如下。

```
1  <!DOCTYPE html>
2  <html>
3  <head>
4    <meta charset="UTF-8">
5    <title>datalist</title>
6  </head>
7  <body>
```

```
8     <input id="address" list="addressList">
9     <datalist id="addressList">
10      <option value="北京"> </option>
11      <option value="上海"></option>
12      <option value="深圳"></option>
13    </datalist>
14  </body>
15  </html>
```

上述代码中，第 8 行代码定义 id 值为 address，list 属性为 addressList 的 input 元素；第 9～13 行代码定义 id 值为 addressList 的 datalist 元素，使得该元素与 input 元素绑定到一起。

（2）用浏览器打开 demo07.html，鼠标悬停到文本框时，会出现一个“▼”按钮，如图 4-8 所示。

（3）单击“▼”按钮，会显示列表，如图 4-9 所示。

图4-8　demo07.html初始效果

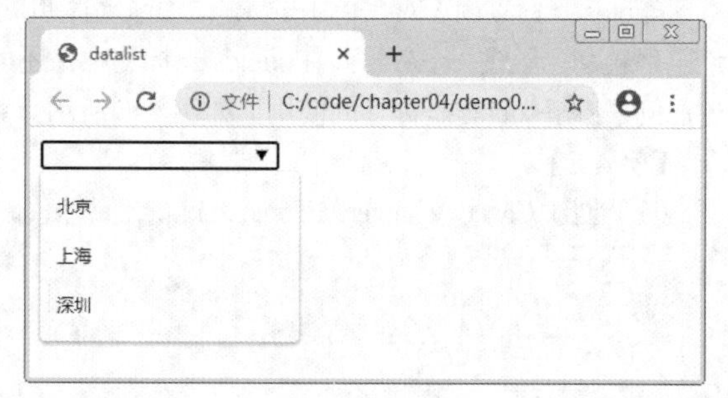

图4-9　列表效果

6. <output>标签

<output>标签用于定义不同类型的输出，如脚本输出的示例代码如下。

```
<output name=""></output>
```

在上面的代码中，name 表示表单元素的名称。

接下来我们通过案例来讲解<output>标签的使用，如例 4-8 所示。

【例 4-8】

（1）创建 C:\code\chapter04\demo08.html，具体代码如下。

```
1  <!DOCTYPE html>
2  <html>
3  <head>
4    <meta charset="utf-8">
5    <title>计算两个数的和</title>
6  </head>
7  <body>
8    <form oninput="x.value=parseInt(a.value)+parseInt(b.value)">
9      <input type="number" id="a" value="50" />
10     +<input type="number" id="b" value="50" />
11     =<output name="x">100</output>
12   </form>
13 </body>
14 </html>
```

上述代码中，第 8 行代码绑定 oninput 事件，用来将计算的结果绑定到<output>标签；第 9～10 行代码定义 id 值分别为 a 和 b 的数字输入框。

（2）用浏览器打开 demo08.html，页面效果如图 4-10 所示。

（3）将第一个输入框中的数字调整为 40，页面效果如图 4-11 所示。

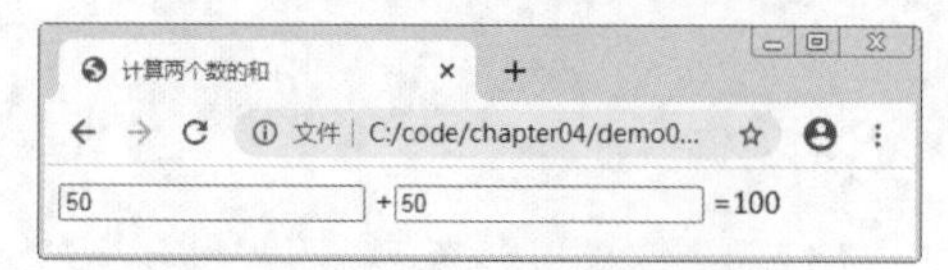

图4-10　demo08.html页面效果

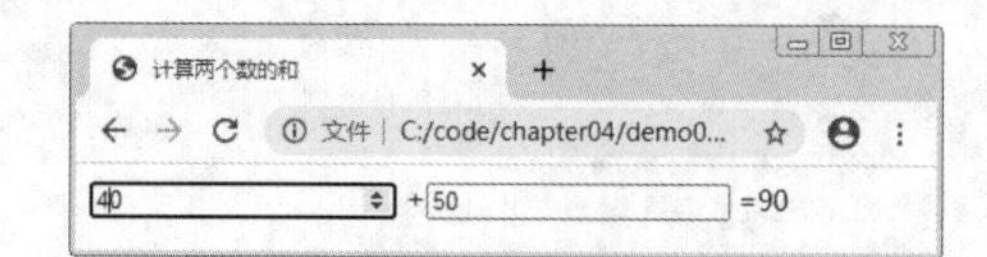

图4-11　修改值为40

需要注意的是，Edge 及 IE 更早版本的浏览器不支持<output>标签。

4.2 【项目 4-1】调查问卷页面

4.2.1 项目分析

1. 项目展示

传统服务行业的商家十分重视用户的相关信息，因为提供一个好的服务需要了解用户的需求。在一个网站中，用户信息收集页面作为了解用户需求的渠道，它的设计重要性就不言而喻了。本项目将带领读者实现一个用户信息调查问卷的页面，如图 4-12 所示。

在图 4-12 中，该界面包含用户名输入框、日期格式输入框、性别单选按钮、兴趣复选框、文本域和提交按钮等。当用户单击“提交”按钮后，就会将表单中填写的用户信息提交给服务器。其中，体重的 type 类型为 number，表示只能填写数字格式内容；颜色的 type 类型为 color，表示在颜色板中选择颜色。需要注意的是，number 和 color 都是 HTML5 新增的 type 类型。

当用户单击获得焦点的文本框时，颜色会发生变化，此时即可填写用户信息，如图 4-13 所示。

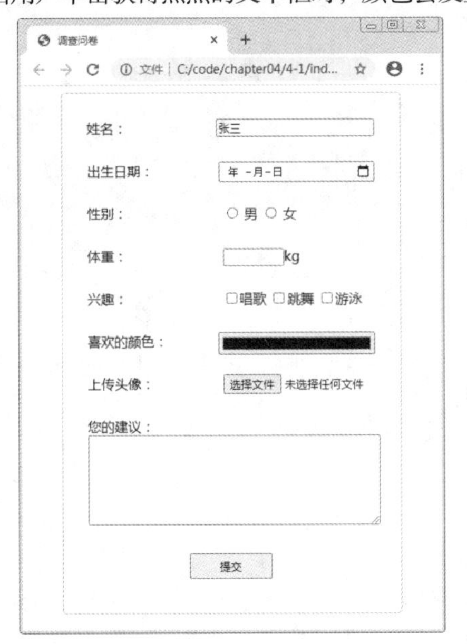

图4-12　用户信息调查问卷

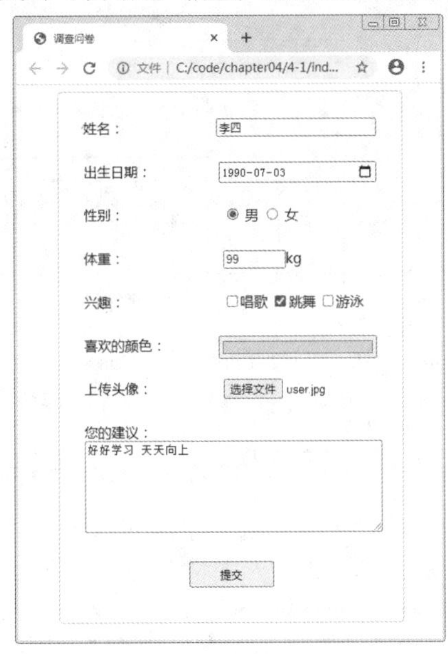

图4-13　填写用户信息

2. 项目页面结构

有了前导知识作为铺垫，接下来我们分析一下如何实现用户信息调查问卷页面。调查问卷页面结构如图 4-14 所示。

在图 4-14 中，用户调查问卷页面由一个<form>标签嵌套多个表单控件和提交按钮等部分构成。

该调查问卷页面的实现细节，具体分析如下。

（1）单击体重输入框测试 number 类型的效果，并且设置体重的取值范围是 50～100kg。

（2）单击“年-月-日”输入框弹出日期选择面板，在选择面板上选择用户的出生日期。

（3）单击性别单选框实现男性和女性的选择，如“男”。

（4）单击兴趣复选框实现兴趣的选择，如“唱歌”。

（5）单击颜色框弹出颜色选取器面板，用户可以选择喜欢的颜色。

（6）单击“选择文件”按钮实现用户头像的上传。

（7）单击“提交”按钮，实现表单的提交。

3. 项目目录结构

在进行项目开发之前，首先需要完成项目目录结构的搭建，具体文件目录结构如图 4-15 所示。

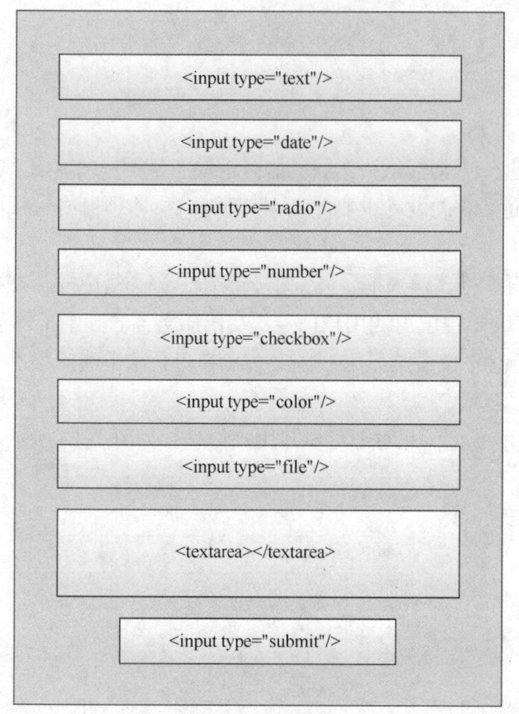

图4-14　页面结构

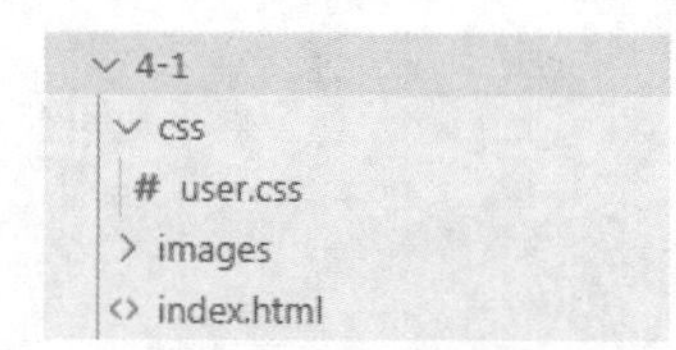

图4-15　目录结构

图 4-15 中，在 css 目录下创建 user.css 文件，用来实现调查问卷页面结构的样式；index.html 用来实现调查问卷的页面结构；images 文件夹用来存放用户头像图片。

4.2.2　编写用户基本信息页面效果

在项目分析完成之后，我们就可以根据项目结构图编写 HTML 代码和 CSS 样式代码，这样就可以实现调查问卷的页面效果了。具体实现步骤如下。

（1）创建 C:\code\chapter04\4-1\index.html 文件，具体代码如下。

```
1  <!DOCTYPE html>
2  <html>
3  <head>
4    <meta charset="UTF-8">
5    <title>调查问卷</title>
6    <link rel="stylesheet" href="css/user.css" type="text/css">
7  </head>
8  <body>
9    <form action="#">
10     <ul>
11       <li>
12         <!-- text 单行文本输入框 -->
13          <label>姓名：</label>
14          <input class="right" type="text" value="张三" maxlength="6" />
15       </li>
16       <li>
17         <!-- 日期输入框 -->
18          <label>出生日期：</label>
19          <input class="right" type="date" />
```

```
20        </li>
21        <li>
22          <!-- 单选框 -->
23          <label>性别：</label>
24            <div class="right">
25              <input type="radio" name="male" />
26              <label for="male">男</label>
27              <input type="radio" name="female" />
28              <label for="female">女</label>
29            </div>
30        </li>
31        ...（此处省略多个 li 结构代码）
32        <li class="footer">
33          <!-- submit 提交按钮 -->
34          <input type="submit" value="提交" />
35        </li>
36      </ul>
37    </form>
38 </body>
39 </html>
```

上述代码中，第 6 行代码引入 user.css 文件；第 10～36 行代码在 form 中定义 ul 列表结构，并实现用户姓名、出生日期和体重等输入框；第 32～35 行代码定义表单提交按钮。

（2）创建 C:\code\chapter04\4-1\user.css 文件，编写表单基本样式，具体代码如下。

```
1  form {
2    width: 343px;
3    margin: 0 auto;
4    padding: 30px;
5    border: 1px solid rgba(0, 0, 0, .2);
6    border-radius: 5px;
7    background: #eee(0, 0, 0, 0.5);
8  }
9  ul,
10 li {
11   padding: 0;
12   margin: 0;
13   list-style: none;
14 }
15 ul li {
16   height: 50px;
17 }
18 .right {
19   float: right;
20   width: 180px;
21 }
22 /* 当该 input 元素获得焦点时，设置背景颜色 */
23 input:focus {
24   background-color: rgba(0, 0, 0, 0.2);
25   overflow: hidden;
26 }
27 form .footer {
28   text-align: center;
29 }
30 /* 设置当鼠标放到 type=submit 上时，鼠标指针变为一只小手形状 */
31 input[type=submit] {
32   width: 100px;
33   height: 30px;
34   margin-top: 10px;
35   cursor: pointer;
36 }
```

上述代码中，第 1～8 行代码定义 form 的样式；第 9～17 行代码设置 ul 和 li 的样式；第 18～26 行代码定义 input 元素向右浮动以及获得焦点时修改背景颜色；第 27～36 行代码定义表单提交按钮的样式。

（3）在浏览器中打开 index.html，运行结果如图 4-16 所示。

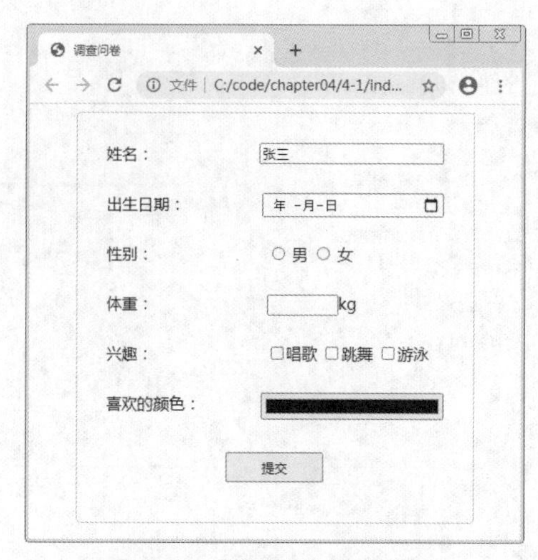

图4-16　用户基本信息页面效果

4.2.3　编写上传文件和文本域页面效果

（1）在 4.2.2 小节中第（1）步的第 30 行代码后添加代码，实现文件和文本域页面结构，具体代码如下。

```
1  <li>
2    <!-- 文件域 -->
3    <label>上传头像：</label>
4    <input class="right" type="file" />
5  </li>
6  <li class="advise">
7    <!-- 您的建议 -->
8    <label>您的建议：</label>
9    <textarea name="opinion" cols="30" rows="10"></textarea>
10 </li>
```

上述代码中，第 1～5 行代码定义文件域实现头像图片上传功能；第 6～10 行代码定义页面中文本域让用户输入建议的内容。

（2）在 4.2.2 小节中第（2）步的第 36 行代码后添加代码，实现文件和文本域页面样式，具体代码如下。

```
1  .advise{
2    height: 150px;
3  }
4  textarea {
5    width: 100%;
6    height: 100px;
7  }
```

上述代码中，设置文本域的宽度为 100%，高度为 100px。

（3）刷新浏览器页面，运行结果如图 4-12 所示。

4.2.4　项目总结

本项目的练习重点：

本项目主要练习的知识点有 HTML5<form>和<input>标签的基本用法。

本项目的练习方法：

本项目的结构非常简单，所以在练习表单标签的同时，读者也要留意本项目中有助于提高用户体验的细节设计。例如：在适宜的时机加上小手标和获得焦点的效果变化等。

本项目的注意事项：

表单在实际开发中的作用是完成数据的提交，所以注意要给表单中用来收集数据的元素取个名字，因为 name 是表单数据提交到服务器后的标识。

4.3　HTML5 表单新特性

表单验证是一套系统，它为终端用户检测无效的数据并标记这些错误，让 Web 应用更快地抛出错误，优化了用户体验。为了更方便地进行表单页面的开发，HTML5 还提供了强大的内置相关正则表达式，当 type 为 email 或 url 等类型的<input>标签时，如果 value 的值不符合其正则表达式，那表单将通不过验证，无法提交。

接下来我们通过一个案例来演示 HTML5 表单验证，如例 4-9 所示。

【例 4-9】

（1）创建 C:\code\chapter04\demo09.html，具体代码如下。

```
1  <!DOCTYPE html>
2  <html>
3  <head>
4    <meta charset="utf-8">
5    <title>HTML5 表单验证</title>
6  </head>
7  <body>
8    <form action="#" method="get">
9      请输入您的邮箱:
10     <input type="email" name="formmail" required /><br><br>
11     输入个人网址:
12     <input type="url" name="user_url" required /><br><br>
13     <input type="submit" value="提交" />
14   </form>
15 </body>
16 </html>
```

上述代码中，当设置 type 的值为 email 时，表示验证邮箱；type 的值为 url 时，表示验证 URL 地址。

（2）输入错误的邮箱地址，运行结果如图 4-17 所示。

（3）输入正确的邮箱地址和网址，运行结果如图 4-18 所示。

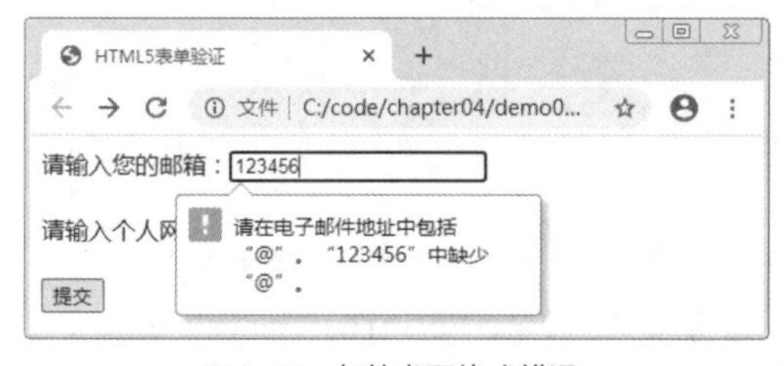

图4-17　邮箱书写格式错误

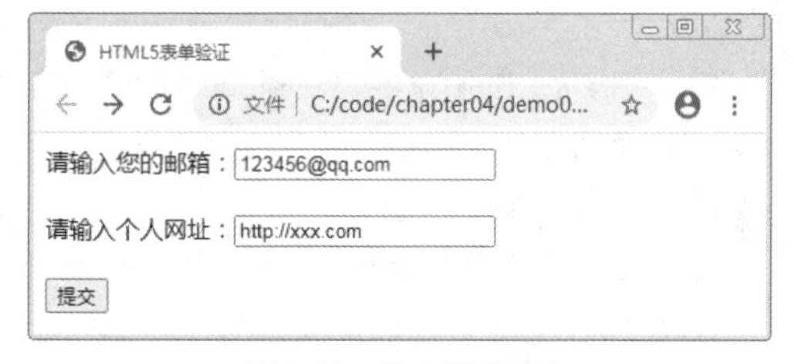

图4-18　输入格式正确

从以上校验过程可以看出，由于邮箱和网址都是 HTML5 内置的正则校验，所以会进行比较详细的提示。

需要注意的是，通过 required 属性校验输入框，输入框填写内容不能为空，如果为空，将弹出提示框，并阻止表单提交。

4.3.1　<form>新特性

HTML5 的<form>新增属性主要包括 autocomplete 和 novalidate，具体内容见表 4-4 所示。

表 4-4　<form>新增属性

属性	允许取值	取值说明
autocomplete	on/off	设定是否自动完成表单字段内容
novalidate	novalidate	规定在提交表单时不应该验证 form 或 input 域，是一个 boolean（布尔）属性

表 4-4 中分别展示了<form>新增属性的允许取值以及取值的含义。下面主要讲解<form>新增属性的使用

方法。

1. autocomplete 属性

autocomplete 属性用于指定表单是否具有自动完成功能，所谓“自动完成”是指将表单控件输入的内容记录下来。当再次输入时，输入的历史记录将会显示在一个下拉列表里，以实现自动完成输入。

autocomplete 属性有 2 个值，具体如下。

（1）on：表单有自动完成功能。

（2）off：表单无自动完成功能。

接下来我们来讲解 form 新增属性 autocomplete 的使用方法，如例 4-10 所示。

【例 4-10】

（1）创建 C:\code\chapter04\demo10.html，具体代码如下。

```
1  <!DOCTYPE html>
2  <html>
3  <head>
4    <meta charset="UTF-8">
5    <title>autocomplete 属性</title>
6  </head>
7  <body>
8    <form action="#" method="post" name="search"  autocomplete="on">
9      <input name="save" />
10     <button>提交按钮</button>
11   </form>
12 </body>
13 </html>
```

（2）用浏览器打开 demo10.html，首先输入“autocomplete 属性”，单击“提交按钮”，再输入“abc”，单击“提交按钮”，第三次输入“a”时的页面效果如图 4-19 所示。

图4-19　demo10.html页面效果

需要注意的是，autocomplete 属性适用于<form>标签，以及 text、search、url、telephone、email、password、datepickers、range 和 color 类型的<input>标签。其值 on 可以使用 true 代替。

2. novalidate 属性

novalidate 属性用于指定在提交表单时取消对表单进行有效的检查。为表单设置该属性时，可以关闭整个表单的验证功能，这样可以使<form>内的所有表单控件不被验证。

接下来我们来讲解<form>新增属性 novalidate 的使用方法，如例 4-11 所示。

【例 4-11】

（1）创建 C:\code\chapter04\demo11.html，具体代码如下。

```
1  <!DOCTYPE html>
2  <html>
3  <head>
4    <meta charset="utf-8">
5    <title>HTML5 表单验证</title>
6  </head>
7  <body>
8    <form action="#" method="get" novalidate>
9      请输入您的邮箱：<input type="email" name="formmail" required /><br><br>
10     <input type="submit" />
11   </form>
12 </body>
13 </html>
```

上述代码中，novalidate 属性阻止邮箱的验证。

（2）用浏览器打开 demo11.html，输入错误的邮箱地址，单击“提交”按钮，运行结果如图 4-20 所示。

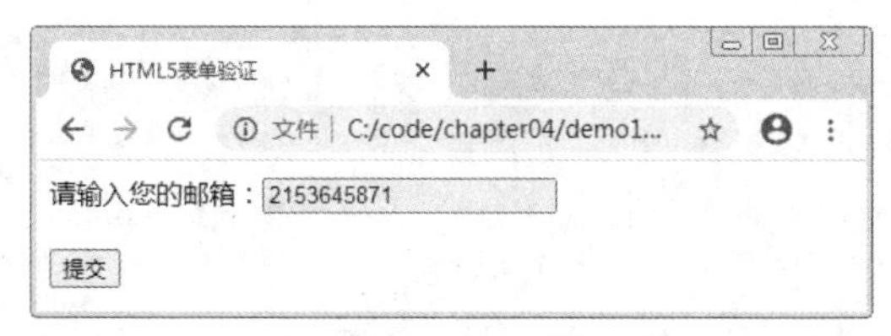

图4-20　忽略邮箱验证

4.3.2　<input>新特性

在学习了<form>的新增属性之后，下面主要讲解 HTML5 中<input>的新增属性，如表 4-5 所示。

表 4-5　<input>的新增属性

属性	允许取值	取值说明
height 与 width	Number	规定用于 image 类型的<input>标签的图像高度和宽度
formenctype	"multipart/form-data"	描述了表单提交到服务器的数据编码（只对 form 表单中 method="post"方式适用），会覆盖 form 标签的 enctype 属性
formaction	URL	用于描述表单提交的 URL 地址，会覆盖<form>标签中的 action 属性
formmethod	post/get	定义了表单提交的方式，会覆盖<form>标签的 method 属性
formnovalidate	formnovalidate	描述了<input>标签在表单提交时无须被验证，是一个 boolean 属性，会覆盖<form>标签的 novalidate 属性
formtarget	_blank/_self/_parent/_top	指定一个名称或一个关键字来指明表单提交数据接收后的展示页面，会覆盖<form>标签的 target 属性
autocomplete	on/off	设定是否自动完成表单字段内容
autofocus	autofocus	指定页面加载后是否自动获取焦点，是一个 boolean 属性
form	<form>标签的 id	规定表单输入域所属的一个或多个表单结构
list	<datalist>标签的 id	规定表单输入域的选项列表
multiple	multiple	指定表单输入框是否可以选择多个文件，是一个 boolean 属性
min	Number	规定输入框所允许的最小值，如数字
max	Number	规定输入框所允许的最大值，如数字
step	Number	输入域规定合法的数字间隔
pattern(regexp)	String	验证输入的内容是否与定义的正则表达式匹配，适用于 text、search、url、tel、email 和 password 类型的<input>标签。
placeholder	String	为 input 类型的输入框提供一种提示
required	required	规定输入框填写的内容不能为空，是一个 boolean 属性

表 4-5 中分别展示了<input>标签的新增属性以及属性取值和取值说明。读者在使用时，可以根据需要选择使用。

接下来我们通过<input>新增特性实现表单验证的功能，如例 4-12 所示。

【例 4-12】

（1）创建 C:\code\chapter04\demo12.html，具体代码如下。

```
1  <!DOCTYPE html>
2  <html>
3  <head>
4    <meta charset="utf-8">
5    <title>HTML5 表单验证</title>
6  </head>
7  <body>
8    <form action="#" method="get">
```

```
9       <!-- 验证用户名 -->
10      <input name="user_name" required placeholder="请输入您的用户名"
11       pattern="^[a-zA-Z0-9_-]{6,16}$" /><br><br>
12      <!-- 验证 11 位手机号码 -->
13      <input name="user_phone" required placeholder="请输入您的手机号码"
14       pattern="^(13[0-9]|14[5|7]|15[0|1|2|3|4|5|6|7|8|9]|18[0|1|2|3|5|6|7|8|9])\d{8}$" /><br><br>
15      <!-- 验证 6 位数邮编 -->
16      <input type="text" pattern="[1-9]\d{5}(?!\d)" name="postcode"
17       required placeholder="请输入中国邮编" /><br><br>
18      <input type="submit" value="提交" />
19    </form>
20  </body>
21  </html>
```

上述代码中，第 10、11 行代码实现用户名的验证；第 13、14 行代码实现手机号码的验证；第 16、17 行代码实现中国邮编的验证。其中，required 表示填写的内容不能为空。当 pattern 的值为“[1-9]\d{5}(?!\d)”时，表示用正则表达式匹配中国邮编；以此类推，实现用户名和手机号码的验证。

（2）用浏览器打开 demo12.html，单击“提交”按钮，页面效果如图 4-21 所示。

（3）图 4-21 中出现了不能为空的提示，在用户名输入框中填写“admin123”，单击“提交”按钮，页面效果如图 4-22 所示。

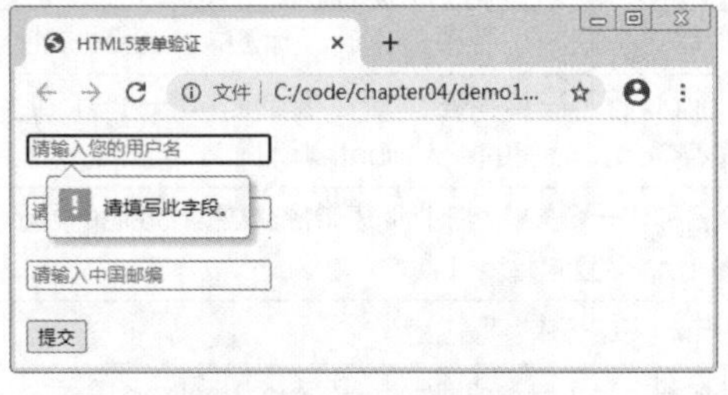

图4-21　用户名不能为空

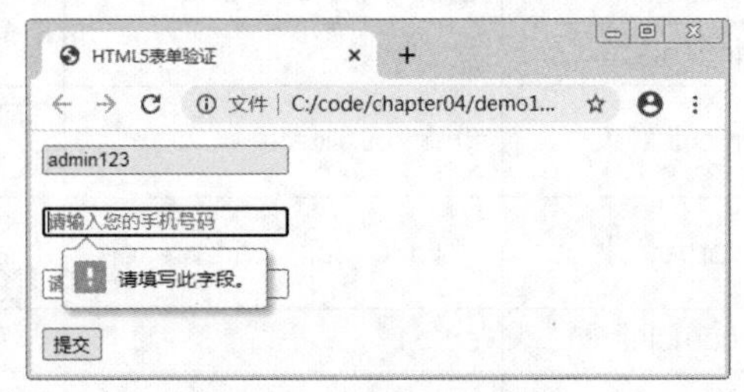

图4-22　用户名填写正确

（4）填写正确的用户名后，输入错误的手机号码，单击“提交”按钮，页面效果如图 4-23 所示。

（5）填写正确的手机号码后，输入正确的中国邮政编码，单击“提交”按钮，页面效果如图 4-24 所示。

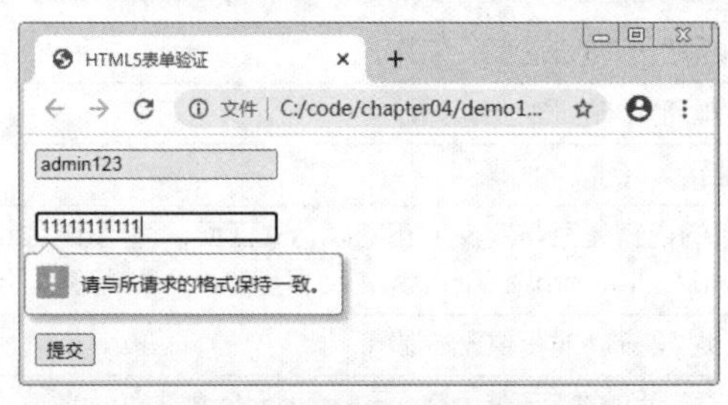

图4-23　手机号码格式不正确

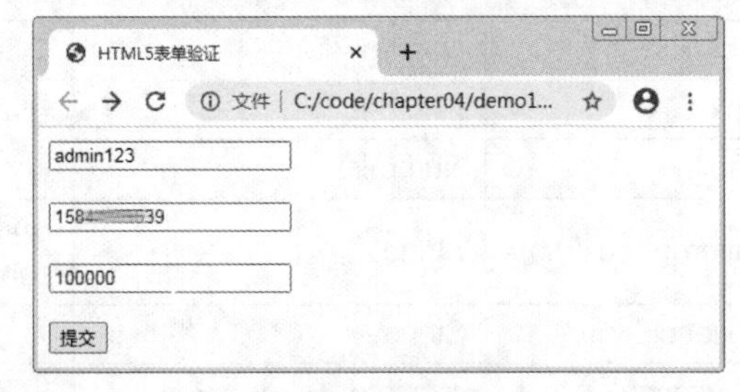

图4-24　正确格式

需要注意的是，通过 pattern 属性规定用于验证 input 域的模式（pattern），它接受一个正则表达式。表单提交时这个正则表达式会被用于验证表单内非空的值，如果控件的值不匹配这个正则表达就会弹出提示框，并阻止表单提交。

4.4　【项目 4-2】登录注册页面

4.4.1　项目分析

1. 项目展示

我们知道网站可以为用户展示丰富的内容资源，例如，图片、文字和视频等。当访问网站时，用户需要在登录页面填写正确的账号信息来登录。如果用户还没有注册账号，就需要通过注册页面完成用户注册。本项目将带领读者实现一个用户登录注册的页面。

用户登录页面如图 4-25 所示。

从图 4-25 可以看出，该界面包含用户名输入框、密码输入框、登录和注册按钮。其中“用户名”“密码”为提示文字，在用户输入文字后会自动消失，只保留用户输入的文字。获得焦点的文本框颜色会发生变化。

单击“注册”按钮跳转到用户注册页面，如图 4-26 所示。

图4-25　用户登录页面

图4-26　用户注册页面

2. 项目页面结构

有了前导知识作为铺垫，接下来我们分析一下如何实现用户登录注册页面。用户登录页面的结构如图 4-27 所示。

从图 4-27 可以看出，该用户登录页面由一个<form>标签嵌套表单控件、按钮等部分构成。

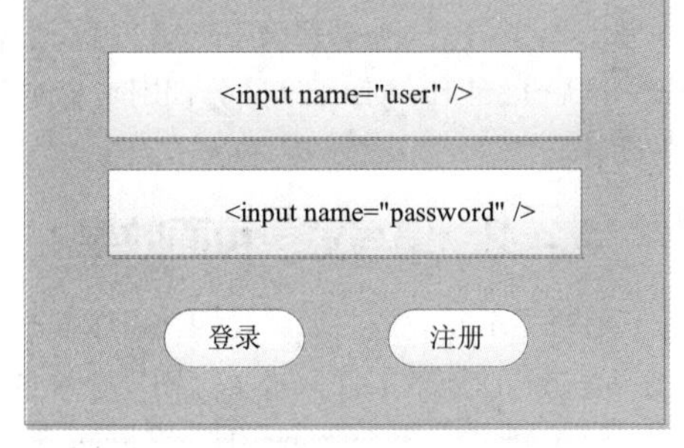

图4-27　用户登录页面的结构

该页面的实现细节，具体分析如下。

（1）为 body 元素设置背景图片。

（2）设置用户名输入框<input>标签类型为“text”。

（3）设置密码输入框的<input>标签类型为“password”。

（4）设置提交按钮的<input>标签类型为“submit”。

（5）设置<input>标签的 placeholder 属性来设置输入提示信息。

（6）当鼠标悬停在“登录”按钮上时，鼠标指针变成小手的形状。

用户注册页面的结构如图 4-28 所示。

在图 4-28 中，该用户注册页面主要由<form>表单控件组成，实现的思路与用户登录页面类似。需要用户填写更详细地用户信息，例如昵称、性别、年龄、兴趣爱好和自我介绍等。

该页面的实现细节，具体分析如下。

（1）在<form>标签中使用<ul>标签，实现多个表单控件的列表结构。

（2）在每个<li>标签中嵌套表单控件，标注使用<span>标签包裹。

（3）使用<label>标签包裹标注，保证单击文字时选择按钮可被选中。

（4）设置表单控件的样式效果，如表单阴影和颜色渐变效果等。

（5）设置未填写信息的提示样式“*”。

（6）设置填写错误信息的提示样式“ ”。

（7）设置填写正确信息的提示样式“ ”。

（8）设置“提交”按钮的样式，如字体颜色和背景颜色等。

3. 项目目录结构

在进行项目开发之前，首先需要完成项目目录结构的搭建，具体文件目录结构如图 4-29 所示。

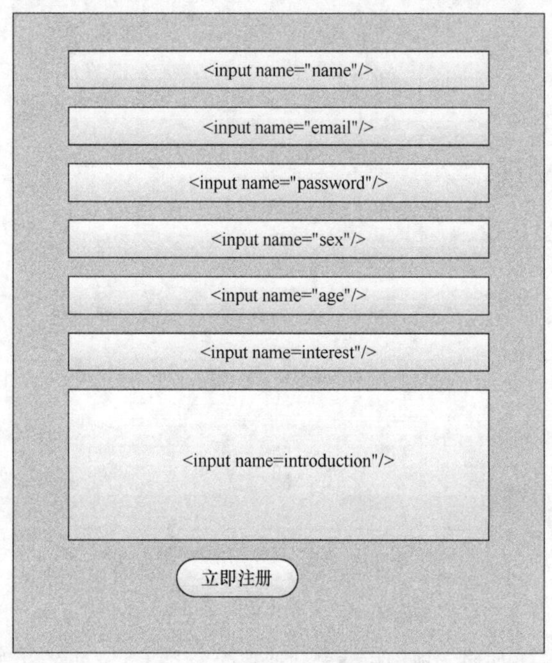

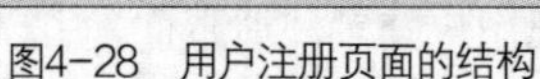

图4-28　用户注册页面的结构

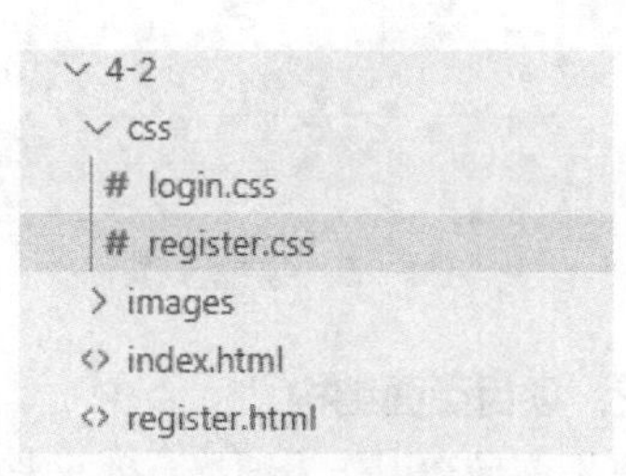

图4-29　目录结构

图 4-29 中，在 css 目录下创建 login.css 和 register.css 文件，分别用来实现用户登录和用户注册页面的样式；index.html 和 register.html 分别用来实现用户登录和用户注册页面的结构；images 文件中存放页面中使用的图片。

4.4.2　编写登录页面效果

在项目分析完成之后，我们就可以根据项目结构图编写 HTML 代码和 CSS 样式代码，这样就可以实现用户登录和注册的页面效果了。用户登录页面效果具体实现步骤如下。

（1）创建 C:\code\chapter04\4-2\index.html 文件，具体代码如下。

```
1  <!DOCTYPE html>
2  <html>
3  <head>
4    <meta charset="UTF-8">
5    <title>用户登录</title>
6    <link rel="stylesheet" href="css/login.css" type="text/css">
7  </head>
8  <body>
9    <form>
10     <div class="user">
11       <input type="text" name="name" placeholder="用户名" />
12       <input type="password" name="password" placeholder="密码" />
13     </div>
14     <div class="footer">
```

```
15        <input type="submit" name="submit" value="登录" class="btn" />
16        <input type="submit" name="submit"  value="注册" class="btn"
17         formaction="register.html" />
18      </div>
19    </form>
20 </body>
21 </html>
```

上述代码中，第6行代码引入 login.css 文件；第9～19行代码定义 form 表单结构；其中，第10～13行代码定义用户名和用户登录密码页面结构；第14～18行代码定义登录和注册按钮页面结构。

（2）创建 C:\code\chapter04\4-2\css\login.css 文件，具体代码如下。

```
1  body {
2    /* 设置背景图片不平铺、水平垂直居中、固定不动 */
3    background: url(../images/1.jpg) no-repeat center center fixed;
4    /* 保持图像本身的宽高比例，将图片缩放到正好完全覆盖定义的背景区域。*/
5    background-size: cover;
6    padding-top: 20px;
7  }
8  form {
9    width: 343px;
10   height: 200px;
11   margin: 0 auto;
12   border: 1px solid rgba(0, 0, 0, 1);
13   border-radius: 5px;
14   /* 隐藏溢出的内容 */
15   overflow: hidden;
16   text-align: center;
17 }
18 input {
19   width: 300px;
20   height: 30px;
21   border: 1px solid rgba(255, 255, 255, 0.5);
22   border-radius: 4px;
23   margin-bottom: 10px;
24 }
25 .user {
26   padding-top: 40px;
27 }
28 .footer input {
29   width: 50px;
30   height: 34px;
31 }
32 /* 当鼠标放到按钮上时，鼠标指针为一只小手形状 */
33 input[type=submit] {
34   cursor: pointer;
35 }
36 /* 当该 input 元素获得焦点时，设置背景颜色及盒阴影 */
37 input:focus {
38   background-color: rgba(0, 0, 0, 0.2);
39   overflow: hidden;
40 }
41 .btn {
42   border-radius: 4px;
43   border-radius: 6px;
44 }
45 /* 当鼠标悬停在该元素上时，设置背景颜色 */
46 .btn:hover {
47   background: rgba(0, 0, 0, 0.2);
48 }
```

上述代码中，<input>输入框的样式变化通过“:focus”来实现，登录按钮的效果通过“:hover”来实现。第1～7行代码定义网页颜色样式；第8～17行代码定义表单结构样式；第18～24行代码定义输入框的样式；第33～35行代码实现鼠标移入按钮时变小手效果；第41～44行代码定义按钮的基础样式；第46～48行代码实现鼠标移入时按钮样式状态的变化。

（3）在浏览器中打开 index.html，运行结果如图 4-25 所示。

4.4.3 编写注册基本页面效果

注册页面的实现方式与登录页面相似，不同的是，注册页面需要用户填写一些注册信息，如昵称、注册邮箱和密码等。下面主要讲解注册页面的实现过程。

（1）创建 C:\code\chapter04\4-2\register.html 文件，具体代码如下。

```
1  <!DOCTYPE html>
2  <html>
3  <head>
4    <meta charset="utf-8">
5    <title>用户注册</title>
6    <link type="text/css" rel="stylesheet" href="css/register.css">
7  </head>
8  <body>
9    <div>
10     <form class="contact_form" action="#" method="post" >
11       <ul>
12         <li class="usually">
13           <h2>用户注册</h2>
14         </li>
15         <li class="usually">
16           <span>昵称:</span>
17           <input type="text" id="name" name="name" autocomplete="off" required pattern="^
[a-zA-Z0-9_-]{6,16}$" />
18         </li>
19         ...（此处省略多个 li 结构代码）
20         <li>
21           <input class="submit" type="submit" value="立即注册" />
22         </li>
23       </ul>
24     </form>
25   </div>
26 </body>
27 </html>
```

上述代码中，第 6 行代码引入 register.css 文件；第 10～24 行代码定义表单结构。其中，第 13 行代码定义标题；第 15～18 行代码定义用户昵称；第 20～22 行代码定义表单提交按钮。

（2）创建 C:\code\chapter04\4-2\register.css 文件，具体代码如下。

```
1  .contact_form {
2    width: 70%;
3    margin: 0 auto;
4  }
5  .contact_form ul {
6    width: 750px;
7    list-style: none;
8    /* 清除默认样式 */
9    margin: 0px;
10   padding: 0px;
11 }
12 .contact_form li {
13   padding: 12px;
14   border-bottom: 1px solid #eee;
15  }
16 /* 给类名为 contact_form 的元素的第一个子元素 li 和最后一个子元素 li 加底部边框 */
17 .contact_form li:first-child,
18 .contact_form li:last-child {
19   border-bottom: 1px solid #777;
20 }
21 .contact_form span {
22   width: 150px;
23   /* 转换为行内块元素 */
```

```
24   display: inline-block;
25 }
26 /* 给类名为 usually 的元素下的 input 元素定义宽、高和内边距 */
27 .usually input {
28   height: 20px;
29   width: 220px;
30   padding: 5px 8px;
31 }
32 /* 该元素获得焦点时，不出现虚线框（或高亮框）*/
33 *:focus {
34   outline: none;
35 }
36 /* 给类名为 usually 的元素下的 input 和 textarea 元素设置背景图片、内阴影和边框圆角 */
37 .usually input,
38 .usually textarea {
39   background: url(../images/attention.png) no-repeat 98% center;
40   box-shadow:  0 10px 15px #eee inset;
41   border-radius: 2px;
42 }
43 .contact_form textarea {
44   padding: 8px;
45   width: 300px;
46 }
47 /* 当该元素获得焦点时，设置背景颜色为白色 */
48 .usually input:focus,
49 .usually textarea:focus {
50   background: #fff;
51 }
52 /* 设置按钮的样式 */
53 input[type=submit] {
54   margin-left: 156px;
55   background-color: #68b12f;
56   border: 1px solid #509111;
57   border-radius: 3px;
58   color: white;
59   /* 内边距：上下 6px、左右 20px */
60   padding: 6px 20px;
61   /* 文本对齐方式：水平居中 */
62   text-align: center;
63 }
64 /* 当鼠标悬停在“立即注册”按钮，该按钮背景颜色透明度为 0.85，鼠标指针变成小手 */
65 input[type=submit]:hover {
66   opacity: .85;
67   cursor: pointer;
68 }
```

上述代码中，第 1～15 行代码定义表单以及 ul 列表的样式；第 36～51 行代码定义<input>输入框和 textarea 文本域的样式。其中，第 36～42 行代码设置表单元素的内容状态提示信息；第 47～51 行代码实现当输入框获得焦点时，输入框的背景颜色修改为白色。第 53～63 行代码设置立即提交按钮的样式；第 64～68 行代码实现当鼠标悬停在“立即注册”按钮上时，鼠标指针变成小手。

（3）单击“注册”按钮跳转到注册页面，运行结果如图 4-26 所示。

4.4.4　实现注册信息验证页面效果

注册页面中除了简单的交互效果之外，还有信息填写是否正确的提示效果。当填写内容无效时，设置背景图片为警告图片；当填写内容有效时，设置背景图片为正确图片。

（1）在 4.4.3 小节中第（2）步的 68 行代码后面添加代码，实现用户信息验证效果，具体代码如下。

```
1  /* 当该元素获得焦点填写内容无效时，设置警告背景图片 */
2  .usually input:focus:invalid,
3  .usually textarea:focus:invalid {
4    background:  url(../images/warn.png) no-repeat 98% center;
5    box-shadow: 0 0 5px #d45252;
```

```
6  }
7  /* 当该元素获取到有效的填写内容时，设置正确背景图片 */
8  .usually input:required:valid,
9  .usually textarea:required:valid {
10   background:  url(../images/right.png) no-repeat 98% center;
11   box-shadow: 0 0 5px #5cd053;
12 }
```

上述代码中，第 1～6 行代码实现当填写内容无效时，设置背景图片为“❶”；第 7～12 行代码实现当填写内容有效时，设置背景图片为“✓”。

（2）刷新浏览器页面，读者可以在浏览器中体验表单元素的验证效果。

4.4.5　项目总结

本项目的练习重点：

本项目主要练习的知识点有 HTML5 的表单、<input>标签和 HTML5 的表单验证等。

本项目的练习方法：

本项目的结构非常简单，所以在练习表单标签的同时，读者也要留意本项目中有助于提高用户体验的细节设计。如：在适宜的时机加上小手标识和获得焦点的效果变化等。建议读者完成本项目后动手尝试一下各个表单的验证效果。

本项目的注意事项：

表单在实际开发中的作用在于数据的提交，所以注意要给表单中用来收集数据的元素取个名字，因为 name 是表单数据提交到服务器后的标识。在进行邮箱验证时，输入“test@localhost”这样的字符串也是可以通过的，所以在应用 HTML5 自带的表单验证时要考虑是否能满足需求。如果不能，建议使用正则表达式方式。

课后练习

一、填空题

1. 在页面中，________标签用于创建一个表单。
2. <form>中的________属性用于指定接收并处理表单数据的服务器 URL 地址。
3. <form>中的________表示以“multipart/form-data”编码格式发送表单数据。
4. <form>中的________属性用于设置表单数据的提交方式，其取值可以为 get 或 post，默认为 get。
5. 在页面中，________标签用于定义多行文本输入框。

二、判断题

1. get 方式提交的数据将显示在浏览器的地址栏中，保密性差且有数据量限制。(　　)
2. post 方式不但保密性好，还可以提交大量的数据。(　　)
3. CGI 是运行在服务器上的一段程序，提供了同客户端 HTML 页面交互的接口。(　　)
4. 表单中最为核心的就是<input>标签，使用<input>标签可以在表单中定义文本输入框、单选按钮、复选框、重置按钮等。(　　)
5. 表单验证是一套系统，它为终端用户检测无效的数据并标记这些错误。(　　)

三、选择题

1. 下列选项中，可以实现邮箱验证的是（　　）。

A. <input type="text" />　　B. <input type="email" />

C. <input type="password" />　　D. <input type="button" />

2. 下列选项中，可以实现验证 URL 地址的是（　　）。

A. <input type="date" />　　B. <input type="range" />

C. <input type="url" /> D. <input type="num" />

3. 下列选项中，可以设置表单提交按钮的是（ ）。

A. <input type="color" /> B. <input type="url" />

C. <input type=" submit " /> D. <input type="file" />

4. 下列选项中，可以实现表单元素重置功能的是（ ）。

A. <input type="password" /> B. <input type="email" />

C. <input type="reset" /> D. <input type="submit" />

四、简答题

请简单介绍<input>标签的 type 值有哪些。

第5章

HTML5画布

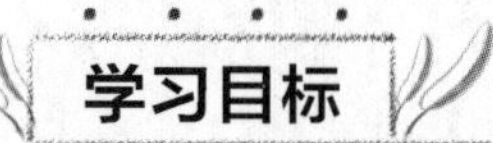

★ 掌握JavaScript的基础知识

★ 掌握Canvas绘图的基本步骤

★ 掌握Canvas常用方法的使用

在过去的很长一段时间里，网页显示图像是用jpg、png等嵌入式图像格式，动画通常是由Flash实现的。在网页中，我们可以使用HTML5的<canvas>标签来创建画布，由于Canvas需要依赖于JavaScript才能完成一系列操作，因此本章会首先介绍JavaScript的基础知识，然后讲解如何使用Canvas进行网页图形的绘制。

5.1 JavaScript的基础知识

JavaScript是一门简单的脚本语言，是前端开发中一个重要的角色，主要用于开发交互式的Web页面。本节将对JavaScript引入方式、数据类型、变量、函数、对象、事件处理以及DOM操作等进行讲解。

5.1.1 JavaScript引入方式

在HTML文档中引入JavaScript与引入CSS的方法类似，主要有3种书写方式，分别是行内式、内嵌式和外链式，下面分别进行讲解。

1. 行内式

行内式可以将单行或少量的JavaScript代码写在HTML标签的事件属性中（也就是以on开头的属性，如onclick），具体示例如下。

```
<input type="button" value="提交" onclick="alert('HELLO')">
```

上述代码实现了单击“提交”按钮时，弹出一个警告框提示“HELLO”。

除此之外，JavaScript代码还可以作为HTML标签的属性值使用，具体示例如下。

```
<a href="javascript:alert('HELLO');">提交</a>
```

上述代码中，href属性中的“javascript:”表示伪协议，后面是一段JavaScript代码。当单击这个超链接后，就会弹出alert警告框。

小提示：

在网页开发中，提倡结构、样式和行为的分离，即分离 HTML、CSS、JavaScript 三部分的代码，避免直接将三部分代码写在 HTML 标签的属性中，从而有利于代码的维护。因此，在实际开发中并不推荐行内式这种写法。

2. 内嵌式

在 HTML 文档中，通过<script>标签及其相关属性可以引入 JavaScript 代码。当浏览器读取到<script>标签时，就执行其中的脚本。其基本语法格式如下。

```
<head>
 <script type="text/javascript">
   // 此处为 JavaScript 代码
 </script>
</head>
```

上述语法中，type 属性用来指定 HTML 文档引用的脚本语言类型，当 type 属性的值为"text/javascript"时，表示<script>标签元素中包含的是 JavaScript 脚本。虽然 JavaScript 脚本可以放在 HTML 中的任意位置，但是考虑到放置的地方会对 JavaScript 脚本执行顺序有一定的影响，在实际开发中一般放在<head>和</head>之间，这样可以确保在使用脚本之前，JavaScript 脚本就已经被载入。

需要注意的是，随着 Web 技术的发展（HTML5 的普及、浏览器性能的提升），内嵌式<script>脚本语法格式又有了新的写法，具体如下。

```
<head>
 <script>
   // 此处为 JavaScript 代码
 </script>
</head>
```

上述语法中，省略了 type="text/javascript"，这是因为新版本的浏览器一般将内嵌式的脚本语言默认为 JavaScript，因此在编写 JavaScript 代码时可以省略 type 属性。

3. 外链式

外链式是将 JavaScript 代码放在一个或者多个以".js"作为文件扩展名的外部文件中，然后通过<script>标签的 src 属性引入该 JS 文件，适用于脚本代码比较复杂或者同一段代码需要被多个网页文件使用的情况。

在 Web 页面中使用外链式引入 JS 文件的基本语法格式如下。

```
<script type="text/javascript" src="JS 文件的路径"></script>
```

5.1.2 数据类型

JavaScript 中有 5 种基本数据类型：Number、String、Boolean、Null 和 Undefined，具体解释如表 5-1 所示。

表 5-1 JavaScript 基本数据类型

类型	含义	说明
Number	数值型	正数、负数、0，允许有小数点
String	字符串类型	字符串是用单引号或双引号括起来的一个或多个字符
Boolean	布尔类型	只有 true 或 false 两个值
Null	空类型	只有一个值 null
Undefined	未定义类型	指变量被创建，但未赋值时所具有的值

除了表 5-1 中的基本数据类型，JavaScript 中还有数组（Array）和复杂数据类型（Object 对象），Object 本质上是由一组无序的名值对组成的。

5.1.3 变量

对于每种编程语言来说，基础知识都是大同小异的，包括变量、函数、条件语句块、循环语句块等，但每种语言的语法各有不同。如在 JavaScript 中定义变量时，要用 var 进行局部变量的声明，语法如下所示。

```
var str = '变量名';
var num = 1.5;                              // 声明一个名称为 num 的变量，同时赋值为 1.5
   age = 23;
var str = new String;
var cars = new Array("A", "B", "C");        // 数组
```

上述语法中，“//”为 JavaScript 的单行注释。在 JavaScript 中还有多行注释，以“/*”开始，以“*/”结尾。

对于弱类型语言 JavaScript，声明变量可以不加 var，但是，不加 var 该变量将会被识别为全局变量。

5.1.4　函数

函数（function）是将一些代码组织在一起，形成一个用于完成某个具体功能的代码块，在需要时可以进行重复调用。函数可以大大减少代码的重复，示例代码如下。

```
// 方式 1 标准写法
function sayHello() {
 alert('hello world');
}
// 方式 2 变量形式的写法
var sayHello = function () {
 alert('hello world');
};
// 函数可以有参数，它也是弱类型
var sayHello = function (msg) {
 alert(msg);
};
// 函数的调用
sayHello('hello world');
```

上述代码中，方式 1 使用 function 作为声明函数的关键字，关键字必须全部使用小写字母。当函数声明后，里面的代码不会执行，只有调用函数的时候才会执行。方式 2 使用函数表达式的方式，将声明的函数赋值给一个变量 sayHello，此时变量 sayHello 就能像函数一样调用和进行参数的传递。

5.1.5　对象

在 JavaScript 中，对象是拥有属性和方法的数据。属性是对象相关的值，方法是对象可以执行的动作。例如，一个叫 lucy 的人在吃饭，我们将这个人视为现实生活中的对象，名字是他的属性，“lucy”为该属性的值，吃饭是该对象的方法，示例代码如下。

```
var person = new Object();                // 创建对象
person.name = 'lucy';                     // 设置 name 属性值为 lucy
person.eat = function () {
 alert(person.name + '吃饭');
};
person.eat();                             // 调用对象方法
```

另外，也可以使用函数的方式来创建对象，代码如下所示。

```
var person = function (name) {
 this.name = name;
 this.eat = function () {
  alert(name + '吃饭');
 };
};
var p = new person('lucy');
p.eat();
```

5.1.6　事件处理

事件驱动是 JavaScript 语言的一个最基本的特征。所谓事件是指用户在访问页面时执行的操作。Event 对象代表事件的状态，如发生事件的元素、键盘按键的状态、鼠标的位置、鼠标按钮的状态。当浏览器探测到一个事件时，如单击鼠标或按键，它可以触发与这个事件相关联的事件处理函数。事件通常与函数结合使

用，函数不会在事件发生前被执行。

JavaScript 中常用的事件类型如表 5-2 所示。

表 5-2　JavaScript 中常用的事件类型

事件类型	描述
click	当鼠标单击某个元素时触发此事件
blur	当前元素失去焦点时触发此事件
change	当前元素失去焦点并且元素内容发生改变时触发此事件
focus	当某个元素获得焦点时触发此事件
reset	当表单被重置时触发此事件
submit	当表单被提交时触发此事件
load	当页面加载完成时触发此事件
mouseover	鼠标移到某元素之上时触发此事件
mouseup	鼠标按键被松开时触发此事件
mousedown	鼠标按键被按下时触发此事件

接下来通过例 5-1 演示在 HTML 中如何调用事件处理程序。

【例 5-1】

创建 C:\code\chapter05\demo01.html 文件，具体代码如下。

```
1  <!DOCTYPE html>
2  <html>
3  <head>
4    <meta charset="UTF-8">
5    <title>事件处理</title>
6  </head>
7  <body>
8    <input id="btn" type="button" name="btn" value="提交" />
9    <script>
10     var oBtn = document.getElementById('btn');
11     oBtn.onclick = function () {
12       alert('哎呀! 点到我了! ');
13     };
14   </script>
15 </body>
16 </html>
```

上述代码中，第 8 行代码定义了一个 id 为 btn 的 button 元素。第 10 行代码中的 getElementById()方法是通过元素的 id 属性来获取元素的，在这里表示获取 id 为 btn 的元素。关于获取元素的方法会在后面内容中详细讲解，在这里我们只需明白该方法的含义即可。第 11 行代码给 oBtn 注册事件，语法为“oBtn.on 事件类型”，事件类型 click 表示鼠标单击事件，这步操作实际上是为 btn 的 onclick 属性赋值一个函数，这个函数就是事件处理程序。

保存上述代码，在浏览器中查看上述代码的运行效果，如图 5-1 所示。

接下来，在页面中单击“提交”按钮，将弹出图 5-2 所示的警示框。

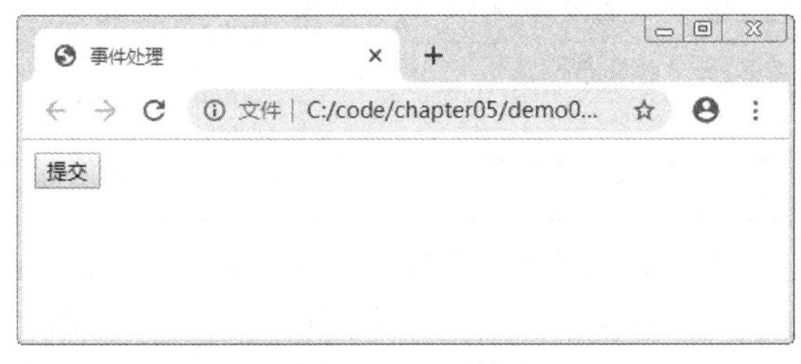

图5-1　页面效果

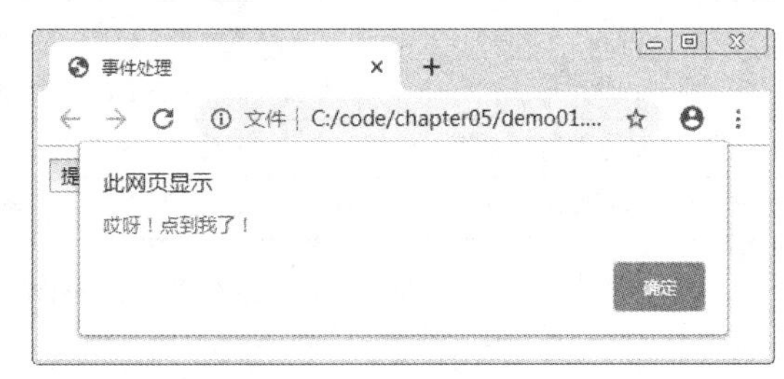

图5-2　警示框

上述内容中，我们使用了鼠标单击事件来实现弹出框效果。另外，事件有很多属性，常用的事件属性如表 5-3 所示。

表 5-3 常用的事件属性

事件属性	描述
button	返回当事件被触发时哪个鼠标按钮被单击
clientX	返回当事件被触发时鼠标指针的水平坐标
clientY	返回当事件被触发时鼠标指针的垂直坐标
screenX	返回当某个事件被触发时鼠标指针的水平坐标
screenY	返回当某个事件被触发时鼠标指针的垂直坐标

5.1.7 DOM 操作

DOM 的全称为文档对象模型（Document Object Model）。当网页被加载时，浏览器会将 HTML DOM 构造为对象的树，HTML DOM 树的结构如图 5-3 所示。

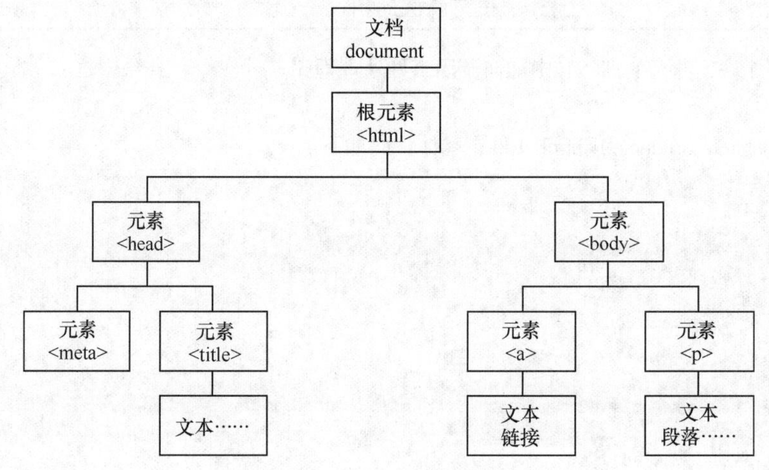

图5-3 HTML DOM树的结构

在图 5-3 中，展示了 HTML DOM 树中各节点之间的关系。其中，文档（document）对象是树的根节点，该对象有一个 documentElement 属性，用于表示文档根元素的 Element 对象。HTML 文档中所有标签都是 HTML 元素，<head>和<body>元素可以看作树的枝干。通过这个可编程的对象模型，我们就可以使用 JavaScript 来创建动态的 HTML。例如，改变页面中的所有 HTML 元素、HTML 属性和 CSS 样式，以及对页面中的所有事件做出反应。

如果我们要操作 HTML 元素内容及其属性，首先应该获取到该元素对象。document 对象提供了用于获取 HTML 元素对象的常用方法，如表 5-4 所示。

表 5-4 获取 HTML 元素对象的常用方法

方法	描述
getElementById()	返回对拥有指定 id 的第一个对象的引用
getElementsByName()	返回带有指定名称的对象集合
getElementsByTagName()	返回带有指定标签名的对象集合

在表 5-4 中，getElementById()方法返回的是拥有指定 id 的元素。如果没有找到指定 id 的元素则返回 null，如果存在多个指定 id 的元素则返回 undefined。getElementsByName()方法返回的是一个对象集合，可以使用索引获取元素。getElementsByTagName()方法获取到的集合是动态集合，也就是说，当页面增加了标签，这个集合

中也会自动增加元素。

接下来通过例5-2演示获取HTML元素对象的常用方法的使用，示例代码如下。

【例5-2】

创建C:\code\chapter05\demo02.html文件，具体代码如下。

```
1  <!DOCTYPE html>
2  <html>
3  <head>
4    <meta charset="UTF-8">
5    <title>JavaScript获取HTML元素对象</title>
6  </head>
7  <body>
8    <input type="text" value="admin" /><br>
9    <input type="password" value="123456" /><br>
10   <input type="text" value="157****9089" /><br>
11   <input type="button" value="元素个数" id="iptNum" />
12   <script type="text/javascript">
13     var Oiptnum = document.getElementById('iptNum');
14     var Oipts = document.getElementsByTagName('input');
15     Oiptnum.onclick = function () {
16       alert('有' + Oipts.length + '个<input>元素');
17     };
18   </script>
19 </body>
20 </html>
```

上述代码中，第8～11行代码定义了4个<input>标签。第11行代码给元素设置id为iptNum，并在第13行代码中使用getElementById()方法获取该元素对象Oiptnum；然后在第14行代码中使用getElementsByTagName()方法返回所有<input>标签对象的集合，赋值给变量Oipts。第15～17行代码给Oiptnum绑定鼠标单击事件，使用alert弹出<input>标签的个数。

小提示：

getElementsByName()方法是通过name属性来获取元素的，一般用于获取表单元素。name属性的值不要求必须是唯一的，多个元素也可以有同样的名字。它返回的是一个对象集合，使用索引获取元素。如果想取出第一个<input>标签的值可以使用"document.getElementsByName()[0];"。通常情况下，要获取单个元素的值建议使用"document.getElementById()"。

保存上述代码，在浏览器中查看运行效果，如图5-4所示。

在图5-4中，单击"元素个数"按钮，触发其对应的单击事件，弹出框如图5-5所示。

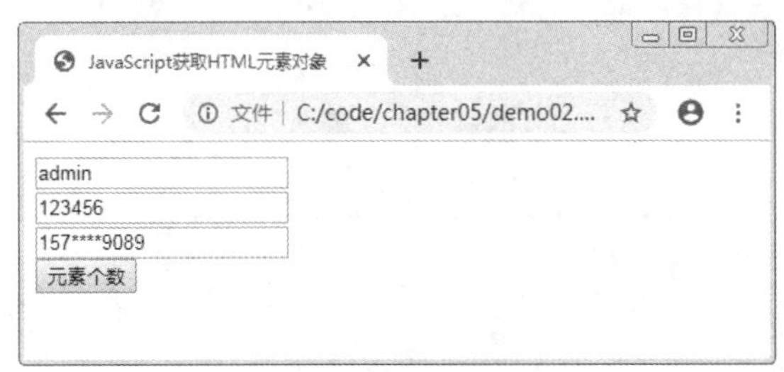

图5-4　页面效果

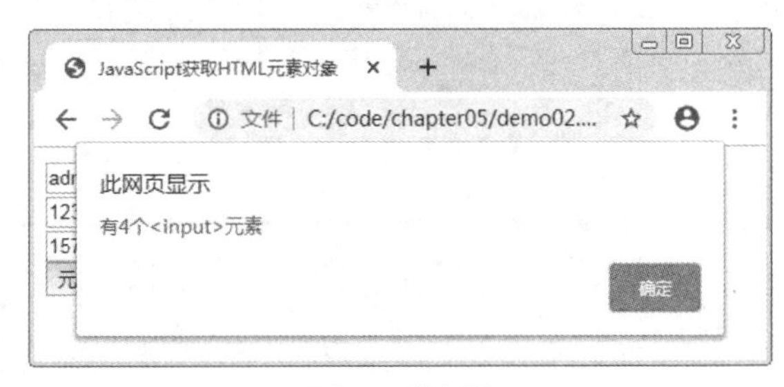

图5-5　弹出框

多学一招：HTML5新增的元素获取方式

HTML5中为document对象新增了getElementsByClassName()、querySelector()和querySelectorAll()方法，在使用时需要考虑到浏览器的兼容性问题。

- getElementsByClassName()方法，用于通过类名来获得某些元素集合。

- querySelector()方法，用于返回指定选择器的第一个元素对象。
- querySelectorAll()方法，用于返回指定选择器的所有元素对象集合。

5.1.8 getBoundingClientRect()方法

使用 getBoundingClientRect()方法可以获得 DOM 元素到浏览器可视范围的距离，用于获得页面中某个元素的左、上、右和下边界分别相对浏览器视窗的位置，或者可以理解为获取一个 Element 元素的坐标。

getBoundingClientRect()方法返回一个 Object 对象，该对象有 6 个属性：top、left、right、bottom、width、height。其中，width 和 height 是元素自身的宽和高；top、left、right、bottom 的大小都是相对于文档视图的左上角来计算的。上述属性相对于文档视图的示意图效果如图 5-6 所示。

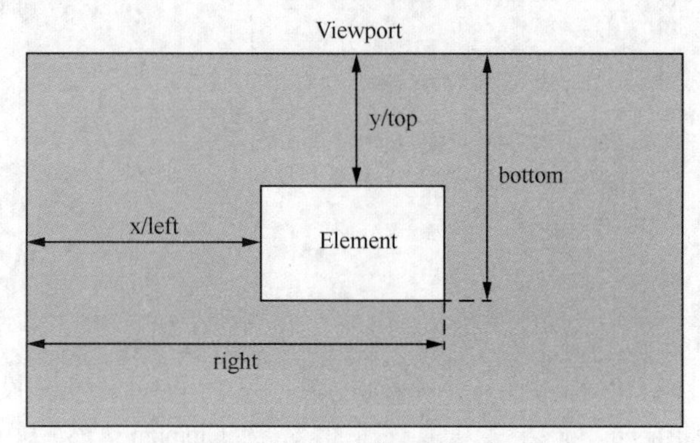

图5-6　属性相对于文档视图的示意图效果

由图 5-6 可以看出，top 和 left 属性和 CSS 中的理解类似，而 right 和 bottom 属性和 CSS 中的理解有所区别。这里的 right 是指元素右边界距窗口最左边的距离，bottom 是指元素下边界距窗口最上面的距离。

需要注意的是，IE 浏览器只返回 top、left、right、bottom 四个属性的值，由于本书推荐使用 Chrome 浏览器，与 IE 浏览器的返回值的区别这里暂不考虑。

接下来通过例 5-3 演示 getBoundingClientRect()方法的具体用法。

【例 5-3】

（1）创建 C:\code\chapter05\demo03.html 文件，具体代码如下。

```
1  <!DOCTYPE html>
2  <html>
3  <head>
4    <meta charset="UTF-8">
5    <title>getBoundingClientRect()</title>
6  </head>
7  <script>
8    function getRect() {
9      var obj = document.getElementById('example');      // 获取元素对象
10     var objRect = obj.getBoundingClientRect();         // 获取按钮位置
11     // 当调用该方法时弹出元素的信息（上、右、下和左边界分别相对浏览器视窗的位置）
12     alert('top:' + objRect.top + ', right:' + objRect.right + ', bottom:' + objRect.bottom + ',
left:' + objRect.left);
13   }
14 </script>
15 <body>
16   <div style="text-align: center;">
17     <button id="example" onmousemove="getRect()">
18       返回本按钮距离浏览器左上角的值
19     </button>
20   </div>
21 </body>
22 </html>
```

上述代码中，第 17 行代码是给<button>标签绑定 onmousemove 事件的 getRect()函数，并在第 8～13 行代码中定义了 getRect()函数来获取鼠标移上按钮时，按钮与浏览器左上角之间的距离值。

保存上述代码，在浏览器中查看运行效果，如图 5-7 所示。

（2）当鼠标悬停在图 5-7 所示的按钮上时，弹出框显示具体的值，如图 5-8 所示。

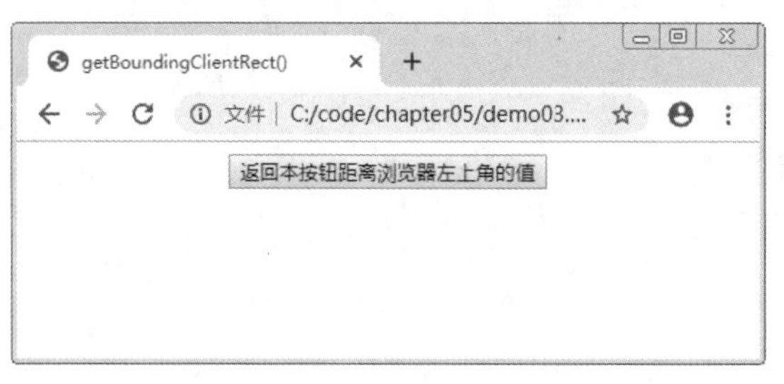

图5-7 页面效果

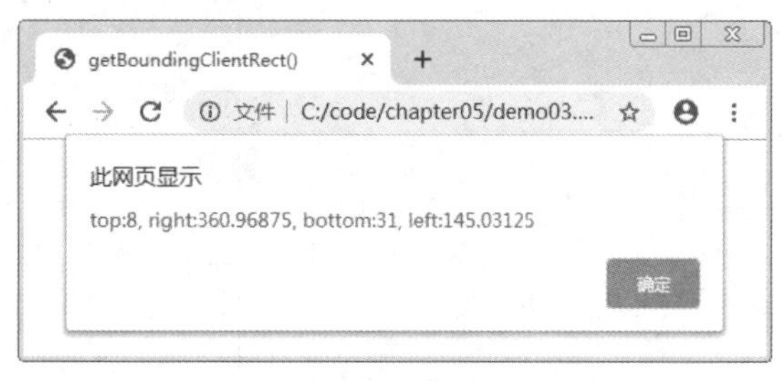

图5-8 弹出框

5.2 Canvas 绘图基本步骤

HTML5 中为我们提供了一种全新的画布功能，即运用<canvas>标签让用户轻松地在网页中绘制图形、文字、图片等。Canvas 表示画布，现实生活中的画布是用来作画的，HTML5 中的 Canvas 与之类似，我们可以称它为“网页中的画布”。默认情况下，它是一块 300px × 150px 的矩形画布。用户可以自定义画布的大小或为画布添加其他属性。在 HTML5 的“画布”中绘画，并不是通过鼠标，用户需要通过 JavaScript 来控制画布中的内容，如添加图片、线条、文字等。接下来我们将分步骤去讲解如何使用 HTML5 画布绘制图形。

5.2.1 创建画布

使用 HTML5 中的<canvas>标签在网页中创建一个画布，语法格式如下。

```
<canvas id="cavsElem" width="400" height="300">
  您的浏览器不支持 Canvas
</canvas>
```

上述代码中，定义了一个 id 为 cavsElem 的画布，并设置了画布的宽度为 400，高度为 300，单位 px。

接下来，在画布中绘制图形，首先要通过 JavaScript 的 getElementById()函数获取到网页中的画布对象，代码如下所示。

```
var canvas = document.getElementById('cavsElem');
```

上述代码中，获取了 id 为 cavsElem 的画布，同时将获取的画布对象保存在变量 canvas 中。

5.2.2 准备画笔

有了画布之后，要开始作画需要准备一只画笔才可以开始作画，这只画笔就是 context 对象。context 对象是画布的上下文，也叫作绘制环境，是所有的绘制操作 API 的入口。该对象可以使用 JavaScript 脚本获得，具体语法如下所示。

```
var context = canvas.getContext('2d');
```

在上面的语法中，参数“2d”代表画笔的种类，这里表示二维绘图的画笔。如果想要绘制三维图，可以把参数替换为“webgl”，三维操作目前还没有广泛的应用，作为了解即可。

5.2.3 定义坐标和起始点

2d 代表一个平面，绘制图形时需要在平面上确定起始点，也就是“从哪里开始画”，这个点需要通过坐标来控制。Canvas 的坐标系从左上角“0, 0”开始。x 轴向右增大，y 轴向下增大，如图 5-9 所示。

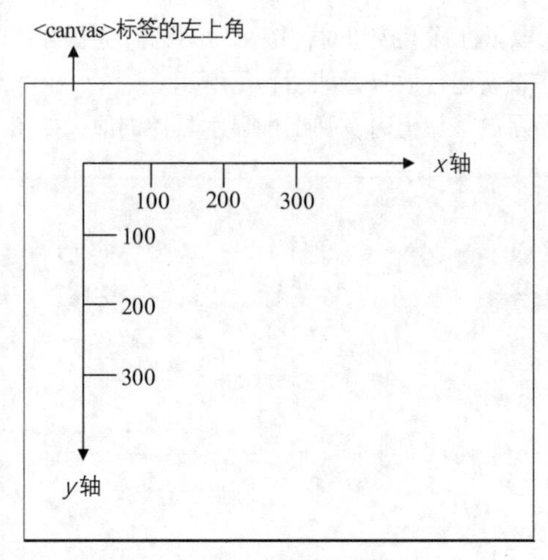

图5-9 坐标轴示意图

在画布中使用 moveTo(x, y)方法来定义绘制的初始位置，其中 x 和 y 分别代表水平坐标轴和垂直坐标轴的位置，中间用 "," 隔开。x 和 y 的取值为数字，表示像素值（单位省略）。设置上下文绘制路径的初始位置的代码如下所示。

```
var context = canvas.getContext('2d');
context.moveTo(x, y);
```

在上述语法中，x、y 都是相对于 Canvas 画布的最左上角。使用 context 对象的 moveTo()方法进行设置，相当于移动画笔到某个位置。

5.2.4 绘制线条图案

线是所有复杂图形的组成基础，想要绘制复杂的图形，首先要从绘制线开始。线由初始位置、连线端点和描边组成，如图 5-10 所示。

接下来通过例 5-4 演示如何使用 Canvas 来进行字母线条图形的绘制，具体代码如下。

【例 5-4】

（1）创建 C:\code\chapter05\demo04.html 文件，具体代码如下。

```
1  <!DOCTYPE html>
2  <html>
3  <head>
4    <meta charset="UTF-8">
5    <title>Document</title>
6  </head>
7  <body>
8    <canvas id="cavsElem" width="400" height="600">您的浏览器不支持 Canvas</canvas>
9    <script>
10     var canvas = document.getElementById('cavsElem');      // 获取画布
11     var context = canvas.getContext('2d');                 // 准备画笔
12     context.lineWidth = '10';                              // 设置线条的宽度
13     context.strokeStyle = '#f00';                          // 设置线条的颜色
14     context.lineCap = 'round';                             // 设置线条的端点形状
15     context.moveTo(10, 120)                                // 定义线条的起点坐标
16     context.lineTo(50, 120);                               // 定义连接端点
17     context.lineTo(10, 150);                               // 定义连接端点
18     context.lineTo(50, 150);                               // 定义连接端点
19     context.stroke();                                      // 为线条描边
20   </script>
21 </body>
22 </html>
```

上述代码中，第 12 行代码使用 lineWidth 属性定义线条的宽度，该属性的默认宽度为 1px，取值为数值（不带单位），以像素为计量单位；第 13 行代码使用 strokeStyle 属性定义描边的颜色，该属性的取值为十六

进制颜色值或颜色英文，默认为黑色；第 16～18 行代码使用 lineTo(x, y)方法来定义连线端点，同时也需要定义 *x* 和 *y* 的坐标位置；第 19 行代码使用 stroke()方法给线条添加描边，让线条变得可见。

保存上述代码，在浏览器中查看运行效果，如图 5-11 所示。

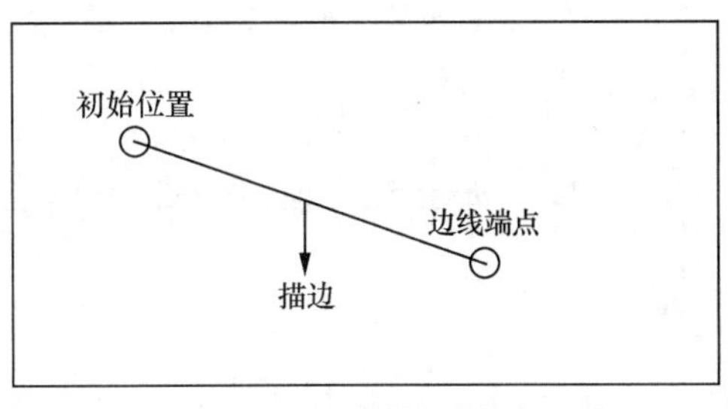

图5-10　线的组成部分

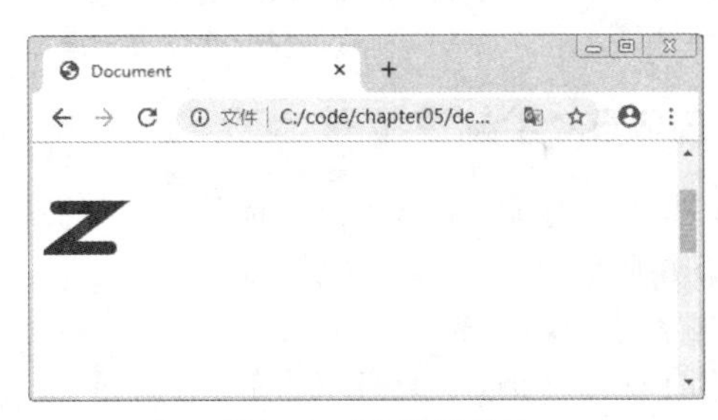

图5-11　绘制字母“Z”

小提示：

默认情况下，线的端点是方形的，通过画布中的 lineCap 属性可以定义端点的形状，其基本语法格式为“lineCap='属性值';”。lineCap 属性的取值有 3 个，分别是 butt（默认，平直）、round（圆形）和 square（方形）。

（2）在 demo04.html 文件中，在第（1）步第 19 行代码后，编写以下代码，来观察 lineCap 属性 3 个取值的区别。

```
1  // 绘制蓝色的字母“Z”
2  context.beginPath();                        // 重置路径
3  context.strokeStyle = 'blue';               // 设置线条的颜色为蓝色
4  context.lineCap = 'butt';                   // 定义端点平直
5  context.moveTo(10, 180);                    // 定义初始位置
6  context.lineTo(50, 180);                    // 定义连线端点
7  context.lineTo(10, 210);                    // 定义连线端点
8  context.lineTo(50, 210);                    // 定义连线端点
9  context.stroke();                           // 描边路径
10 // 绘制粉色的字母“Z”
11 context.beginPath();                        // 重置路径
12 context.strokeStyle = 'pink';               // 设置线条的颜色为粉色
13 context.lineCap = 'square';                 // 定义端点方形
14 context.moveTo(10, 240);                    // 定义初始位置
15 context.lineTo(50, 240);                    // 定义连线端点
16 context.lineTo(10, 280);                    // 定义连线端点
17 context.lineTo(50, 280);                    // 定义连线端点
18 context.stroke();                           // 描边路径
```

上述代码中，在第 4 行和第 13 行代码处分别定义了端点的形状；在第 2 行和第 11 行代码处使用 beginPath()方法重置了路径，这是因为在同一画布中，如果想要开始新的路径或重置当前的路径，就需要使用 beginPath()方法，当出现 beginPath()即表示路径重新开始。

保存上述代码，在浏览器中查看运行效果，如图 5-12 所示。

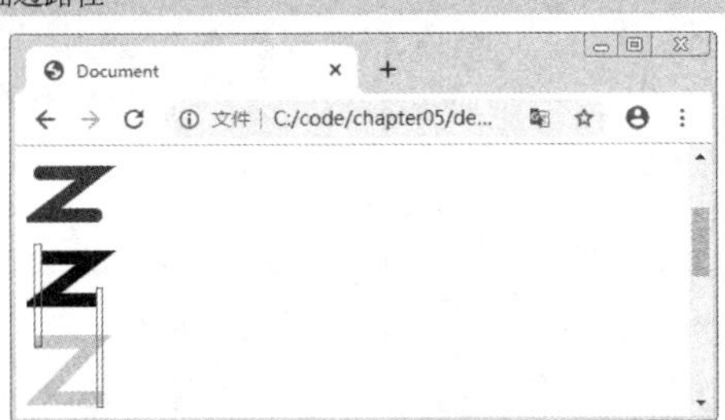

图5-12　端点形状

在图 5-12 中，从上到下 3 个图案依次是红色、蓝色和粉色。设置了 butt（蓝色字母）和 square（粉色字母）图案的端点形状是一样的，区别在于蓝色图案会比红色和粉色图案短一截，这是因为该图案没有闭合路径。我们可以在 stroke()方法前使用 closePath()方法来闭合路径，该方法是创建从当前点到开始点的路径。

小提示：

路径是所有图形绘制的基础，例如绘制直线，确定了起始点和线头点后，便形成了一条绘制路径。开始

路径和闭合路径的代码如下所示。

```
context.beginPath();      // 开始路径
context.closePath();      // 闭合路径
```

开始路径的核心作用是将不同线条绘制的形状进行隔离，每次执行此方法，都意味着要重新绘制一个路径，该路径可以与之前绘制的路径分开设置和管理；闭合路径会自动把最后的线头和开始的线头连在一起。

5.2.5　绘制三角形

三角形的绘制，就需要用到上面我们学到的知识点，它需要对线条进行闭合处理。接下来通过案例来演示如何在页面中绘制一个三角形图案。

本案例的基本步骤总结如下。

（1）使用<canvas>标签定义画布。

（2）使用 canvas.getContext('2d')方法准备画笔（获取上下文对象）。

（3）使用 context.beginPath()方法开始路径规划。

（4）使用 context.moveTo(x, y)方法移动起始点坐标。

（5）使用 context.lineTo(x, y)方法绘制线。

（6）使用 context.closePath()方法闭合路径。

（7）使用 context.stroke()方法绘制描边。

本案例的具体实现步骤如例 5-5 所示。

【例 5-5】

（1）创建 C:\code\chapter05\demo05.html 文件，具体代码如下。

```
1  <!DOCTYPE html>
2  <html>
3  <head>
4    <meta charset="UTF-8">
5    <title>Canvas 绘制三角形</title>
6  </head>
7  <body>
8  <canvas id="cavsElem">
9    你的浏览器不支持 Canvas，请升级浏览器
10 </canvas>
11 <script>
12   var canvas = document.getElementById('cavsElem');   // 获取画布
13   var context = canvas.getContext('2d');              // 获取上下文对象
14   // 设置标签的宽、高和边框
15   canvas.width = 400;
16   canvas.height = 400;
17   canvas.style.border = '1px solid #000';
18   // 绘制三角形
19   context.beginPath();                                // 开始路径
20   context.moveTo(100,100);                            // 定义初始位置
21   context.lineTo(300, 300);                           // 定义连接端点
22   context.lineTo(100, 300);                           // 定义连接端点
23   context.closePath();                                // 结束路径
24   context.stroke();                                   // 描边路径
25 </script>
26 </body>
27 </html>
```

上述代码中，使用 JavaScript 为画布设置了宽、高和边框，然后通过坐标确定了三角形的三个点，规划了绘制路径，最后进行描边操作，成功绘制了一个三角形。

保存上述代码，在浏览器中查看运行效果，如图 5-13 所示。

（2）在 demo05.html 中，在第（1）步第 25 行代码后编写如下代码，实现三角形的填充效果。

```
context.fill();
```

上述代码中，使用 Canvas 提供的 fill()方法，在描边操作之后添加该方法，表示填充三角形。默认填充路

径的颜色为黑色，我们可以使用 fillStyle 属性，来更改填充颜色。同描边颜色一样，fillStyle 属性的取值可以为十六进制颜色值或颜色英文。

保存上述代码，在浏览器中查看运行效果，如图 5-14 所示。

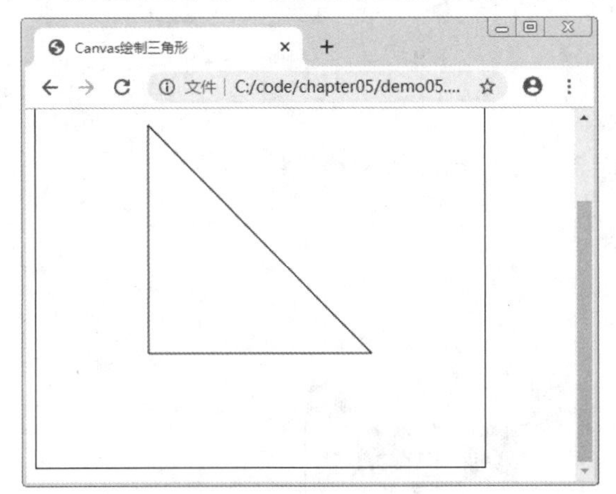

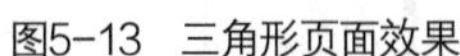
图5-13　三角形页面效果

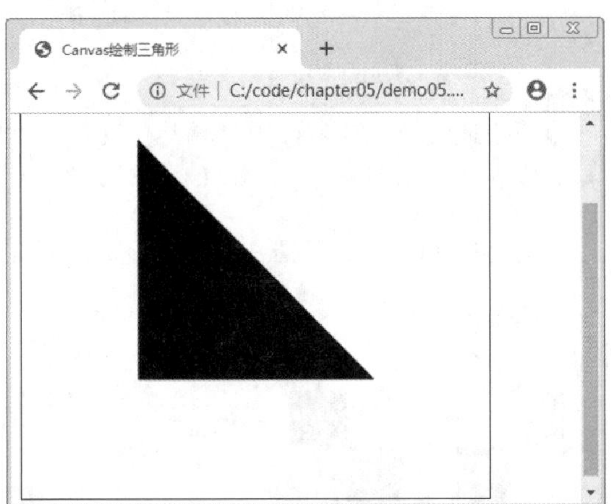

图5-14　三角形填充后的效果

5.3　Canvas 常用方法

在前面的内容中，主要介绍了 Canvas 绘制图形的基本步骤，并使用 Canvas 提供的相关属性和方法绘制了线条图案和三角形。除此之外，getContext('2d') 对象作为 HTML5 的内建对象，它还提供了快速绘制矩形、圆形、字符以及添加图像的方法。接下来将进行详细讲解。

5.3.1　绘制几何图形

在画布中，使用 strokeRect()方法和 fillRect()方法来绘制矩形边框和填充矩形，其基本语法格式如下。

```
context.strokeRect(x, y, width, height);                  // 绘制矩形边框
context.fillRect(x, y, width, height);                    // 绘制填充矩形
context.clearRect(x, y, width, height);                   // 清除矩形
```

在上面的语法格式中，x、y 代表矩形起点的横纵坐标，width 和 height 代表要绘制（或清除）矩形的宽和高，需要注意的是，strokeRect()和 fillRect()方法是可以单独使用的。clearRect()方法在 Canvas 中的作用相当于一个橡皮擦，使用它可以清除矩形内绘制的内容。

接下来通过案例演示如何使用 strokeRect()方法和 fillRect()方法来绘制几何图形，如例 5-6 所示。

【例 5-6】

（1）创建 C:\code\chapter05\demo06.html 文件，编写 HTML 代码，具体代码如下。

```
1  <!DOCTYPE html>
2  <html>
3  <head>
4    <meta charset="utf-8">
5    <title>绘制几何图形</title>
6  </head>
7  <body>
8    <canvas id="canvas" width="250" height="150" style="border: 1px black solid;"></canvas>
9    <script type="text/javascript">
10     var canvas = document.getElementById('canvas');  // 获取画布
11     var context = canvas.getContext('2d');           // 准备画笔（获取上下文对象）
12     context.strokeRect (112.5, 0, 30, 30);
13     context.fillRect(0, 0, 50, 50);
14     context.strokeRect(25, 25, 50, 50);
15     context.fillRect(50, 50, 50, 50);
16     context.strokeRect(75, 75, 50, 50);
```

```
17      context.fillRect(100, 100, 50, 50);
18      context.strokeRect(125, 75, 50, 50);
19      context.fillRect(150, 50, 50, 50);
20      context.strokeRect(175, 25, 50, 50);
21      context.fillRect(200, 0, 50, 50);
22    </script>
23  </body>
24  </html>
```

保存上述代码，在浏览器中查看运行效果，如图 5-15 所示。

（2）在 demo06.html 中，在第（1）步第 17 行代码后编写如下代码，清除绘制内容。

```
context.clearRect(110, 110, 30, 30);                          // 清除矩形
```

保存上述代码，在浏览器中查看运行效果，如图 5-16 所示。

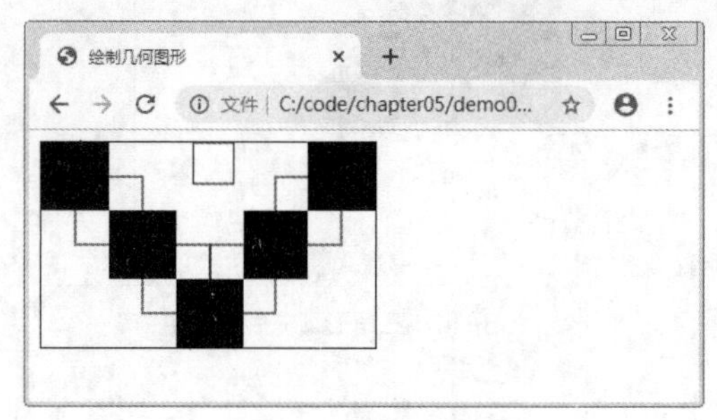

图5-15　绘制几何图形

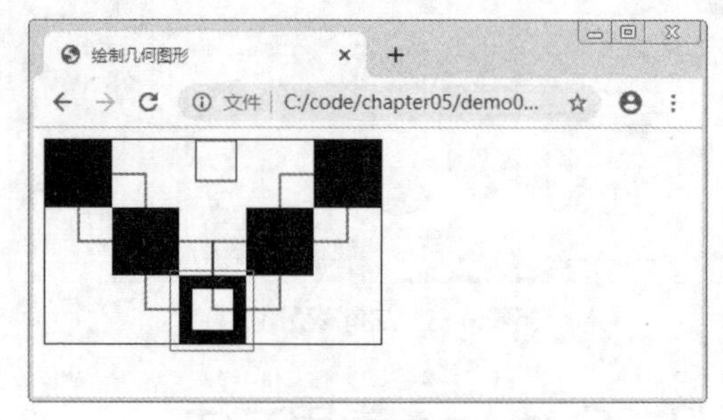

图5-16　清除矩形

5.3.2　绘制笑脸

在 Canvas 中可以使用 arc()方法来绘制弧形和圆形，具体语法如下所示。

```
context.arc(x, y, radius, startAngle, endAngle, bAntiClockwise);
```

上述语法中，*x*、*y* 代表 arc 的中心点坐标；radius 代表圆形半径的长度；startAngle 代表弧形的绘制以 startAngle 开始（弧度），endAngle 代表弧形的绘制以 endAngle 结束（弧度）；bAntiClockwise 代表是否是逆时针方向，设置为 true 意味着弧形的绘制是逆时针方向进行，false 则为顺时针方向进行。

接下来，通过例 5-7 来演示如何使用 arc()方法绘制笑脸。

【例 5-7】

（1）创建 C:\code\chapter05\demo07.html 文件，编写代码实现笑脸外部的圆形，示例代码如下。

```
1   <!DOCTYPE html>
2   <html>
3   <head>
4     <meta charset="UTF-8">
5     <title>绘制笑脸</title>
6   </head>
7   <body>
8     <canvas id="cavsElem" width="400" height="300">
9       你的浏览器不支持 Canvas，请升级浏览器
10    </canvas>
11    <script>
12      // 获取画布和上下文对象
13      var context = document.getElementById('cavsElem').getContext('2d');
14      context.beginPath();                              // 开始路径
15      context.fillStyle = 'orange';                     // 设置填充颜色
16      // 绘制外部的圆形，true 表示逆时针
17      context.arc(100, 100, 99, 0, 2*Math.PI, true);
18      context.closePath();                              // 关闭路径
19      context.stroke();                                 // 描边
20      context.fill();                                   // 填充
21    </script>
22  </body>
23  </html>
```

上述代码中，fillStyle用于设置图形的填充颜色。

保存上述代码，在浏览器中查看运行效果，如图5-17所示。

（2）在demo07.html文件，在第（1）步第20行代码后编写如下代码，进行眼睛的绘制。

```
1  // 绘制左眼
2  context.beginPath();                // 开始路径
3  context.strokeStyle = '#fff';       // 设置描边颜色
4  context.lineWidth = 3;              // 设置线条的粗细
5  context.arc(70, 60, 20, 0, Math.PI, true);
6  context.stroke();                   // 描边路径
7  context.closePath()
8  // 绘制右眼
9  context.beginPath();                // 开始路径
10 context.strokeStyle = '#fff';       // 设置描边颜色
11 context.lineWidth = 3;              // 设置线条的粗细
12 context.arc(130, 60, 20, 0, Math.PI, true);
13 context.stroke();                   // 描边路径
14 context.closePath()
```

上述代码中，lineWidth属性用于设置线条的粗细（以像素为单位）。

保存上述代码，在浏览器中查看运行效果，如图5-18所示。

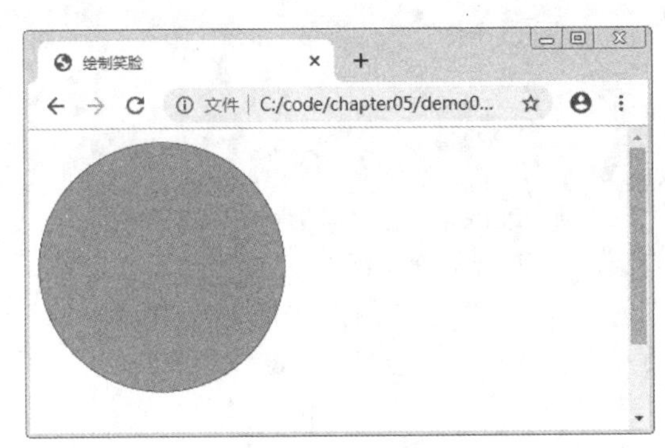

图5-17 外部的圆形

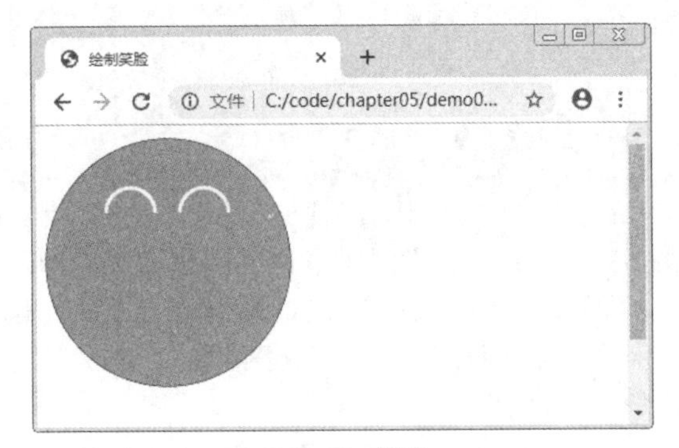

图5-18 眼睛

（3）在demo07.html文件，在第（2）步第14行代码后编写如下代码，进行嘴巴的绘制。

```
1  // 绘制嘴巴下弧线
2  context.beginPath();
3  context.lineWidth = 2;
4  context.strokeStyle = '#fff';
5  context.arc(100, 110, 50, 0, 1*Math.PI);
6  context.stroke();
7  // 绘制嘴巴上弧线
8  context.beginPath();
9  context.arc(100, 95, 50, 0.05 * Math.PI, 0.95 * Math.PI);
10 context.strokeStyle = '#fff';
11 context.stroke();
```

上述代码中，第5行代码用于绘制下弧线；第9行代码用于绘制上弧线。通过上弧线和下弧线的位置关系，拼接后合成嘴巴的月牙形。arc()方法的参数中，使用Math.PI来获取圆周率π的值，并且使用它来计算弧度值。特殊角度数和弧度数对应如表5-5所示。

表5-5 角度数和弧度数对应

角度数	0°	30°	45°	60°	90°	120°	135°	150°	180°	270°	360°
弧度数	0	π/6	π/4	π/3	π/2	2π/3	3π/4	5π/6	π	3π/2	2π

保存上述代码，在浏览器中查看运行效果，如图5-19所示。

图5-19 笑脸

5.3.3 绘制图片

Canvas 中的绘制图片其实就是把一幅图放在画布上，语法如下所示。

```
// 方式 1 在画布上定位图像
context.drawImage(image, dx, dy)
// 方式 2 在画布上定位图像，并规定了图像的宽度和高度
context.drawImage(image, dx, dy, dWidth, dHeight)
// 方式 3 剪切图像，并在画布上定位被剪切的部分
context.drawImage(image, sx, sy, sWidth, sHeight, dx, dy, dWidth, dHeight)
```

在上述语法中，drawImage ()方法用于在画布上绘制图像、画布或视频，也可以绘制图像的某些部分。它的参数中 image 代表图片的来源，也就是要绘制的图片资源；dx 和 dy 代表图像的左上角在目标（Canvas）中的位置；sx 和 sy 是需要绘制到目标上下文中的源图像的矩形选择框的左上角的坐标；sWidth 和 sHeight 是需要绘制到目标上下文中的源图像的矩形选择框的宽度和高度，dWidth 和 dHeight 表示在目标画布上绘制图像的宽度和高度。

接下来通过例 5-8 演示如何使用 drawImage()方法来绘制图像。

【例 5-8】

创建 C:\code\chapter05\demo08.html 文件，编写 HTML 代码，示例代码如下。

```
1  <!DOCTYPE html>
2  <html>
3  <head>
4    <meta charset="utf-8">
5    <title>绘制图片</title>
6  </head>
7  <body>
8    <img id="img" src="flower.jpg" width="300"/>
9    <canvas id="canvas" width="200" height="200" style="border: 1px solid black;"></canvas>
10   <script type="text/javascript">
11     var canvas = document.getElementById('canvas');   // 获取画布
12     var context = canvas.getContext('2d');            // 获取上下文对象
13     var img = new Image();                            // 创建图片对象
14     img.src = 'flower.jpg';                           // 设置图片路径
15     img.onload = function () {
16       context.drawImage(img, 50, 50, 100, 100);
17     };
18   </script>
19 </body>
20 </html>
```

上述代码中，第 15～17 行代码使用了图片对象的 onload 事件，因为绘制图片的前提是这个图片已经被加载了，否则是看不到运行效果的。其中第 16 行代码使用 Canvas 绘制图片。

保存上述代码，在浏览器中查看运行效果，如图 5-20 所示。

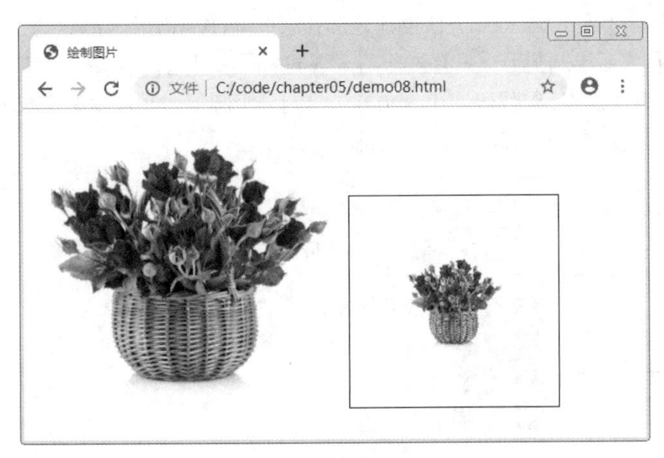

图5-20 绘制图片

5.4 Canvas 其他方法

Canvas 中提供的有关图形绘制的方法有很多，本节选取 clip()、save()和 restore()方法进行详细讲解。关于这 3 个方法的具体功能如下。

- clip()方法用于从原始画布剪切任意形状和尺寸的区域。
- save()方法用来保存画布的绘制状态。
- restore()方法用于移除自上一次调用 save()方法所添加的任何效果。

在使用 Canvas 绘制图形的过程中，有时网页需要多次显示相同的效果。例如，绘制圆形后再绘制矩形，然后在触发某个事件时需要回到绘制圆形的状态，这时就要用到 save()方法和 restore()方法。先使用 save()方法来保存画布的绘制状态，当绘制矩形后需要回到之前的状态，就可以使用 restore()方法来恢复。

接下来通过例 5-9 演示如何使用 clip()方法在画布上剪切任意形状和尺寸区域。

【例 5-9】

创建 C:\code\chapter05\demo09.html 文件，编写 HTML 代码，示例代码如下。

```
1  <!DOCTYPE html>
2  <html>
3  <head>
4    <meta charset="UTF-8">
5    <title>clip()剪切任意形状和尺寸区域</title>
6  </head>
7  <body>
8    <canvas id="cavsElem">
9      你的浏览器不支持 Canvas，请升级浏览器
10   </canvas>
11   <script>
12     var canvas = document.getElementById('cavsElem'); // 获取画布
13     canvas.style.border = '1px solid #000';           // 设置画布边框
14     var context = canvas.getContext('2d');            // 获取上下文对象
15     context.rect(50, 20, 200, 120);                   // 绘制矩形区域
16     context.stroke();                                 // 描边
17     context.clip();
18     // 在 clip()之后绘制圆形，只有被剪切区域的内圆形可见
19     context.fillStyle = 'green';
20     context.arc(200, 100, 70, 0, 2*Math.PI, true);    // 绘制圆形区域
21     context.fill();                                   // 填充
22   </script>
23 </body>
24 </html>
```

上述代码中，第 15 行代码使用 rect()方法创建矩形；第 16 行代码使用 stroke()方法绘制矩形；第 17 行代码表示在 clip()方法执行之后绘制圆形，只有被剪切区域的内圆形可见；第 19 行代码使用 fillStyle 属性，来更改填充颜色为绿色；第 20～21 行代码使用 arc()方法绘制一个圆形，并且使用 fill()方法进行填充。

保存上述代码，在浏览器中查看运行效果，如图 5-21 所示。

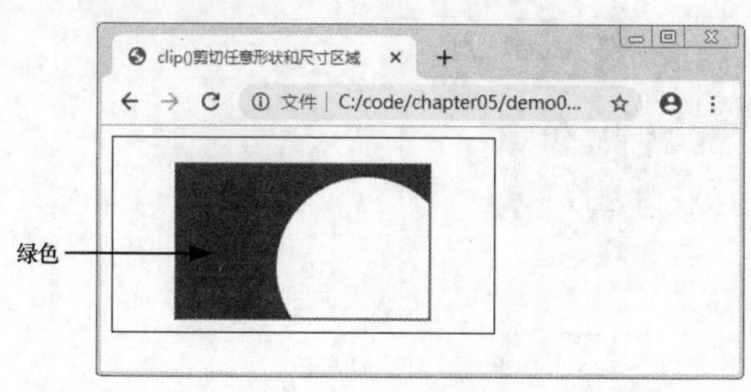

图5-21　剪切效果

5.5　【项目 5-1】涂鸦板

5.5.1　项目分析

1. 项目展示

大家对计算机中的画图软件应该都很熟悉，如果没有使用过画图软件，可以打开计算机中内置的画图工具体验一下。画图工具中的画笔功能就像现实生活中的画笔，可以在画板上画出任意图形。本项目将带领读者使用 Canvas 完成一个网页涂鸦板，如图 5-22 所示。

图5-22　网页涂鸦板

在图 5-22 中可以将鼠标作为画笔，发挥自己的想象力画出任意图形，绘制效果如图 5-23 所示。

2. 项目页面结构

有了前导知识作为铺垫，接下来我们分析网页涂鸦板的制作，其页面结构如图 5-24 所示。

该页面主要应用 HTML<canvas>标签，涂鸦的效果由 JavaScript 代码来完成，由于 HTML 是逐行加载的，所以 JavaScript 代码要写在<canvas>标签的下面。

该网页的实现细节，具体分析如下。

（1）该涂鸦板显示在屏幕中间，所以<canvas>标签可以嵌套在<center>标签中。

（2）编写 JavaScript 代码，实现鼠标涂鸦效果。

（3）获取鼠标的坐标很简单，可以使用 clientX 和 clientY 来获取，如图 5-25 所示。

图 5-25 所示的是鼠标直接作用在浏览器窗口的情况。但是，当鼠标作用在一个对象（如画布）上时，就要考虑这个对象在浏览器窗口的位置，这时便要使用 getBoundingClientRect()方法来获取 Canvas 矩形对象，

并且使用鼠标的坐标减去这个矩形对象到浏览器左上角的距离，如图 5-26 所示。

图5-23　绘制效果

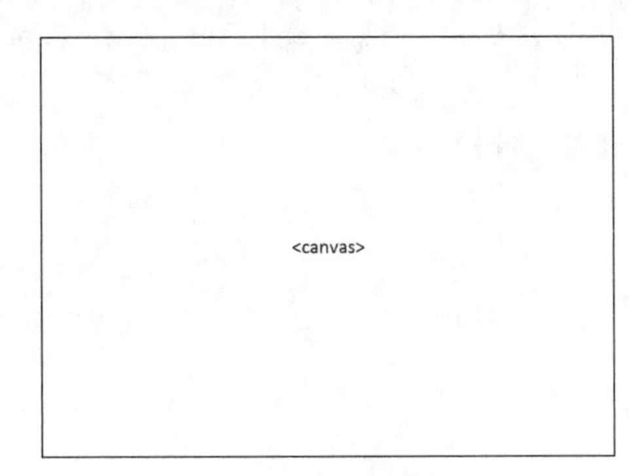

图5-24　页面结构

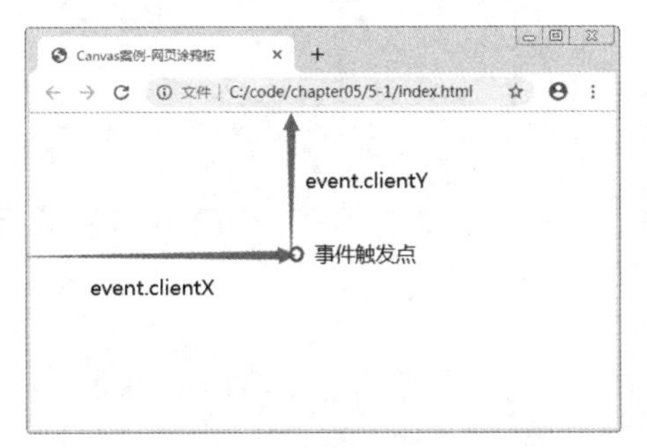

图5-25　获取鼠标坐标

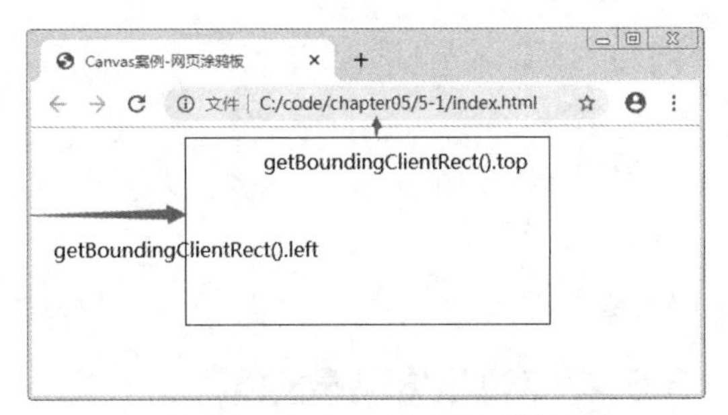

图5-26　画布到浏览器左上角的距离

5.5.2　编写页面结构，定义画布

在 C:\code\chapter05\5-1\index.html 文件中，编写页面结构，示例代码如下。

```
1  <!DOCTYPE html>
2  <html>
3    <head>
4      <meta charset="UTF-8">
5      <title>Canvas 案例-网页涂鸦板</title>
6    </head>
7  <body>
8    <div style="text-align: center;">
9      <canvas id="cavsElem">
10       你的浏览器不支持 Canvas，请升级浏览器
11     </canvas>
12   </div>
13 </body>
14 </html>
```

上述代码中，第 9~11 行代码通过<canvas>标签定义了一个 id 名为“cavsElem”的画布，此时画布就创建好了。但是由于没有给画布添加样式，所以页面中没有样式效果。

5.5.3　在 JavaScript 中绘制图形

定义好画布后，就可以在 JavaScript 中绘制图形了。在 index.html 文件中的第 12 行代码后，编写 JavaScript 代码，给画布设置宽、高和边框，示例代码如下。

```
1  <script>
2    (function (){
3      var canvas = document.getElementById('cavsElem'); // 获取画布
4      // 准备画笔（获取上下文对象）
5      var context = canvas.getContext('2d');
6      // 设置标签的宽、高和边框
```

```
7      canvas.width = 900;
8      canvas.height = 600;
9      canvas.style.border = '1px solid #000';
10   }());
11 </script>
```

上述代码中，第 7～9 行代码给 id 为 cavsElem 的画布设置了宽、高和边框。

保存上述代码，在浏览器中查看运行效果，如图 5-27 所示。

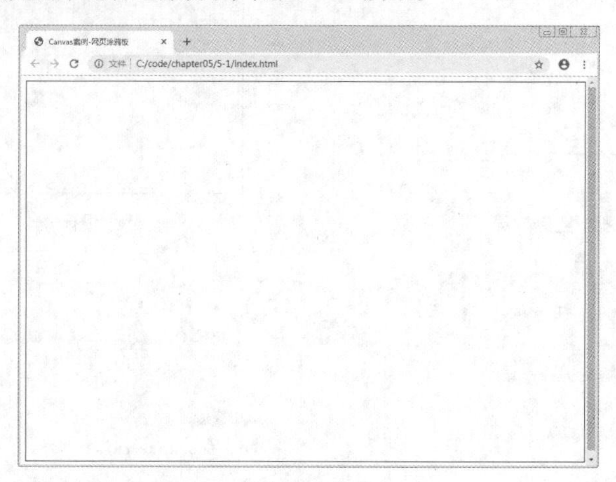

图5-27　画布

5.5.4　实现鼠标涂鸦效果

接下来，在 5.5.3 小节的第 9 行代码后，编写如下代码，实现鼠标涂鸦效果。其核心思想是，将鼠标指针看成画笔，当鼠标按下触发 onmousedown 事件时，使用 moveTo()方法确定起点；当鼠标移动触发 onmousemove 事件时，使用 lineTo()绘制线条；并当鼠标按键被松开时，在 onmouseup 事件中给 onmousemove 函数返回 null。具体代码如下。

```
1  // 当鼠标按下触发 onmousedown 事件时，定义一个函数获取鼠标起始坐标
2  canvas.onmousedown = function (e) {
3    var x = e.clientX - canvas.getBoundingClientRect().left;
4    var y = e.clientY - canvas.getBoundingClientRect().top;
5    context.beginPath();          // 开始规划路径
6    context.moveTo(x, y);         // 移动起始点
7    // 当鼠标移动触发 onmousemove 事件时，定义一个函数获取绘制线条的坐标
8    canvas.onmousemove = function (event) {
9      var x = event.clientX - canvas.getBoundingClientRect().left;
10     var y = event.clientY - canvas.getBoundingClientRect().top;
11     context.lineTo(x, y);       // 绘制线条
12     context.stroke();           // 描边
13   };
14   // 当鼠标按键被松开时，onmousemove 函数返回 null
15   canvas.onmouseup = function (event) {
16     canvas.onmousemove = null;
17   };
18 };
```

保存上述代码，此时就实现了网页涂鸦效果。

5.5.5　项目总结

本项目的练习重点：

通过本项目的练习，读者需要熟练掌握 JavaScript 基础知识及 Canvas 相关方法，例如使用 getBounding ClientRect()方法来获取 Canvas 矩形对象，使用鼠标按下事件 onmousedown、鼠标移动事件 onmousemove 结合 Canvas 中的方法制作涂鸦板。

本项目的练习方法：

建议读者先进行涂鸦板项目页面结构代码的编写，再使用 JavaScript 相关知识实现鼠标涂鸦效果。

本项目通过绘制涂鸦板让读者更清晰地掌握 Canvas 中常用方法的使用 ，避免代码复杂产生误区，在弄清楚本项目如何实现后，可以尝试为项目添加一些功能。

5.6 【项目 5-2】发红包看照片

5.6.1 项目分析

1. 项目展示

现如今用手机发红包已经是家喻户晓的事请，社交软件中经常出现好友之间“要红包”的情况。甚至出现了“发红包才能看的照片”，一些好奇心强的小伙伴为了看照片就必须发红包，本项目将带领读者揭开红包照片的“真面目”。

红包照片的初始状态如图 5-28 所示。

从图 5-28 中可以看到，这张模糊不清的照片，只有一个圆形区域可以看清，单击“想看我么”按钮后，图中的圆形会移动到其他位置，如图 5-29 所示。

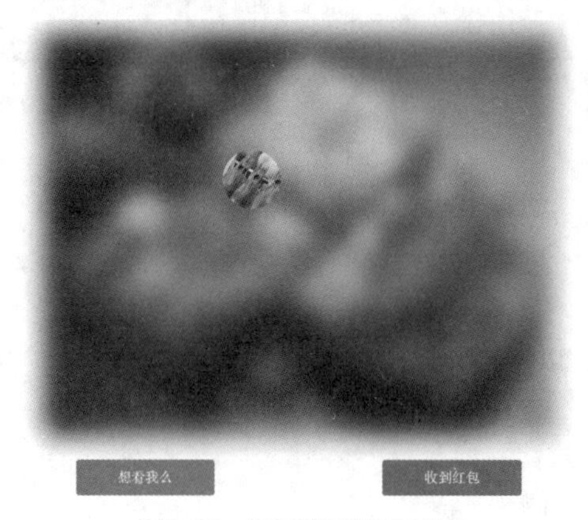

图5-28 红包照片的初始状态

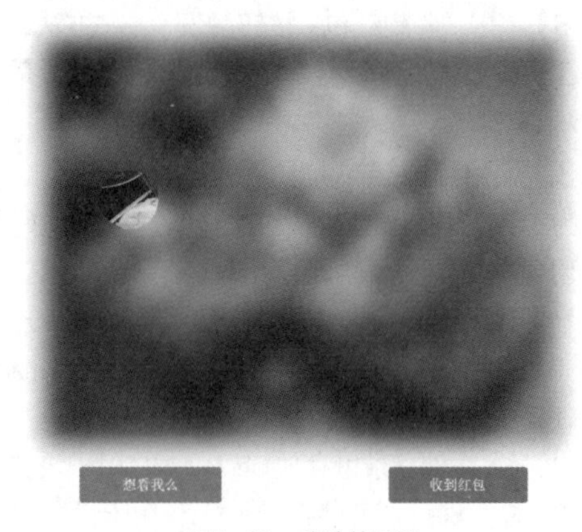

图5-29 移动的圆形

圆形的移动可以勾起用户的好奇心，单击“收到红包”按钮，用户就可以看到照片了，如图 5-30 所示。

2. 项目页面结构

有了前导知识作为铺垫，接下来我们分析一下怎样完成该项目。该页面结构如图 5-31 所示。

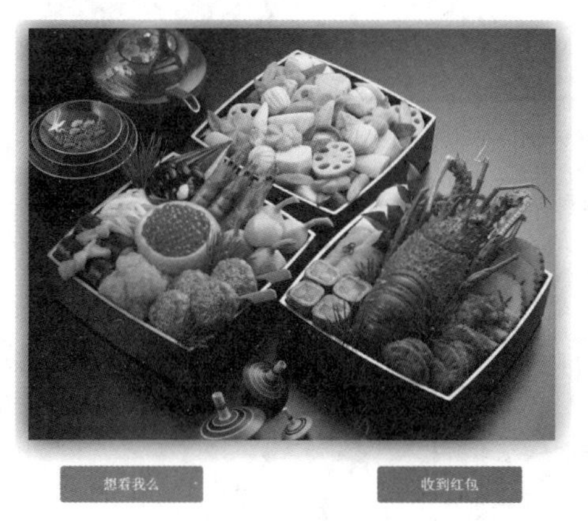

图5-30 收到红包

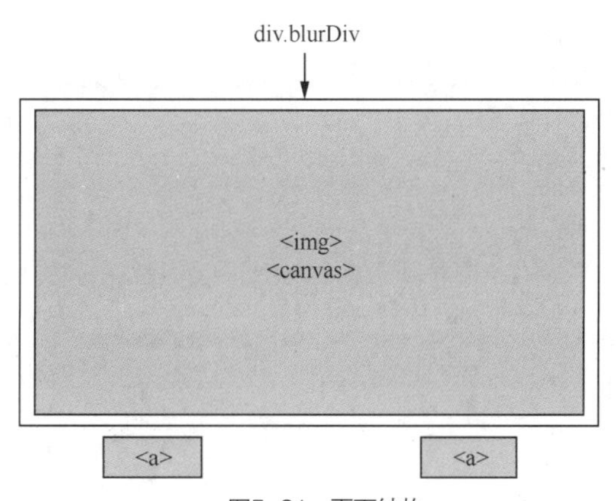

图5-31 页面结构

在图 5-31 中，该页面分为照片部分和按钮部分，照片部分由一个外层<div>标签嵌套<img>标签和<canvas>标签构成。

该页面的实现细节，具体分析如下。

（1）使用<a>标签制作两个按钮，并为按钮设置样式。

（2）图片模糊的效果使用 CSS 滤镜“filter: blur(px)”来实现，该属性可以用于实现类似于近视者忘记戴眼镜时看东西的模糊效果。

（3）各元素的定位都与<div>标签相对定位。需要注意的是，两个按钮要显示在最上层，z-index 值最大，可以设置为“999”，其次是<canvas>标签，最后是<img>标签，圆形可显示的部分是通过 Canvas 绘制圆形来实现的。

对页面的基本结构了解后，接下来我们分析一下 JavaScript 代码部分的实现，具体分析如下。

（1）绘制圆形：setRegion(Region)方法中需要使用 clip()方法剪切圆形区域，然后在圆形区域中绘制图片。

（2）绘制图片：draw(image)方法中需要调用 setRegion(Region)方法，并使用 clearRect()方法清除上一次绘制的圆形，保证页面中只显示一个圆形区域。

（3）初始画布：initCanvas()方法中调用 draw(image)方法。

（4）单击“想看我么”按钮触发 reset()方法，在该方法中调用 initCanvas()方法，每次在不同的位置绘制圆形区域。

（5）单击“收到红包”按钮触发 show()方法，在该方法中调用 draw(image)方法，使圆形半径大于画布，这时就可以绘制完整的图片了，也就是收到红包的效果。

3. 项目目录结构

为了方便读者进行项目的搭建，在创建 C:\code\chapter05\5-2 文件目录下创建项目，项目目录结构如图 5-32 所示。

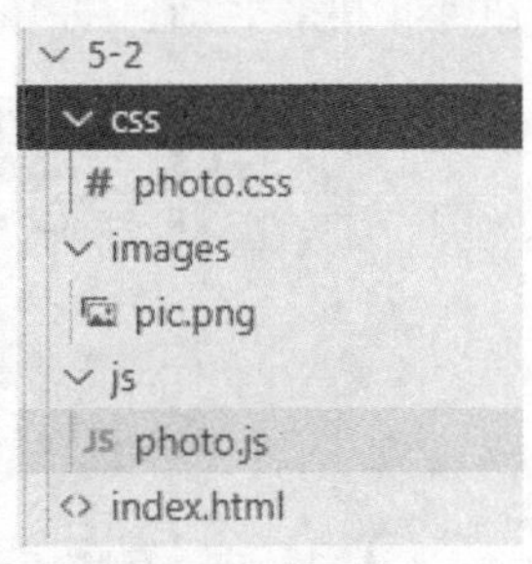

图5-32　项目目录结构

下面对项目目录结构中的各个目录及文件进行说明。

（1）5-2 为项目目录，里面包含 js、css、images 文件，以及 index.html 项目入口文件。

（2）css 文件目录里存放 photo.css，用于设置自定义样式。

（3）js 文件目录里存放 photo.js，用于设置自定义逻辑代码。

（4）images 文件目录里存放项目中用到的图片。

5.6.2　编写页面结构

在 C:\code\chapter05\5-2\index.html 文件中，编写页面结构，具体代码如下。

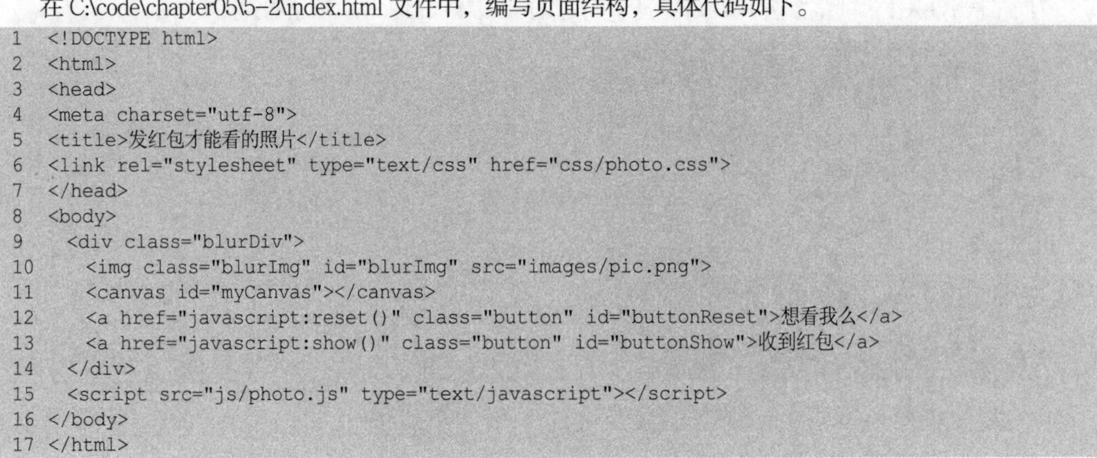

```
1  <!DOCTYPE html>
2  <html>
3  <head>
4  <meta charset="utf-8">
5  <title>发红包才能看的照片</title>
6  <link rel="stylesheet" type="text/css" href="css/photo.css">
7  </head>
8  <body>
9    <div class="blurDiv">
10     <img class="blurImg" id="blurImg" src="images/pic.png">
11     <canvas id="myCanvas"></canvas>
12     <a href="javascript:reset()" class="button" id="buttonReset">想看我么</a>
13     <a href="javascript:show()" class="button" id="buttonShow">收到红包</a>
14   </div>
15   <script src="js/photo.js" type="text/javascript"></script>
16 </body>
17 </html>
```

上述代码中，在 div 中定义了一个<img>标签、Canvas 画布，并且使用<a>标签定义了两个按钮，并设置了按钮样式。

5.6.3 编写页面样式

编写 photo.css 样式代码，示例代码如下。

```
1  body {
2   padding: 0;
3   margin: 0;
4  }
5  .blurDiv {
6   position: relative;
7   width: 877px;
8   height: 672px;
9   margin: 50px auto 0;              /* 外边距：顶部 50px 左右水平居中 底部 0 */
10 }
11 /* 设置初始图片模糊效果 */
12 .blurDiv .blurImg {
13  width: 870px;
14  height: 672px;
15  display: block;
16  filter: blur(20px);               /* 滤镜：模糊程度 20px */
17  -webkit-filter: blur(20px);       /* 使用-webkit 前缀，处理兼容性 */
18  position: absolute;
19  top: 0;
20  left: 0;
21  z-index: 0;
22 }
23 /* 设置画布效果 */
24 .blurDiv #myCanvas {
25  display: block;
26  margin: 0 auto;
27  z-index: 99;
28  position: absolute;
29  top: 0;
30  left: 0;
31 }
32 /* 设置按钮效果 */
33 .blurDiv .button {
34  display: block;
35  width: 240px;
36  height: 60px;
37  border-radius: 5px;               /* 边框圆角 5px */
38  line-height: 60px;                /* 行高 60px */
39  text-align: center;               /* 文字水平居中 */
40  position: absolute;
41  top: 105%;
42  font-family: arial;
43  font-size: 1.5em;                 /* em 是字体大小的单位 */
44  color: #fff;
45  text-decoration: none;       /* 清除字体样式 */
46  z-index: 999;
47 }
48  /* 给该元素设置绝对定位和背景颜色 */
49 .blurDiv #buttonReset {
50  left: 7%;
51  background-color: #c86814;
52 }
53 /* 当鼠标悬停在该元素上时，背景颜色变为#ffb151 */
54 .blurDiv #buttonReset:hover {
55  background-color: #ffb151;
56 }
57 .blurDiv #buttonShow {
58  right: 7%;
```

```
59   background-color: #ff2f2e;
60 }
61 .blurDiv #buttonShow:hover {
62   background-color: #ff596b;
63 }
```

上述代码中，设置了相关元素的 CSS 样式效果。

5.6.4 绘制圆形图片

编写 photo.js 逻辑代码，绘制圆形图片，具体代码如下。

```
1  var canvasWidth = 877;                                    // 声明画布的宽
2  var canvasHeight = 672;                                   // 声明画布的高
3  var canvas = document.getElementById('myCanvas');         // 获取画布
4  var context = canvas.getContext('2d');                    // 获取上下文对象
5  canvas.width = canvasWidth;
6  canvas.height = canvasHeight;
7  var image = new Image();                                  // 声明图片
8  var radius = 50;                                          // 声明半径
9  image.src = 'images/pic.png';                             // 获取图片路径
10 image.onload = function (e) {
11   initCanvas();                                           // 调用初始画布方法
12 };
13 function initCanvas() {                                   // 创建初始画布方法
14   Region = {
15     x: Math.random() * (canvas.width - 2 * radius) + radius,
16     y: Math.random() * (canvas.height - 2 * radius) + radius,
17     r: radius
18   };
19   draw(Region);                                           // 绘制图片
20 }
21 // 绘制圆形，用 clip()方法剪切圆形区域
22 function setRegion(Region) {
23   context.beginPath();
24   context.arc(Region.x, Region.y, Region.r, 0, Math.PI*2, false);
25   context.clip();
26 }
27 function draw() {
28   // 用于每次清除上一次绘制的圆形，保证只显示一个圆形区域
29   context.clearRect(0, 0, canvas.width, canvas.height);
30   context.save();
31   setRegion(Region);
32   context.drawImage(image, 0, 0);
33   context.restore();
34 }
```

保存上述代码，此时就实现了图 5-28 所示效果。

5.6.5 实现单击按钮图片显示效果

在 5.6.4 小节的第 34 行代码后，编写如下代码，实现单击按钮图片显示效果。

```
1 function reset() {
2   initCanvas();
3 }
4 function show() {
5   Region.r = 2 * Math.max(canvas.width, canvas.height);
6   draw(image, Region);
7 }
```

上述代码中，第 1～3 行代码实现当单击“想看我么”按钮时，触发 reset()方法。在该方法中调用 initCanvas()方法，每次在不同的位置绘制圆形区域。第 4～7 行代码实现当单击“收到红包”按钮时，触发 show()方法。在该方法中调用 draw(image)方法，使圆形半径大于画布，这时就可以绘制完整的图片了，也就是收到红包的效果。

保存上述代码，在浏览器中运行，效果如图 5-29 和图 5-30 所示。

5.6.6　项目总结

本项目的练习重点：

本项目主要练习的知识点是 Canvas 绘制圆形和绘制图片以及 Canvas 图形绘制中的常用方法 fill()、clip()、save()、restore()等。

本项目的练习方法：

建议读者在编码前，先了解整个项目的构成和效果。

（1）初始照片用 CSS 滤镜效果处理，用 Canvas 绘制一个圆形可看清部分的图片。

（2）左按钮单击事件，可以随机绘制圆形。

（3）右按钮单击事件，改变圆形的半径，即可看见清晰的图片。

了解了项目要实现的效果后，再根据代码提示，编写各个功能。

课后练习

一、填空题

1. JavaScript 中在定义变量时，要用________关键字进行局部变量的声明。
2. 布尔类型的数据只有 true 和________两个值。
3. 对于弱类型语言 JavaScript，如果声明变量时不加 var 该变量将会被识别为________。
4. 使用________标签可以在网页中创建一个矩形区域的画布。
5. JavaScript 中，如果已知 HTML 页面中的某标签对象的 id="username"，可以用________方法获得该标签对象。

二、判断题

1. onclick 代表当前事件类型为鼠标单击事件。(　　)
2. Canvas 画布默认为白色，用户可以自定义颜色。(　　)
3. 当鼠标移到某元素之上时，触发 onmouseover 事件。(　　)
4. 使用 clearRect()方法，可以清除画布上绘制的图像。(　　)
5. 使用 Canvas 时，依赖 JavaScript 来完成一系列操作。(　　)

三、选择题

1. 下列选项中，JavaScript 的基本数据类型不包括（　　）。

A. 字符串类型　　B. 数组型　　C. 数值型　　D. 空类型

2. 下列选项中，用于获取 HTML 文件根节点的是（　　）。

A. documentElement　　B. rootElement　　C. documentNode　　D. documentRoot

3. 在 Canvas 中，用于绘制填充矩形的方法是（　　）。

A. strokeRect()　　B. fillRect()　　C. lineTo()　　D. rect()

4. 在 Canvas 中，用于清除矩形的方法是（　　）。

A. clear()　　B. clearRect()　　C. closeRect()　　D. close()

5. 下列选项中，关于 onload 属性描述正确的是（　　）。

A. 当页面加载完成时触发　　B. 当页面正在加载时触发

C. 当页面开始加载时触发　　D. 当页面加载图片时触发

四、简答题

1. 请简述使用 Canvas 绘制过程中 beginPath()方法和 closePath()方法的作用。
2. 请简述什么是 Canvas 以及使用 Canvas 绘制图形的步骤。

第6章

HTML5视频和音频

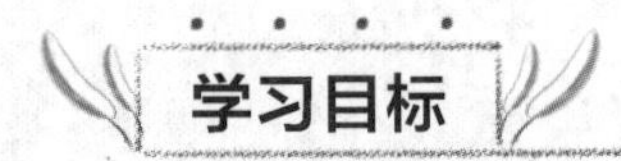

★ 了解JavaScript运算符、分支结构和循环结构的使用

★ 掌握视频和音频的基本使用

★ 掌握音频、视频对象常用的方法、属性和事件

在 Web 网站中，音频和视频早已成为了网站重要的组成部分。但长久以来，音频和视频一直依赖于第三方插件，插件会给网站带来一些性能和稳定性方面的问题。而 HTML5 中<audio>和<video>标签的出现让音频和视频网站开发有了新的选择。<audio>和<video>标签分别用于播放音频和视频，并且 HTML5 规范为其提供了可脚本化控制的 API。本章将针对音频与视频标签的使用进行详细讲解。

6.1 JavaScript 编程基础

6.1.1 JavaScript 运算符

运算符也称为操作符，是用于实现赋值、比较和执行算术运算等功能的符号。JavaScript 中的运算符主要包括算术运算符、比较运算符、逻辑运算符、赋值运算符和条件运算符，下面分别进行讲解。

1. 算术运算符

算术运算符用于对两个变量或值进行算术运算，主要包括加（+）、减（-）、乘（*）、除（/）、取余数（%）、递增（++）和递减（--）等运算符，如表 6-1 所示。

表 6-1 算术运算符

算术运算符	描述
+	加运算符
-	减运算符
*	乘运算符
/	除运算符
%	取余数（取模）运算符
++	递增运算符
--	递减运算符

使用递增（++）、递减（--）运算符可以快速地对变量的值进行递增和递减操作，它们属于一元运算符，只对一个表达式进行操作；而“+”“-”等运算符属于二元运算符，对两个表达式进行操作。递增和递减运算符可以写在变量前面（如++i、--i），也可以写在变量后面（如 i++、i--）。当放在变量前面时，称为前置递增（递减）运算符；放在变量后面时，称为后置递增（递减）运算符。前置和后置的区别在于，前置返回的是计算后的结果，后置返回的是计算前的结果。示例代码如下。

```
var a = 1, b = 1;
console.log(++a);        // 输出结果：2（前置递增）
console.log(a);          // 输出结果：2
console.log(b++);        // 输出结果：1（后置递增）
console.log(b);          // 输出结果：2
```

上述示例演示了递增运算符的使用。需要注意的是，递增和递减运算符的优先级高于“+”“-”等运算符，在一个表达式中进行计算时，应注意运算顺序。

2. 比较运算符

比较运算符在逻辑语句中使用，用于判断变量或值是否相等，返回一个布尔类型的值，true 或 false。常用的比较运算符如表 6-2 所示。

表 6-2　比较运算符

比较运算符	描述	示例	结果
>	大于	5 > 5	false
<	小于	5 < 5	false
>=	大于等于	5 >= 5	true
<=	小于等于	5 <= 5	true
==	等于，只根据表面值进行判断，不涉及数据类型	'5' == 5	true
!=	不等于，只根据表面值进行判断，不涉及数据类型	'5' != 5	false
===	全等	5 === 5	true
!==	不全等	5 !== '5'	true

需要注意的是，“==”和“!=”运算符在对数据进行比较时，如果比较的两个数据的类型不同，会自动转换成相同的类型再进行比较。例如，字符串'123'与数字 123 比较时，首先会将字符串'123'转换成数字 123，再与 123 进行比较。而“===”和“!==”运算符在对数据进行比较时，不仅要比较值是否相等，还要比较数据的类型是否相同。

3. 逻辑运算符

逻辑运算符用于对布尔值进行运算，其返回值也是布尔值，常用的逻辑运算符如表 6-3 所示。

表 6-3　逻辑运算符

逻辑运算符	描述	示例	结果
&&	与	a && b	只有当 a、b 的值都为 true 时，值才为 true，否则为 false
||	或	a || b	只有当两个操作数 a、b 的值都为 false 时，值才为 false，否则为 true
!	非	!a	若 a 为 false，结果为 true，否则相反

4. 赋值运算符

最基本的赋值运算符是等于号“=”，用于对变量进行赋值。其他运算符可以和赋值运算符联合使用，构成组合赋值运算符，如表 6-4 所示。

表 6-4　赋值运算符

赋值运算符	描述	示例	结果
=	赋值	a = 3;	a = 3
+=	加并赋值	a = 3; a += 2;	a = 5

（续表）

赋值运算符	描述	示例	结果
-=	减并赋值	a = 3; a -= 2;	a = 1
*=	乘并赋值	a = 3; a *= 2;	a = 6
/=	除并赋值	a = 3; a /= 2;	a = 1.5
%=	模并赋值	a = 3; a %= 2;	a = 1
+=	连接并赋值	a = 'ab'; a += 'cde';	a = 'abcde'

5. 条件运算符

条件运算符是 JavaScript 中的一种特殊的三目运算符，运算的结果由给定条件决定。其语法格式如下。

```
条件表达式 ? 结果1 : 结果2
```

在上述语法格式中，先求条件表达式的值，如果为 true，则返回“结果 1”的执行结果；如果条件表达式的值为 false，则返回“结果 2”的执行结果。具体示例如下。

```
1  var age = prompt('请输入需要判断的年龄：');
2  var status = age >= 18 ? '已成年' : '未成年';
3  console.log(status);
```

上述示例中，age 变量用于接收用户输入的年龄，然后执行“age>=18”，当判断结果为 true 时，将字符串“已成年”赋值给变量 status，否则将“未成年”赋值给变量 status。最后可通过控制台查看输出结果。

6.1.2 分支结构

在代码由上到下执行的过程中，根据不同的条件，执行不同的代码，从而得到不同的结果，这样的结构就是分支结构。分支结构主要包括单分支语句、双分支语句和多分支语句，具体讲解如下。

1. 单分支语句

if 语句也叫条件语句或单分支语句。该语句是结构最简单的条件语句。如果程序中存在绝对不执行某些指令的情况，就可以使用单分支语句。其语法格式及示例如下。

```
if ( 条件表达式 ) {
  // 代码段
}
```

```
if (age >= 18) {
  console.log('已成年');
}
```

在上面的语法结构中，if 可以理解为“如果”，在小括号“()”内指定 if 语句中的执行条件。在大括号“{}”内指定满足执行条件后需要执行的语句，当代码段中只有一条语句时，“{}”可以省略。

2. 双分支语句

if...else 语句也称为双分支语句，是 if 语句的基础形式，只是在单分支语句基础上增加了一个从句。当满足某种条件时，就进行某种处理，否则进行另一种处理。其基本语法格式及示例如下。

```
if ( 条件表达式 ) {
  // 代码段1
} else {
  // 代码段2
}
```

```
if (age >= 18) {
  console.log('已成年');
} else {
  console.log('未成年');
}
```

双分支语句的语法格式和单分支语句类似，只是在其基础上增加了一个 else 从句，表示如果条件成立则执行“语句 1”，否则就执行“语句 2”。

3. 多分支语句

if...else if 语句也称为多分支语句，可针对不同情况进行不同的处理。例如，对一个学生的考试成绩按分数进行等级的划分，90～100 分为优秀，80～90 分为良好，70～80 分为中等，60～70 分为及格，分数小于 60 则为不及格。其基本语法格式及示例如下。

```
if ( 条件表达式1 ) {
  // 代码段1
} else if ( 条件表达式2 ) {
  // 代码段2
}
```

```
if (score >= 90) {
  console.log('优秀');
} else if (score >= 80) {
  console.log('良好');
} else if (score >= 70) {
```

```
...
else if ( 条件表达式 n ) {
  // 代码段 n
} else {
  // 代码段 n+1
}
```

```
  console.log('中等');
} else if (score >= 60) {
  console.log('及格');
} else {
  console.log('不及格');
}
```

在多分支语句的语法中，通过 else if 语句可以对多个条件进行判断，并且根据判断的结果执行相关的语句。

6.1.3　循环结构

循环结构用于批量操作以实现一段代码的重复执行。JavaScript 提供的循环语句有 for、while、do...while 共 3 种。本节将针对这 3 种循环语句进行详细讲解。

1. for 语句

for 语句是最常用的循环语句，它适合循环次数已知的情况，语法格式如下所示。

```
for (语句 1; 语句 2; 语句 3) {
  // 被执行的代码块
}
```

在上述语法中，语句 1 用于在循环开始之前设置变量（如 i=1）；语句 2 用于定义循环运行的条件（如 i 必须小于 4）；语句 3 用于在每次代码块已被执行后增加或减少一个值（如 i++），在没有满足条件后结束循环。

例如，正常情况下使用 JavaScript 输出数字，代码如下。

```
<script>
  document.write(0 + '<br>');
  document.write(1 + '<br>');
  document.write(2 + '<br>');
  document.write(3 + '<br>');
  document.write(4 + '<br>');
  …
  document.write(100 + '<br>');
</script>
```

上述代码虽然可以在页面中打印出 0～100 的数字，但是代码量相对来说比较大。

接下来使用 for 语句输出 0～100 范围内的数字，示例代码如下。

```
<script>
  window.onload = function () {
    // 循环输出 i 的值
    for (var i = 0; i <= 100; i++) {
      document.write(i + '<br>');
    }
  };
</script>
```

通过两种实现方式的对比，可以发现使用 for 循环语句可以起到简化代码的作用。

2. while 语句

while 语句可以在条件表达式为 true 的前提下，循环执行指定的一段代码，直到条件表达式为 false 时结束循环。具体语法结构如下。

```
while (条件表达式) {
  // 循环体
}
```

使用 while 语句输出 1～100 范围内的数字，具体代码如下。

```
1  var num = 1;
2  while (num <= 100) {
3    console.log(num);
4    num++;
5  }
```

从上述代码可以看出，while 语句的使用方法和 for 语句类似，同样可以利用计数器来控制循环的次数。需要注意的是，在循环体中需要对计数器的值进行更新，以防止出现死循环。

3. do…while

do…while 语句的功能和 while 语句类似，其区别在于：do…while 语句会无条件地执行一次循环体中的代码，然后再判断条件，根据条件决定是否循环执行；而 while 语句是先判断条件，再根据条件决定是否执行循环体。do…while 语句的具体语法结构如下。

```
do {
  // 循环体
} while (条件表达式);
```

使用 do…while 语句输出 1～100 范围内的数字，具体代码如下。

```
1  var num = 1;
2  do {
3    console.log(num);
4    num++;
5  } while (num <= 100);
```

在上述代码中，首先执行 do 后面“{}”中的循环体，然后再判断 while 后面的循环条件。当循环条件为 true 时，继续执行循环体，否则，结束本次循环。

6.2 视频和音频技术简介

在 HTML5 之前，W3C 并没有视频和音频嵌入页面的标准方式，音频、视频内容在大多数情况下是通过第三方插件或浏览器的应用程序嵌入到页面中。例如，运用 Adobe Flash Player 插件将视频和音频嵌入网页中。但使用第三方插件存在不确定性，容易遇到 BUG 和安全漏洞，降低网页的性能。为了提高用户体验，HTML5 新增了<video>标签和<audio>标签来嵌入视频或音频，让网页的代码结构变得清晰简单。

在 HTML5 语法中，<video>标签用于为页面添加视频，<audio>标签用于为页面添加音频。到目前为止，绝大多数的浏览器已经支持 HTML5 中的<video>标签和<audio>标签。各浏览器的支持情况如表 6-5 所示。

表 6-5 浏览器对<video>标签和<audio>标签的支持情况

浏览器	支持版本
IE	9.0 及以上版本
Firefox（火狐浏览器）	3.5 及以上版本
Opera（欧朋浏览器）	10.5 及以上版本
Chrome（谷歌浏览器）	3.0 及以上版本
Safari（苹果浏览器）	3.2 及以上版本

表 6-5 列举了各主流浏览器对<video>标签和<audio>标签的支持情况。需要注意的是，在不同的浏览器上运用<video>标签或<audio>标签时，浏览器显示的音、视频界面样式也略有不同。

6.3 视频的基本使用

在网页中，我们在使用<img>标签时常常会涉及图片格式的问题，如 png、gif 等。而 HTML5 和浏览器对视频文件格式也有严格的要求，仅有少数几种视频格式的文件能够同时满足 HTML5 和浏览器的需求。因此，要想在网页中嵌入视频文件，首先要选择正确的视频文件格式。本节将对 HTML5 中视频的嵌入方式、视频文件格式以及浏览器的支持情况进行具体介绍。

6.3.1 在 HTML5 中嵌入视频

在 HTML5 中使用<video>标签来定义视频文件，<video>标签的基本语法格式如下。

```
<video src="视频文件路径" controls="controls">
  浏览器不支持 video 标签
</video>
```

在上述语法中，src 和 controls 是<video>标签的两个基本属性。其中，src 属性用于设置视频文件的路径，也可以为该标签设置 width 和 height 值。controls 是 controls="controls"的简写形式，该属性用于为视频提供播放控件。并且，在<video>和</video>之间还可以插入文字，用于在浏览器不能支持视频时显示。

接下来通过例 6-1 来演示视频在 Firefox 浏览器和 Chrome 浏览器中显示的样式。

【例 6-1】

创建 C:\code\chapter06\demo01.html 文件，编写 HTML 结构，示例代码如下。

```
1  <!DOCTYPE html>
2  <html>
3  <head>
4    <meta charset="UTF-8">
5    <title>Document</title>
6  </head>
7  <body>
8    <video src="video/movie.mp4" controls>
9      您的浏览器不支持 video 标签
10   </video>
11 </body>
12 </html>
```

上述代码中，使用<video>标签来定义一个视频文件。src 其实就是 source 的缩写，意为来源，这里指视频文件的路径。

保存代码，在 Chrome 浏览器上查看运行效果，如图 6-1 所示。

接下来，在 Firefox 浏览器上查看运行效果，如图 6-2 所示。

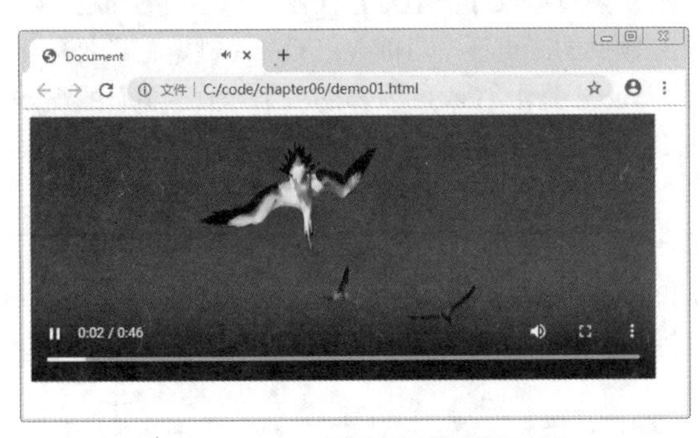

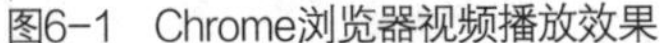
图6-1　Chrome浏览器视频播放效果

图6-2　Firefox浏览器视频播放效果

对比图 6-1 和图 6-2，可以看出同一个视频文件的播放控件在不同浏览器中的显示风格是不同的。例如，用于调整音量的按钮、全屏播放按钮等。控件显示的风格不同是因为每个浏览器对内置视频控件样式的定义不同。

6.3.2　视频标签的常用属性

在上一小节中我们使用了<video>标签的 controls 属性来提供视频的播放控件。除此之外，该标签还提供了一些常用的属性，可以进一步优化视频的播放效果，具体属性如表 6-6 所示。

表 6-6　<video>标签的常用属性

属性	允许取值	取值说明
autoplay	autoplay	如果出现该属性，则视频在就绪后马上播放
controls	controls	如果出现该属性，则向用户显示控件，比如“播放”按钮
loop	loop	如果出现该属性，则当媒体文件播放完后再次开始播放
muted	muted	规定视频输出应该被静音
preload	preload	如果出现该属性，则视频在页面加载时进行加载，并预备播放。如果使用 autoplay 属性，则忽略该属性

（续表）

属性	允许取值	取值说明
src	url	要播放的视频的 URL 地址
width	pixels	设置视频播放器的宽度
height	pixels	设置视频播放器的高度

表 6-6 列举的<video>标签的属性中，<audio>标签除了没有 width 和 height 属性外，其他属性名称和<video>标签的属性都相同。

需要注意的是，Chrome 浏览器在 2018 年 4 月发布的 Chrome 66 中取消了对自动播放功能的支持，也就是说，<audio autopaly>和<video autoplay>在桌面版浏览器中是无效的。这时如果我们想要自动播放视频，就需要为<audio>或<video>标签添加 muted 属性，嵌入的音频或视频就会静音播放。

6.3.3　处理视频文件格式

目前，在 HTML5 中嵌入的视频格式主要包括 Ogg、MPEG4、WebM 三种文件格式。具体介绍如下。

- Ogg：带有 Theora 视频编码和 Vorbis 音频编码的 Ogg 文件，其视频文件格式为 video/ogg。
- MPEG4：带有 H.264 视频编码和 AAC 音频编码的 MPEG 4 文件，其视频文件格式为 video/mp4。
- WebM：带有 VP8 视频编码和 Vorbis 音频编码的 WebM 文件，其视频文件格式为 video/webm。

上述三种视频格式中，Ogg 是一种开源的视频封装容器，它也可以将音频编码和视频编码进行混合封装。MPEG4 是目前最流行的视频格式，在同等条件下该格式的视频质量较好，但是它存在一个专利的问题，任何支持播放 MPEG4 视频的设备，都需要有一张 MPEG–LA 颁发的许可证。目前 MPEG–LA 规定，只要是互联网上免费播放的视频，均可以无偿获得使用许可证。而 WebM 是由 Google 发布的一个开放、免费的媒体文件格式。由于 WebM 格式的视频质量和 MPEG4 较为接近，并且没有专利限制等问题，WebM 已经被越来越多的人所使用。

主流浏览器基本上都支持<video>标签，如 IE 9+、Firefox、Opera、Chrome 和 Safari。考虑到每个浏览器不仅支持一组不同的容器文件格式，而且还支持选择不同的编解码器，为了最大限度地提高网站或应用程序在用户浏览器上运行的可能性，HTML5 中提供了<source>标签，用于指定多个备用的不同格式的文件的路径，语法如下所示。

```
<video controls>
  <source src="视频文件地址" type="媒体文件类型/格式">
  <source src="视频文件地址" type="媒体文件类型/格式">
  …
</video>
```

在上述语法中，可以指定多个<source>标签为浏览器提供备用的视频文件。<source>标签一般设置两个属性——src 和 type，前者用于指定媒体文件的 URL 地址，后者指定媒体文件的类型和格式。其中类型可以为“video”或“audio”，格式为视频或音频文件的格式类型。

例如，将 MPEG4 格式和 Ogg 格式同时嵌入页面中，示例代码如下。

```
<video controls="controls">
  <source src="video/file.ogg" type="video/ogg">
  <source src="video/file.mp4" type="video/mp4">
</video>
```

6.4　音频的基本使用

HTML5 和浏览器对音频文件格式有严格的要求，仅有少数几种音频格式的文件能够同时满足 HTML5 和浏览器的需求。因此，想要在网页中嵌入音频文件，首先要选择正确的音频文件格式。本节将对 HTML5 中音频的嵌入方式、音频文件格式以及浏览器的支持情况进行详细讲解。

6.4.1 在 HTML5 中嵌入音频

HTML5 中提供<audio>标签来定义 Web 上的声音文件或音频流，它的使用方法与<video>标签基本相同，语法格式如下所示。

```
<audio src="音频文件路径" controls>
  浏览器不支持 audio 标签
</audio>
```

接下来通过例 6-2 来演示<audio>标签的具体用法。

【例 6-2】

创建 C:\code\chapter06\demo02.html 文件，编写 HTML 结构，示例代码如下。

```
1  <!DOCTYPE html>
2  <html>
3  <head>
4    <meta charset="utf-8">
5    <title>Document</title>
6  </head>
7  <body>
8    <audio src="audio/demo6-4/music.mp3" controls>
9      您的浏览器不支持 audio 标签
10   </audio>
11 </body>
12 </html>
```

保存上述代码，在浏览器中查看运行效果，如图 6-3 所示。

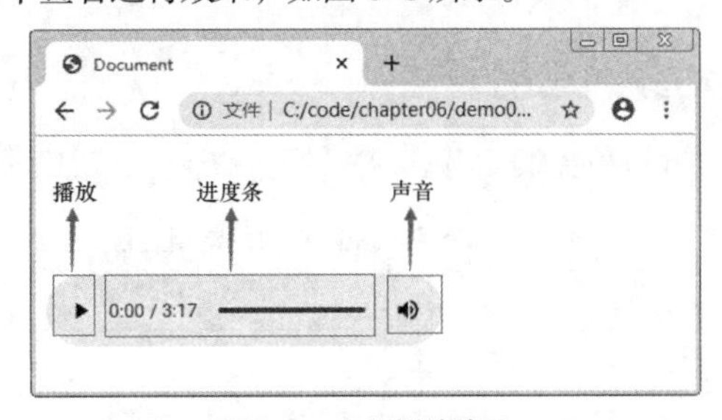

图6-3 音频播放效果

图 6-3 所示的音频播放器效果类似于视频播放器的播放控件。在不添加 controls 属性的情况下看到的页面应该是空白的，可以通过 JavaScript 控制音频的播放。

6.4.2 处理音频文件格式

目前，在 HTML5 中嵌入的音频格式主要包括 Ogg Vorbis、MP3、WAV 三种格式，具体介绍如下。

- Ogg Vorbis：类似于 MP3 音频格式。不同的是，Ogg 格式是完全免费且没有专利限制的。同等条件下，Ogg 格式音频文件的音质、体积大小优于 MP3 音频格式。其音频文件格式表示方式为 audio/ogg。
- MP3：是一种音频压缩技术，其全称是动态影像专家压缩标准音频层面 3（Moving Picture Experts Group Audio Layer III），简称为 MP3。它被用来大幅度地降低音频数据量，其音频文件格式表示方式为 audio/mp3。
- WAV：是录音时用的标准的 Windows 文件格式，数据本身的格式为 PCM 或压缩型，属于无损音乐格式的一种。其音频文件格式表示方式为 audio/wav。

与视频的支持情况相似，在 HTML5 中，<audio>标签同样支持引入多个音频源，使用<source>标签来定义音频文件。<source>标签添加音频的方法和添加视频的方法基本相同，只需要把<video>标签换成<audio>标签即可。

例如，将 mp3 格式和 wav 格式同时嵌入页面中，示例代码如下所示。

```
<audio controls="controls">
  <source src="audio/1.mp3" type="audio/mp3">
  <source src="audio/1.wav" type="audio/wav">
</audio>
```

在上面的语法格式中，可以指定多个<source>标签为浏览器提供备用的音频文件。

6.5 视频和音频对象

HTML5 DOM 为<video>和<audio>标签提供了类似的属性、方法和事件，它们都需要使用 JavaScript 来操作 Video（视频）和 Audio（音频）对象。本节将对视频和音频对象的常用方法、常用属性和常用事件进行详细讲解。

6.5.1 视频和音频对象的常用方法

HTML5 为 Video 对象和 Audio 对象提供了用于 DOM 操作的方法，常用方法如表 6-7 所示。

表 6-7 Video 对象和 Audio 对象的常用方法

方法	描述
load()	加载媒体文件，为播放做准备，通常用于播放前的预加载，也用于重新加载媒体文件
play()	播放媒体文件。如果视频没有加载，则加载并播放；如果视频是暂停的，则变为播放
pause()	暂停播放媒体文件
canPlayType()	测试浏览器是否支持指定的媒体类型

6.5.2 视频和音频对象的常用属性

HTML5 为 Video 对象和 Audio 对象提供了用于 DOM 操作的属性，常用属性如表 6-8 所示。

表 6-8 Video 和 Audio 对象的常用属性

属性	描述
currentSrc	返回当前视频/音频的 URL 地址
currentTime	设置或返回视频/音频中的当前播放位置（以秒计）
duration	返回视频/音频的长度（以秒计）
ended	返回视频/音频的播放是否已结束
error	返回表示视频/音频错误状态的 MediaError 对象
paused	设置或返回视频/音频是否暂停
muted	设置或返回是否关闭声音
volume	设置或返回视频/音频的音量
height	设置或返回视频的高度值
width	设置或返回视频的宽度值

在表 6-8 列举的 Video 和 Audio 对象的属性中，Audio 对象除了没有 width 和 height 属性，其他属性名称都和 Video 相同。

多学一招：深入理解 Audio 和 Video 对象

其实<audio>和<video>标签有很大的相似性，Audio 对象和 Video 对象的 DOM 操作功能其实都是由 HTMLMediaElement 对象统一定义的核心功能。Audio 对象指的是 HTMLAudioElement 对象，它完全继承了 HTMLMediaElement 对象提供的功能，而 Video 对象指的是 HTMLVideoElement 对象，该对象中提供了额外的功能，主要表现在一些额外的属性上。HTMLVideoElement 对象定义的额外属性如表 6-9 所示。

表 6-9 HTMLVideoElement 对象定义的额外属性

属性	描述
poster	获取或设置 poster 属性值（视频封面，没有播放时显示的图片）
videoHeight	获取视频的原始高度
videoWidth	获取视频的原始宽度
height	设置或返回视频的高度值
width	设置或返回视频的宽度值

需要注意的是，表 6-9 中所列举的属性，是 Audio 对象所不包含的属性。

6.5.3 视频和音频对象的常用事件

Video 对象和 Audio 对象用于 DOM 操作的常用事件如表 6-10 所示。

表 6-10 Video 对象和 Audio 对象的常用事件

事件	描述
play	当执行 play()方法时触发（开始播放文件）
playing	正在播放时触发
pause	当执行了 pause()方法时触发（暂停文件播放）
timeupdate	当播放位置被改变时触发
ended	当播放结束后停止播放时触发
waiting	在等待加载下一帧时触发
ratechange	在当前播放速率改变时触发
volumechange	在音量改变时触发
canplay	以当前播放速率，在播放期间需要缓冲时触发
canplaythrough	以当前播放速率，在音频/视频可以正常播放且不需要缓冲停顿时触发
durationchange	当视频/音频播放时长改变时触发
loadstart	当浏览器开始加载媒体数据时触发
progress	当浏览器正在获取媒体文件时触发
suspend	当浏览器暂停获取媒体文件，且文件获取并没有正常结束时触发
abort	当中止获取媒体数据时触发。但这种中止不是由错误引起的
error	当文件加载期间发生错误时触发
emptied	当发生故障或者文件不可用时触发，如网络错误、加载错误等
stalled	浏览器尝试获取媒体数据失败时触发
loadedmetadata	在加载完媒体元数据时触发
loadeddata	在加载完当前位置的媒体播放数据时触发
seeking	浏览器正在请求数据时触发
seeked	浏览器停止请求数据时触发

以上方法、属性和事件可以通过 JavaScript 来操作。在了解了 Video 和 Audio 对象的属性、方法和事件后，接下来通过一个案例来演示如何用 JavaScript 代码操作 Video 对象，具体实现步骤如例 6-3 所示。

【例 6-3】

创建 C:\code\chapter06\demo03.html 文件，编写 HTML 结构，示例代码如下。

```
1  <!DOCTYPE html>
2  <html>
3  <head>
4    <meta charset="utf-8">
5    <title>JavaScript 操作 Video 对象</title>
6  </head>
7  <body>
8    <video id="myVideo" src="video/myVideo.ogv">您的浏览器不支持 video 标签</video>
9    <input type="button" value="播放/暂停" />
10   <script>
11   var myVideo = document.querySelector('#myVideo');
12   var oBtn = document.querySelector('input');
13   Obtn.onclick = function () {
14     if (myVideo.paused) {
15       myVideo.play();
16     } else {
17       myVideo.pause();
18    }
19   };
20   </script>
21 </body>
22 </html>
```

上述代码中，第 9 行定义了一个用于控制播放或者暂停的按钮；第 11 行代码获取 Video 对象，并赋值给 myVideo；第 12 行代码获取 type 为 button 的 input 元素，并赋值给 oBtn；第 13～19 行代码为按钮绑定单击事件，使用 JavaScript 中的 if 条件语句进行状态判断。当单击“播放/暂停”按钮时，如果当前视频是暂停状态，那么使用 play()方法播放视频。反之如果视频是播放状态，那么就使用 pause()方法暂停视频播放。

保存代码，在浏览器中查看运行效果，默认没有播放的视频会被识别为暂停状态，如图 6-4 所示。

单击“播放/暂停”按钮会切换到播放的状态，如图 6-5 所示。再次单击“播放/暂停”按钮会切换到视频暂停的状态。

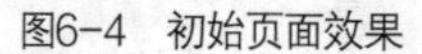

图6-4 初始页面效果

图6-5 播放状态

6.6 【项目 6-1】视频播放器

6.6.1 项目分析

1. 项目展示

视频播放器是一种用于播放各种视频文件的多媒体播放软件。考虑到<video>标签的视频控件在不同浏览器上的显示效果不同，为了解决差异问题，本项目将带领读者完成一个自定义控制栏的 HTML5 网页视频播放器，实现视频播放界面在不同浏览器上显示相同的效果，并完成视频的播放、暂停和快进等操作。项目效果如图 6-6 所示。

2. 项目页面结构

有了前导知识作为铺垫，接下来我们分析一下如何实现 HTML5 视频播放器页面。该页面的页面结构如图 6-7 所示。

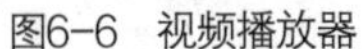
图6-6 视频播放器

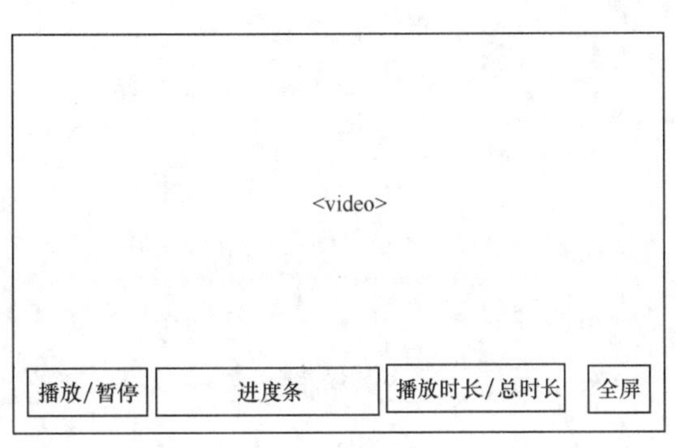

图6-7 页面结构

从图 6-7 可以看出，该页面由一个<video>标签和底部的视频播放控件构成。

该页面的实现细节，具体分析如下。

（1）对所有按钮图标使用 font-awesome 图标库，如播放/暂停按钮、全屏按钮。

（2）鼠标悬停在某个按钮上时为小手的形状。

在理解了页面的基本结构后，接下来要做的就是使用 JavaScript 代码为按钮添加相应的功能了，具体分析如下。

（1）控制视频播放、暂停：通过判断元素中是否含有 fa-play 类名，如果存在，那么调用 play()方法播放视频，并且切换图标状态为暂停。否则就调用 pause()方法暂停视频播放，并切换图标状态为播放。

（2）控制视频快进、快退：需要使用 ontimeupdate 事件，当播放位置被改变时触发该事件，通过计算进度条的长度来显示当前点击的进度条的位置。

（3）控制视频全屏：判断元素中是否含有 fa-arrows-alt 类名，如果存在，那么调用 webkitRequestFull Screen()方法全屏显示视频，并切换图标状态。否则就调用 document.webkitCancelFullScreen()方法退出全屏播放，并切换图标状态。

3. 项目目录结构

为了方便读者进行项目的搭建，在 C:\code\chapter06\6-1 文件目录下创建项目，项目目录结构如图 6-8 所示。

图6-8 目录结构

下面对项目目录结构中的各个目录及文件进行说明。

（1）6-1 为项目目录，里面包含 js、css、images 等文件，以及 index.html 项目入口文件。

（2）css 文件目录里存放 video.css，用于设置自定义样式。

（3）fonts 文件目录里存放 font-awesome 字体文件。

（4）images 文件目录里存放项目中用到的图片。

（5）js 文件目录里存放 jquery.min.js 文件，便于使用 jQuery 相关代码；video.js 用于设置自定义逻辑代码。

（6）video 文件目录里存放用到的视频文件。

6.6.2　编写播放器页面结构

了解页面结构之后，接下来开始代码实现。在案例中用到的相关图片资源和视频资源请参考本书配套源代码。

创建 C:\code\chapter06\6-1\index.html 文件，具体代码如下。

```
1  <!DOCTYPE html>
2  <html>
3  <head>
4    <meta charset="UTF-8">
5    <title>视频播放</title>
6    <!-- 字体图标库 -->
7    <link rel="stylesheet" href="fonts/font-awesome.css">
8    <link rel="stylesheet" href="css/video.css">
9  </head>
10 <body>
11 <figure>
12   <figcaption>视频播放器</figcaption>
13     <div class="player">
14       <video src="./video/fun.mp4"></video>
15       <div class="controls">
16         <!-- 播放/暂停 -->
17         <a href="javascript:;" class="switch fa fa-play"></a>
18         <!-- 播放进度 -->
19         <div class="progress">
20           <div class="line"></div>
21           <div class="bar"></div>
22         </div>
23         <!-- 当前播放时间/播放总时长 -->
24         <div class="timer">
25           <span class="current">00:00:00</span> / <span class="total">00:00:00</span>
26         </div>
27         <!-- 全屏/取消全屏 -->
28         <a href="javascript:;" class="expand fa fa-arrows-alt"></a>
29       </div>
30     </div>
31   </figure>
32 </body>
33 </html>
```

上述代码中，第 11～31 行代码使用<figure>标签标记文档中的一个图像，并使用<figcaption>标签来定义标题，它可以位于<figure>标签的第一个或最后一个子元素的位置。使用 font-awesome 图标库来定义一些图标（如播放/暂停图标、全屏图标等）。第 14 行代码通过<video>标签定义视频播放器；第 15～29 行代码定义视频播放控件，包括播放/暂停、播放进度、当前播放时间/播放总时长和全屏/取消全屏功能。

6.6.3　编写播放器页面样式

编写 video.css 样式代码，示例代码如下。

```
1  body {
2    width: 100%;
3    height: 100%;
4    padding: 0;
5    margin: 0;
6    font-family: "microsoft yahei", "Helvetica", simhei, simsun, sans-serif;
7    background-color: #F7F7F7;
8  }
9  a {
10    text-decoration: none;
11  }
12 figcaption {
13   font-size: 24px;
```

```
14   text-align: center;
15   margin: 20px;
16 }
17 .player {
18   width: 720px;
19   height: 360px;
20   margin: 0 auto;
21   border-radius: 4px;
22   background: #000 url(../images/loading.gif) center/300px no-repeat;
23   position: relative;
24   text-align: center;
25 }
26 video {
27   display: none;
28   height: 100%;
29   margin: 0 auto;
30 }
31 /* 隐藏video默认的全屏按钮 */
32 video::-webkit-media-controls {
33   display: none !important;
34 }
35 /* 播放控件 */
36 .controls {
37   width: 700px;
38   height: 40px;
39   background-color: rgba(255, 255, 255, 0.2);
40   border-radius: 4px;
41   position: absolute;
42   left: 50%;
43   margin-left: -350px;
44   bottom: 5px;
45   /* 权重比全屏状态下的视频元素高 */
46   z-index: 100000000000;
47   opacity: 1;
48 }
49 .player:hover .controls {
50   opacity: 1;
51 }
52 /* 播放/暂停 */
53 .controls .switch {
54   display: block;
55   width: 20px;
56   height: 20px;
57   font-size: 20px;
58   color: #FFF;
59   position: absolute;
60   top: 11px;
61   left: 11px;
62 }
63 /* 全屏按钮 */
64 .controls .expand {
65   display: block;
66   width: 20px;
67   height: 20px;
68   font-size: 20px;
69   color: #FFF;
70   position: absolute;
71   right: 11px;
72   top: 11px;
73 }
74 /* 进度条 */
75 .progress {
```

```
76    width: 430px;
77    height: 10px;
78    border-radius: 3px;
79    overflow: hidden;
80    background-color: #555;
81    cursor: pointer;
82    position: absolute;
83    top: 16px;
84    left: 45px;
85  }
86  /* 下载进度 */
87  .progress .loaded {
88    width: 0;
89    height: 100%;
90    background-color: #999;
91  }
92  /* 播放进度 */
93  .progress .line {
94    width: 0;
95    height: 100%;
96    background-color: #FFF;
97    position: absolute;
98    top: 0;
99    left: 0;
100  }
101  /* 音量 */
102  .vol {
103    width: 4px;
104    height: 50px;
105    border-radius: 3px;
106    overflow: hidden;
107    background-color: #fff;
108    cursor: pointer;
109    position: absolute;
110    top: -11px;
111    left: 640px;
112  }
113  .progress .bar {
114    width: 100%;
115    height: 100%;
116    opacity: 0;
117    position: absolute;
118    left: 0;
119    top: 0;
120    z-index: 1;
121  }
122  /* 时间 */
123  .timer {
124    height: 20px;
125    line-height: 20px;
126    position: absolute;
127    left: 490px;
128    top: 11px;
129    color: #FFF;
130    font-size: 14px;
131  }
```

保存代码，在浏览器中进行测试。视频加载效果如图 6-9 所示。

加载完成后显示视频。在 6.6.2 小节中的第 31 行代码后引入外部 JavaScript 文件。

```
1  <script src="js/jquery.min.js"></script>
2  <script src="js/video.js"></script>
```

图6-9　加载效果

6.6.4　计算视频播放的总时长

在 video.js 文件中，实现加载完毕之后显示视频效果，并计算出视频播放的总时长，具体代码如下。

```
1  // 获取元素
2  var video = $("video").get(0);          // 将 jQuery 对象转换为 Dom 对象
3  // 计算时分秒函数 formatTime
4  function formatTime(time) {
5    var h = Math.floor(time / 3600);
6    var m = Math.floor(time % 3600 / 60);
7    var s = Math.floor(time % 60);
8    // 00:00:00
9    return (h < 10 ? "0" + h : h) + ":" + (m < 10 ? "0" + m : m) + ":" + (s < 10 ? "0" + s : s);
10 }
11 // 当浏览器可以播放视频的时候，就让 video 显示出来，同时显示出视频的总时长
12 video.oncanplay = function () {
13   $("video").show();
14   var totalTime = formatTime(video.duration);
15   $(".total").html(totalTime);          // 将计算出来的总时长放入页面中的元素中
16 };
```

上述代码中，第 2 行代码用于将 jQuery 对象转换为 DOM 对象，这是因为 video 元素提供的方法、属性和事件需要使用 JavaScript 来进行操作；第 4～10 行代码定义 formatTime()函数，用于实现时间的转换；第 12 行代码中的 oncanplay 事件会在浏览器可以播放视频时触发。

6.6.5　实现视频播放和暂停效果

在 6.6.4 小节的第 16 行代码后，实现单击按钮切换视频的播放和暂停状态，同时完成按钮的图标切换，具体代码如下。

```
1  $(".switch").on("click", function () {
2    if ($(this).hasClass("fa-play")) {
3      video.play();                                          // 播放
4      $(this).addClass("fa-pause").removeClass("fa-play");   // 切换图标
5    } else {
6      video.pause();                                         // 暂停
7      $(this).addClass("fa-play").removeClass("fa-pause");   // 切换图标
8    }
9  });
```

上述代码中，click 事件用来在单击播放按钮时触发。第 2～8 行代码中使用条件语句判断当前的按钮状态，如果能找到.fa-play 类，则让 DOM 元素去调用 play()方法完成视频的播放，同时切换图标的类名为 fa-pause，

并移除.fa-play 类。否则执行 else 语句，让 DOM 元素去调用 pause()方法暂停视频播放，同时切换图标的类名为 fa-play，并移除.fa-pause 类。

6.6.6 实现进度条显示效果

在 6.6.5 小节的第 9 行代码后，实现当前视频播放的进度显示，具体代码如下。

```
1  video.ontimeupdate = function () {
2    var w = video.currentTime / video.duration * 100 + "%";
3    $(".line").css("width", w);
4    $(".current").html(formatTime(video.currentTime));
5  };
```

上述代码中，当目前的播放位置发生改变时会触发 ontimeupdate 事件。第 2 行代码用于计算.line 盒子（进度条）的长度，计算公式如下。

```
进度条的长度 = 当前播放的时长 / 视频总时长 * 100 + "%"
```

在第 2 行代码中，video.currentTime 用来返回当前播放的时间，video.duration 用来返回当前视频的长度（单位：秒）；第 3 行代码把计算出来的长度 w 赋值给进度条盒子的 width 值；第 4 行代码用于显示当前的时间，因为 video.currentTime 得到的是秒数，所以需要使用 formatTime()函数将秒数转换为时分秒。

6.6.7 实现视频全屏显示效果

在 6.6.6 小节的第 5 行代码后，实现单击按钮切换视频的全屏显示和取消全屏显示效果，同时完成全屏和取消全屏按钮的图标切换，具体代码如下。

```
1  $(".expand").on("click", function () {
2    if ($(this).hasClass("fa-arrows-alt")) {
3      video.webkitRequestFullScreen();         // 全屏显示
4      $(this).addClass("fa-compress").removeClass("fa-arrows-alt");
5    } else {
6      document.webkitCancelFullScreen();       // 取消全屏显示
7      $(this).addClass("fa-arrows-alt").removeClass("fa-compress");
8    }
9  });
```

上述代码实现了当单击全屏按钮时，触发 click 事件。第 2～8 行代码中使用条件语句判断当前的按钮状态。如果能找到.fa-arrows-alt 类，则让 DOM 元素调用 webkitRequestFullScreen()方法完成视频的全屏显示，同时切换图标的类名为 fa-compress，并移除.fa-arrows-alt 类。否则执行 else 语句，使用 document 元素去调用 webkitCancelFullScreen()方法退出全屏状态，同时切换图标的类名为 fa-arrows-alt，并移除.fa-compress 类。

6.6.8 实现视频播放完成后的重置操作

在 6.6.7 小节的第 9 行代码后，实现视频播放完成后的重置操作，具体代码如下。

```
1  video.onended = function () {
2    // 将当前的视频时长清零
3    video.currentTime = 0;
4    // 同时将播放按钮改为.fa-play 样式效果
5    $(".switch").addClass("fa-play").removeClass("fa-pause");
6  };
```

上述代码中，第 3 行用来在视频播放结束后将当前的播放时长清零，第 5 行用来将播放按钮改为播放状态。

6.6.9 实现单击进度条视频跳转效果

在 6.6.8 小节的第 6 行代码后，实现单击进度条视频跳转效果，具体代码如下。

```
1  $(".bar").on("click", function (event) {
2    // 获取单击的位置
3    var offset = event.offsetX;
4    // 根据单击视频的播放位置计算要切换的时间
5    var current = offset / $(this).width() * video.duration;
```

```
6    // 将计算后的时间赋值给 currentTime
7    video.currentTime = current;
8  });
```

上述代码中，第 3 行代码用于获取当前单击的视频位置；第 5 行代码用于计算单击视频的播放位置的当前时间，计算公式如下。

```
当前视频的播放位置 = 单击的位置 / .bar 盒子的长度 * 视频总时长
```

通过第 7 行代码将当前的播放位置改变后，会触发 6.6.6 小节中的 ontimeupdate 事件，会同步修改类名为 line 的元素的进度条的显示。

6.6.10 使用 Esc 键退出全屏

6.6.7 小节中实现了单击 div.expand 元素进入或退出全屏的操作，只限于单击元素时的操作。为了优化代码功能，我们也可以使用按键（Esc）监听视频退出全屏操作。在 6.6.7 小节中的代码后面编写如下代码。

```
1  function checkFull () {
2    var isFull = document.webkitIsFullScreen;
3    if (isFull === undefined) {
4      isFull = false;
5    }
6    return isFull;
7  }
8  $(window).resize(function () {
9     if (!checkFull()) {  // 退出全屏
10      $(".expand").addClass("fa-arrows-alt").removeClass("fa-compress");
11    }
12  });
```

上述代码中，第 1～7 行代码声明了一个 checkFull()方法，在该方法中定义了一个 isFull 变量。使用条件判断语句，判断当前页面是否处于全屏显示状态。如果该变量为 false，那么就代表为非全屏状态，反之则表示全屏状态。checkFull()方法的返回值为 isFull。第 8～12 代码通过$(window).resize()来监控 window 的 resize 事件处理退出全屏逻辑，找到类名为 expand 的元素，给该元素添加.fa-arrows-alt 类，同时移除.fa-compress 类来改变全屏按钮的状态。

6.6.11 使用按键控制视频的播放和暂停

上述 6.6.5 小节中实现了单击按钮切换视频的播放和暂停状态的操作，只限于单击元素时的操作。为了优化代码功能，我们也可以使用按键（Enter/Spacebar）控制视频的播放/暂停操作。在 6.6.5 小节代码后面编写如下代码。

```
1  $(document).keypress(function (event) {
2    var code = (event.keyCode ? event.keyCode : event.which);
3    if (video != "" && (code == 13 || code == 32)) {
4      if (video.paused) {
5        video.play();
6        $(".switch").addClass("fa-pause").removeClass("fa-play");
7      } else {
8        video.pause();
9        $(".switch").addClass("fa-play").removeClass("fa-pause");
10     }
11   }
12 });
```

上述代码中，使用 keypress 监控键盘按键事件，第 2 行代码为了处理浏览器的兼容性问题，例如 Opera 等部分浏览器不支持使用 event.keyCode 属性，因此需要使用 event.which 属性来代替，用于返回指定事件上哪个键盘键或鼠标按钮被按下。第 3～11 行代码通过 code 值来进行判断，如果满足括号中的条件，那么再进行条件判断。如果视频是暂停状态，那么就调用 play()方法播放视频，并切换播放/暂停图标。反之则调用 pause()方法暂停视频，并切换播放/暂停图标。

6.6.12 项目总结

本项目的练习重点：

本项目主要练习的知识点是 HTML5 的<video>标签、HTML5 DOM Video 对象以及 JavaScript 运算符和分支结构的应用。

本项目的练习方法：

建议读者在编码时，先完成页面效果（HTML 和 CSS 代码），再逐个地给每个按钮添加事件，控制视频播放/暂停、进度和是否全屏等功能。

本项目的注意事项：

本项目的 CSS 样式和 JavaScript 代码都使用了链入式的引入方式。

6.7 【项目 6-2】音乐播放器

6.7.1 项目分析

1. 项目展示

音乐播放器是一种用于播放各种音频文件的多媒体播放软件。本项目将带领读者完成一个网页版的音乐播放器页面，如图 6-10 所示。

单击图 6-10 中的“播放”按钮“ ”，音乐开始播放，并显示“暂停”按钮，当鼠标悬停到某个按钮上时，按钮颜色将发生变化，如图 6-11 所示。

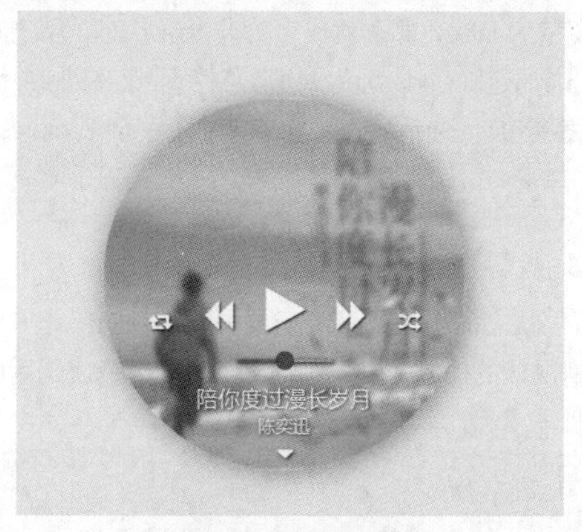

图6-10 音乐播放器

图6-11 音乐播放状态

图 6-11 的播放按钮下方，可以调节音量，如图 6-12 所示。

单击图 6-12 中的“ ”按钮，可以显示该歌曲的歌词，如图 6-13 所示。单击其中的“ ”按钮，可以收起歌词。

2. 项目页面结构

有了前导知识作为铺垫，接下来我们分析一下如何实现 HTML5 音乐播放器。从音乐播放器的效果可以看出，该页面由背景图、按钮区域、信息区域、歌词区域等构成。该页面的页面结构如图 6-14 所示。

该页面的实现细节，具体分析如下。

（1）id 值为 container 的<div>标签，用于整体页面布局。

（2）id 值为 player 的<div>标签中嵌入<audio>、<img>标签，用于定义音频和背景图片。

（3）在 div.cover 中添加 3 个<div>标签，分别用于放置控制按钮（div.controls），歌曲信息（div.info）和

歌词（div.lyrics）。

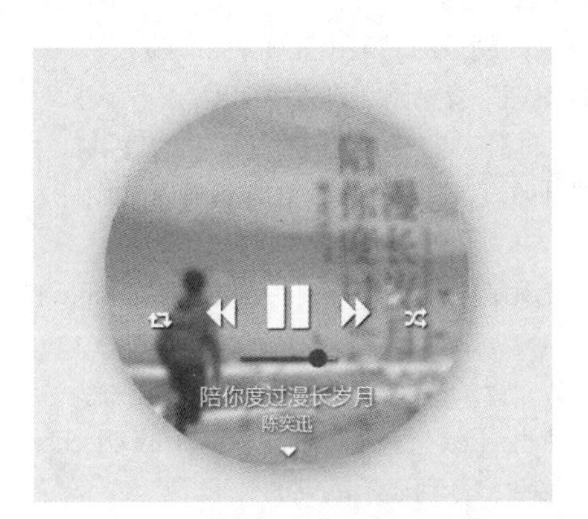

图6-12　调节音量

图6-13　显示歌词

（4）使用<label>标签嵌套<i>标签制作显示歌词的按钮，并在下方定义复选框。<label>标签中使用 for 属性，单击<label>标签可以选中复选框，用于判断当按钮被选中时显示歌词。

（5）div.controls 的按钮区域可以使用<button>标签嵌套<i>标签来实现，div.info 中音量控件使用<input type="range">控件，div.lyrics 歌词区域可以使用多个<p>标签定义。

3. 项目目录结构

为了方便读者进行项目的搭建，在 C:\code\chapter06\6-2 文件目录下创建项目，项目目录结构如图 6-15 所示。

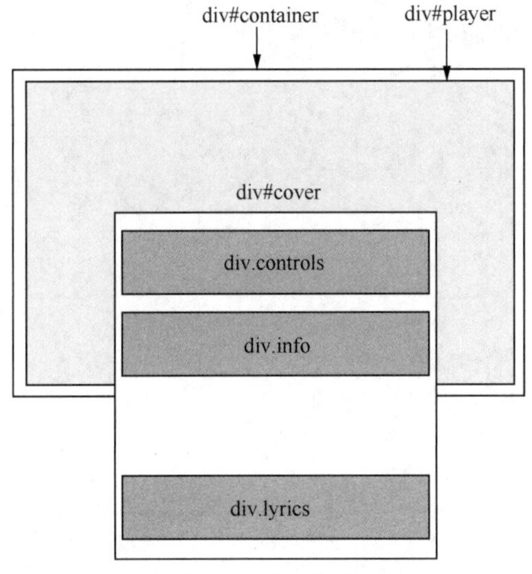

图6-14　页面结构

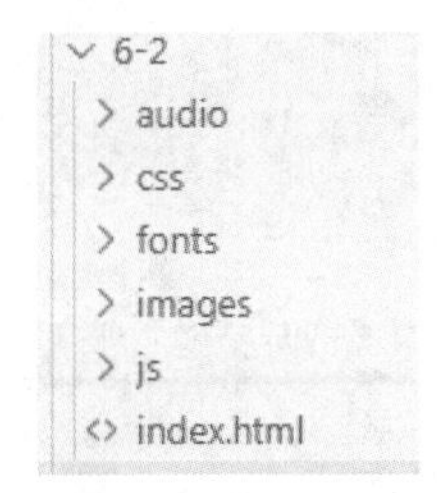

图6-15　目录结构

下面对项目目录结构中的各个目录及文件进行说明。

（1）6-2 为项目目录，里面包含 js、css、images 等文件，以及 index.html 项目入口文件。

（2）audio 文件目录里存放用到的音频文件。

（3）css 文件目录里存放 audio.css，用于设置自定义样式。

（4）fonts 文件目录存放 font-awesome 字体图标文件。

（5）images 文件目录里存放项目中用到的图片。

（6）js 文件目录里存放 audio.js 文件，用于设置自定义逻辑代码。

4. 页面样式

理解了页面的主要结构后，接下来进行样式分析，具体如下。

（1）通过 div+css 对页面进行整体控制，需要设置宽度、高度、绝对定位等样式。

（2）div#player 中需要设置圆角边框、阴影效果、背景图等，背景图需设置透明度。

（3）对 div.cover 设置上外边距，来隐藏歌词区域；设置过渡，当显示歌词时是滑动的效果。

（4）对 div.controls 设置相对定位、背景色、宽度等，对 div.controls 中的每个按钮设置字体图标、背景色、外边距、鼠标悬停效果等。

（5）对 div.info 中歌曲信息和音量控件设置样式，使用伪元素::-webkit-slider-thumb 改变 range 的默认样式，并设置鼠标悬停的效果。

（6）设置 div.lyrics 歌词区域样式，包括相对定位、宽高、背景色、字体大小、鼠标悬停效果等。

（7）设置显示歌词的按钮样式，使用字体图标，并使用:checked 选择器匹配已被选中的 checkbox，并设置被选中时 div.cover 以及其包含的 3 个<div>标签全部向上移动，达到显示歌词的效果。

5. JavaScript 脚本

设置了样式之后，接下来我们要做的就是使用 JavaScript 代码为播放器添加功能，具体分析如下。

（1）定义控制歌曲播放暂停的方法 togglePlayPause()。该方法中，在切换播放暂停的同时需要切换字体图标和按钮的 title 属性值，使用 obj.innerHTML = '<i class="fa fa-pause fa-3x"></i>'切换至“暂停”按钮的图标。

（2）定义设置音量的方法 setVolume()。该方法中只要设置 Audio 对象的 volume 属性等于 range 控件的值即可。

6.7.2 编写音乐播放器页面结构

在 C:\code\chapter06\6-2\index.html 文件中，编写页面结构，示例代码如下。

```
1  <!DOCTYPE html>
2  <html>
3  <head>
4     <meta charset="UTF-8">
5    <title>HTML5 音乐播放器</title>
6    <link rel="stylesheet" href="css/audio.css" type="text/css">
7    <link rel="stylesheet" href="fonts/font-awesome.min.css" type="text/css">
8  </head>
9  <body>
10   <div id="container">
11     <div id="player">
12       <audio id="audio">
13         <source src="audio/陪你度过漫长岁月.mp3" type="audio/mp3"/>
14       </audio>
15       <!-- 引入专辑封面图片 -->
16       <img src="images/music.jpg">
17       <!-- 制作显示歌词的按钮 -->
18       <label class="to-lyrics-label" for="to-lyrics"><i class="fa fa-caret-down fa-lg"></i>
19       </label>
20       <input type="checkbox" id="to-lyrics">
21       <div class="cover">
22         <!-- 歌词控制栏 -->
23       </div>
24     </div>
25   </div>
26   <script src="js/audio.js"></script>
27 </body>
28 </html>
```

上述代码中，第 12～14 行代码使用<audio>标签引入音频文件；第 16 行代码使用<img>标签引入图片；第 18～20 行代码用来实现显示歌词的下拉按钮；第 21～23 行是实现歌词控制栏的逻辑代码。

6.7.3 编写音乐播放器页面样式

编写 audio.css 样式代码，示例代码如下。

```
1  *,
2  *:before,
3  *:after {
4    box-sizing: border-box;
5  }
6  body {
7    margin: 0;
8    min-height: 100%;
9    background: #EEE;
10   font-family: 'Roboto Condensed', sans-serif;
11   font-weight: 300;
12 }
13 a {
14   color: #FFF;
15   text-decoration: none;
16 }
17 a:hover {
18   color: #26C5CB;
19 }
20 p {
21   margin: 0;
22 }
23 #container,
24 #player,
25 .cover {
26   position: absolute;
27   margin: auto;
28   top: 0;
29   left: 0;
30   right: 0;
31   bottom: 0;
32 }
33 #container {
34   width: 320px;
35   height: 320px;
36 }
37 #player {
38   width: 300px;
39   height: 300px;
40   background: #fff;
41   border-radius: 50%;
42   overflow: hidden;
43   box-shadow: 2px 2px 20px 0 rgba(0, 0, 0, 0.3);
44   z-index: 300;
45 }
46 /* 专辑封面 */
47 img {
48   width: 100%;
49   height: 100%;
50   background: #fff;
51   opacity: 0.75;
52 }
53 /* 隐藏复选框 */
54 input[type=checkbox] {
55   position: absolute;
56   top: -9999px;
57   left: -9999px;
58 }
59 /* 制作显示歌词的按钮 */
60 label {
61   text-shadow: 1px 1px 3px #000;
```

```
62 }
63 .to-lyrics-label:hover {
64   color: #26C5CB;
65 }
66 label.to-lyrics-label {
67   position: absolute;
68   top: 276px;
69   left: 50%;
70   width: 20px;
71   height: 20px;
72   margin-left: -5px;
73   color: #fff;
74   cursor: pointer;
75   z-index: 500;
76 }
```

上述代码中，第 1～5 行代码设置 box-sizing: border-box;属性，当并排放置两个带边框的框时，可令边框和内边距包含在指定宽度和高度内，用来解决盒子被挤下去的问题；第 37～45 行代码设置了一个宽高为 300px，并且带有阴影的圆形盒子；第 47～52 行代码设置图片的宽度和高度为 100%，透明度为 75%。

保存上述代码，在浏览器中查看运行效果，如图 6-16 所示。

图6-16　初始结构图

6.7.4　实现歌词控制栏效果

在 6.7.2 小节的第 22 行代码处编写如下代码，实现歌词控制栏效果。

```
1  <div class="cover">
2    <div class="controls">
3      <button title="循环播放"><i class="fa fa-retweet fa-lg"></i></button>
4      <button title="上一曲"><i class="fa fa-backward fa-2x"></i></button>
5      <button id="play-pause" title=" 播放 " onclick="togglePlayPause()"><i class="fa fa-play fa-3x">
</i></button>
6      <!-- 播放/暂停切换按钮-->
7      <button title="下一曲"><i class="fa fa-forward fa-2x"></i></button>
8      <button title="顺序播放"><i class="fa fa-random fa-lg"></i></button>
9      <input name="volume" id="volume" min="0" max="1" step="0.1" type="range" onchange="setVolume()" />
10     <!-- 音量控件 -->
11   </div>
12   <div class="info">
13     <p class="song"><a href="#" target="_blank">陪你度过漫长岁月</a></p>
14     <p class="author"><a href="#" target="_blank">陈奕迅</a></p>
15   </div>
16   <div class="lyrics">
17     <p>陪你度过漫长岁月</p>
18     <p>演唱：陈奕迅</p>
```

```
19      <p>走过了人来人往 不喜欢也得欣赏</p>
20      <p>我是沉默的存在 不当你世界 只作你肩膀</p>
21      <p>拒绝成长到成长 变成想要的模样</p>
22      <p>在举手投降以前 让我再陪你一段</p>
23      <p>陪你把沿路感想活出了答案</p>
24      <p> 陪你把独自孤单变成了勇敢</p>
25      <p> 一次次失去又重来 我没离开</p>
26      <p>陪伴是 最长情的告白</p>
27      <p>陪你把想念的酸 拥抱成温暖</p>
28      <p> 陪你把彷徨 写出情节来</p>
29      <p>未来多漫长 再漫长 还有期待</p>
30      <p>陪伴你 一直到 故事给说完</p>
31      <p>让我们静静分享 此刻难得的坦白</p>
32      <p>只是无声地交谈 都感觉幸福 感觉不孤单</p>
33    </div>
34    <p class="scroll">收起</p>
35  </div>
```

上述代码中，第 2～11 行代码用于自定义控制栏样式；第 12～15 行代码设置歌曲和歌手信息；第 16～33 行代码显示歌词信息；第 34 行代码显示收起提示信息。

6.7.5　实现播放器样式效果

在 6.7.3 小节的第 76 行代码后编写如下代码，实现播放器样式效果。

```
1  /* 歌词切换 */
2  .cover {
3    padding-top: 145px;
4    transition: all 0.5s ease-in-out;
5    -webkit-transition: all 0.5s ease-in-out;
6  }
7  /* 播放按钮 */
8  .controls {
9    position: relative;
10   width: 100%;
11   color: #fff;
12   text-align: center;
13 }
14 button {
15   margin: 5px;
16   color: #fff;
17   background: transparent;
18   /* 背景透明 */
19   border: 0;
20   outline: 0;
21   cursor: pointer;
22   text-align: center;
23   text-shadow: 1px 1px 2px #000;
24   /* 过渡：所有属性都改变，在 0.3s 内完成以慢速开始和结束 */
25   transition: all 0.3s ease-in-out;
26   -webkit-transition: all 0.3s ease-in-out;
27 }
28 button:hover {
29   color: #26C5CB;
30 }
31 /* Volume 音量控件的样式 */
32 input[type="range"] {
33   display: block;
34   margin: 14px auto;
35   width: 80px;
36   height: 2px;
37   outline: 0;
38   cursor: pointer;
39   box-shadow: 1px 1px 3px 0 #000;
40 }
41 /* 伪元素::-webkit-slider-thumb 改变 range 的默认样式 */
```

```
42 input[type="range"::-webkit-slider-thumb {
43   background: #AEAEAE;
44   width: 6px;
45   height: 6px;
46   border-radius: 50%;
47   transition: 0.1s all linear;
48   -webkit-transition: 0.1s all linear;
49   appearance: none !important;
50 }
51 /* 鼠标悬停时，该元素背景颜色变为#26C5CB，放大为原来的 2 倍 */
52 input[type="range"]:hover::-webkit-slider-thumb {
53   background: #26C5CB;
54   transform: scale(2);
55 }
56 /* 歌曲信息 */
57 .info {
58   position: relative;
59   margin-top: 28px;
60   bottom: 10px;
61   color: #fff;
62   text-align: center;
63   text-shadow: 1px 1px 3px #000;
64 }
65 .song {
66   font-size: 18px;
67 }
68 .author {
69   font-size: 14px;
70   margin-bottom: -8px;
71 }
72 /* 以下 3 个属性写在一起表示该元素超出内容宽度后显示为省略号 */
73 .song,
74 .author {
75   white-space: nowrap;
76   overflow: hidden;
77   text-overflow: ellipsis;
78 }
79 /* 歌词显示部分 */
80 .lyrics {
81   position: relative;
82   width: 100%;
83   height: 96px;
84   margin-top: 30px;
85   padding: 4px 24px;
86   color: #000;
87   background: rgba(255, 255, 255, 0.3);
88   font-size: 12px;
89   text-align: center;
90   overflow-y: scroll;
91   /* 当内容超过 div 高度时，出现滚动条，内容滚动显示 */
92   box-shadow: inset 0 -3px 5px 0 rgba(0, 0, 0, 0.5);
93   transition: all 0.5s ease-in-out;
94   -webkit-transition: all 0.5s ease-in-out;
95 }
96 /* 当鼠标悬停在歌词上时，背景变为白色 80%透明 */
97 .lyrics:hover {
98   background: rgba(255, 255, 255, 0.8);
99 }
100      /* 清除滚动条样式 */
101      .lyrics::-webkit-scrollbar {
102        display: none;
103      }
104      .scroll {
105        color: #fff;
106        text-align: center;
```

```
107        font-size: 9px;
108        font-weight: bold;
109        text-shadow: 1px 1px 3px #000;
110      }
111      /* ~ 用于选取某元素后面的所有兄弟元素*/
112      #to-lyrics:checked ~ .cover {
113        padding-top: 40px;
114      }
115      #to-lyrics:checked ~ .cover .lyrics {
116        margin-top: 0px;
117      }
118      #to-lyrics:checked ~ .cover button {
119        margin: 4px;
120      }
```

保存上述代码，在浏览器中查看运行效果，如图 6-17 所示。

接下来，单击图 6-17 中的下拉三角形，会显示图 6-18 所示的歌词效果。

图6-17　完整的结构效果

图6-18　歌词效果

上述步骤，实现了页面的布局，接下来编写 JavaScript 代码，实现音频的播放功能。

6.7.6　实现音频文件的播放功能

在 audio.js 文件中编写如下代码，实现音频文件的播放功能。

```
1  var audio = document.getElementById('audio');
2  var playpause = document.getElementById('play-pause');
3  var volume = document.getElementById('volume');
4  audio.controls = false;
5  function togglePlayPause() {
6    if (audio.paused || audio.ended) {
7      playpause.title = '暂停';
8      playpause.innerHTML = '<i class="fa fa-pause fa-3x"></i>';
9      audio.play();
10   } else {
11     playpause.title = '播放';
12     playpause.innerHTML = '<i class="fa fa-play fa-3x"></i>';
13     audio.pause();
14   }
15 }
16 function setVolume() {
17   audio.volume = volume.value;
18 }
```

上述代码中，第 5～15 行代码定义控制歌曲播放/暂停的方法 togglePlayPause()，该方法在切换播放/暂停的同时需要切换字体图标和按钮的 title 属性值。第 16～18 行代码定义控制音量的方法 setVolume()，把 range 控件的 value 值赋值给 Audio 对象的 volume 属性。

6.7.7 项目总结

本项目的练习重点：

本项目主要为了巩固<audio>标签和 HTML5 DOM Audio 对象的应用，并且综合了前面学习的 CSS 内容，如字体图标、圆角边框、阴影、过渡等。

本项目的练习方法：

本项目只有播放按钮和调节音量的控件功能由 JavaScript 代码来实现，其他效果都是由 CSS 代码实现的。另外，JavaScript 也可以操作 CSS 样式，有兴趣的读者可以动手尝试。

课后练习

一、填空题

1. <video>标签支持三种格式的视频文件，分别为________、________、________。
2. ________用于获取视频的原始高度。
3. 表达式"27" !=27 的值为________。
4. <audio>标签支持三种格式的音频文件，分别为________、________、________。
5. Audio 对象中用于设置是否静音的属性是________。

二、判断题

1. 在网页中插入音频，当音量改变时会触发 volumeupdate 事件。(　　)
2. 表达式 a^=b，相当于 a=a^b。(　　)
3. <source>标签对于音频文件同样适用，需要把 video 改成 audio。(　　)
4. <video>标签和<audio>标签均支持循环播放的功能。(　　)
5. 在<audio>标签上不添加 controls 属性的情况下页面看到的应该是黑色的。(　　)

三、选择题

1. 下列选项中，不属于 JavaScript 循环语句的是（　　）。

A. for　　B. for/in　　C. if　　D. do/while

2. 下列选项中，用于嵌套在<video>中，指定不同文件路径的标签是（　　）。

A. <src>　　B. <sources>　　C. <srcs>　　D. <source>

3. 下列选项中，关于 Audio 对象的描述，错误的是（　　）。

A. Audio 对象中 width 和 height 属性可以用来设置宽和高

B. Audio 对象中 paused 用来设置或返回音频是否暂停

C. Audio 对象中 muted 用来设置或返回是否关闭声音

D. Audio 对象中 volume 用来设置或返回音频的音量。

4. 在 Video 对象中，当执行方法 play()时触发的事件是（　　）。

A. open　　B. play　　C. videoplay　　D. playing

5. 下列选项中，不属于 JavaScript 运算符的是（　　）。

A. ==　　B. &&　　C. ##　　D. ++

四、简答题

1. 请简述 HTML5 中如何嵌入音频和视频，并列举 HTML5 支持的音频和视频格式。
2. 请简述什么是 JavaScript 分支结构，并列举分支结构主要包括哪些。

第7章

响应式Web设计

学习目标

★ 了解视口的概念
★ 掌握媒体查询的实现
★ 掌握百分比布局的使用
★ 了解栅格系统的概念
★ 掌握使用媒体查询实现响应式布局
★ 掌握弹性盒布局及其常用属性的使用

前面的章节中讲解了如何使用 HTML5、CSS3 和 JavaScript 来制作网页。本章将在 HTML5 和 CSS3 的知识基础上，讲解一种新型的网页设计理念——响应式 Web 设计。响应式网站可以针对不同的终端显示出合理的页面，实现一次开发，多处适用。响应式 Web 设计之所以被称为新理念，是因为响应式不仅是一种跨终端的网页开发技术，它还颠覆了之前的网页设计思想。本章将针对响应式 Web 设计进行详细讲解。

7.1 响应式 Web 设计基础

响应式 Web 设计需要考虑页面在 PC 端和移动端设备上的呈现效果，而移动端页面的显示效果与移动端设备的视口有关。本节主要讲解响应式 Web 设计的基础内容，包括视口、媒体查询和百分比布局等，为接下来实现响应式页面打下基础。

7.1.1 视口

视口在响应式设计中是一个非常重要的概念，最早是由苹果公司为 iOS 系统的 Safari 浏览器引入的，其目的是让 iPhone 手机的小屏幕尽可能完整地显示整个网页。通过设置视口，不管网页原始的分辨率有多大，手机系统都能将其缩小显示在手机浏览器上，这样保证网页在手机上看起来更像在桌面浏览器中的样子。

在移动端浏览器当中，存在着三种视口，分别是布局视口、视觉视口和理想视口，下面分别进行详细讲解。

（1）布局视口也叫视窗视口，布局视口示意图如图 7-1 所示。

布局视口是指浏览器绘制网页的视口，一般移动端浏览器都默认设置了布局视口的宽度。当移动端浏览器展示 PC 端网页内容时，由于移动端设备屏幕比较小，网页在手机的浏览器中会出现左右滚动条，用户需要左右滑动滚动条才能查看完整的一行内容。这正是布局视口存在的问题。

（2）视觉视口也叫可见视口，视觉视口示意图如图 7-2 所示。

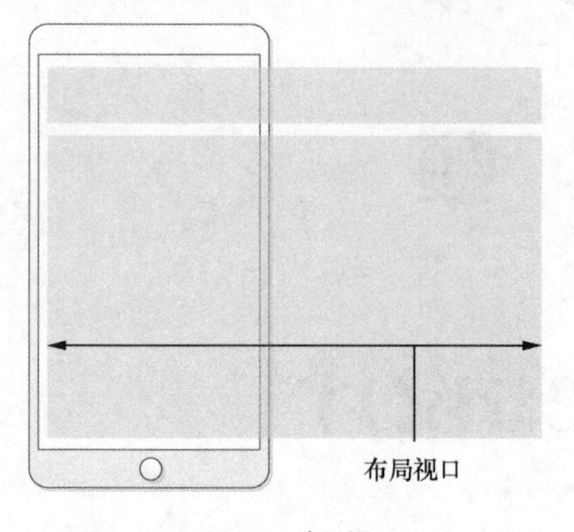

图7-1　布局视口

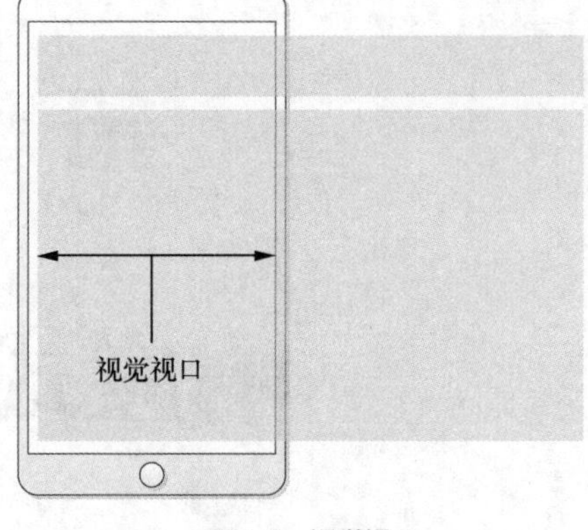

图7-2　视觉视口

视觉视口是指用户正在看到的网站的区域，这个区域的宽度等同于移动设备的浏览器窗口的宽度。当我们在手机中缩放网页的时候，操作的是视觉视口，而布局视口仍然保持原来的宽度。

（3）理想视口指对设备来讲最理想的视口，理想视口示意图如图 7-3 所示。

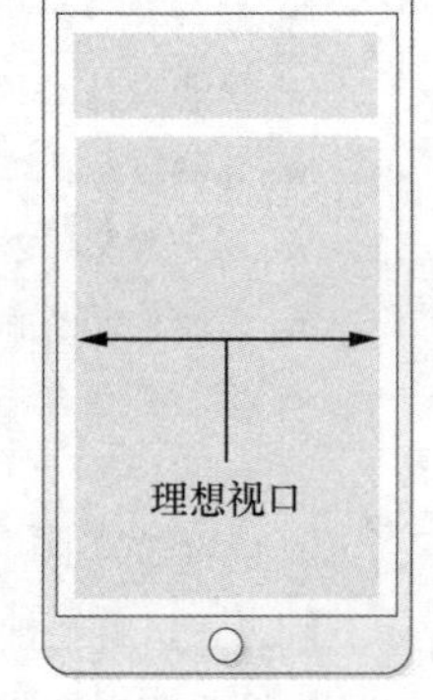

图7-3　理想视口

采用理想视口，可以使网页在移动端浏览器上获得最理想的浏览和阅读的宽度。

通过对比以上三种视口的效果图，可以发现在图 7-3 理想视口的情况下，布局视口的大小和屏幕宽度是一致的，这样就不需要左右滑动页面了。

在开发中，为了实现理想视口，需要给移动端页面添加<meta>标签来配置视口，通知浏览器来进行处理。通常情况下，为了显示更多的内容，浏览器会经过 viewport 的默认缩放将网页等比例缩小。在实际开发中，为了让用户能够看清晰设备中的内容，并不使用默认的 viewport 进行展示，而是自定义配置视口的属性，使这个缩小比例更加适当。

HTML5 中，将<meta>标签中的 name 属性设为 viewport，即可设置视口，示例代码如下。

```
<meta name="viewport" content="user-scalable=no, width=device-width, initial-scale=1.0, maximum-scale=1.0">
```

上述代码中，user-scalable 用于设置用户是否可以缩放，默认为 yes；width=device-width 用于设置布局视口的宽度，这里表示布局视口和可见视觉宽度相同，该属性也可以设置成具体宽度；initial-scale 用于设置初始缩放比例，取值为 0.0～10.0；maximum-scale 用于设置最大缩放比例，取值为 0.0～10.0。除此之外，还可以通过 height 属性设置布局视口的高度，minimum-scale 设置最小缩放比例。

7.1.2 媒体查询

CSS3 的 Media Query 媒体查询（也称为媒介查询）用来根据窗口宽度、屏幕比例和设备方向等差异来改变页面的显示方式。使用媒体查询能够在不改变页面内容的情况下，为特定的输出设备指定显示效果。

媒体查询由媒体类型和条件表达式组成，示例代码如下。

```
<style>
  @media screen and (max-width: 960px) {
    /* 样式设置 */
  }
</style>
```

上述代码中，screen 表示媒体类型并且屏幕宽度小于等于 960px 时的样式。在实际开发中，通常会将媒体类型省略。

在移动 Web 开发中，常见的响应式布局容器尺寸划分如表 7-1 所示。

表 7-1　响应式布局容器尺寸划分

设备划分	尺寸区间	宽度设置
超小屏幕	≤575px	100%
小屏幕（次小屏）	≥576px	540px
中等屏幕（窄屏）	≥768px	720px
大屏幕（桌面显示器）	≥992px	960px
超大屏幕（大桌面显示器）	≥1200px	1140px

接下来通过例 7-1 演示如何使用媒体查询实现网页背景颜色在不同尺寸屏幕的切换。

【例 7-1】

创建 C:\code\chapter07\demo01.html 文件，具体代码如下。

```
1  <!DOCTYPE html>
2  <html>
3  <head>
4    <meta name="viewport" content="user-scalable=no, width=device-width, initial-scale=1.0, maximum-scale=1.0">
5    <style>
6      body {
7        background-color: red;
8      }
9      /* 超小屏幕（小于等于 575px） */
10     @media screen and (max-width: 575px) {
11       body {
12         background-color: blue;
13       }
14     }
15     /* 小屏幕（大于等于 576px） */
16     @media screen and (min-width: 576px) {
17       body {
18         background-color: yellow;
19       }
20     }
21     /* 中等屏幕（大于等于 768px） */
22     @media screen and (min-width: 768px) {
23       body {
24         background-color: grey;
25       }
26     }
27     /* 大屏幕（大于等于 992px） */
28     @media screen and (min-width: 992px) {
29       body {
30         background-color: pink;
31       }
32     }
33     /* 超大屏幕（大于等于 1200px） */
34     @media screen and (min-width: 1200px) {
35       body {
36         background-color: yellowgreen;
37       }
38     }
39   </style>
40 </head>
41 <body>
42 </body>
43 </html>
```

上述代码中，设定了当屏幕小于 576px 时，body 的背景色为蓝色；当屏幕大于等于 576px 时，body 的背景色为黄色；当屏幕大于等于 768px 时，body 的背景色为灰色；当屏幕大于等于 992px 时，body 的背景色为粉色；当屏幕大于等于 1200px 时，body 的背景色为黄绿色。

保存代码，通过浏览器测试，观察在不同窗口宽度下布局容器的背景颜色是否会发生变化。例如，页面在超小屏幕下的显示效果如图 7-4 所示。

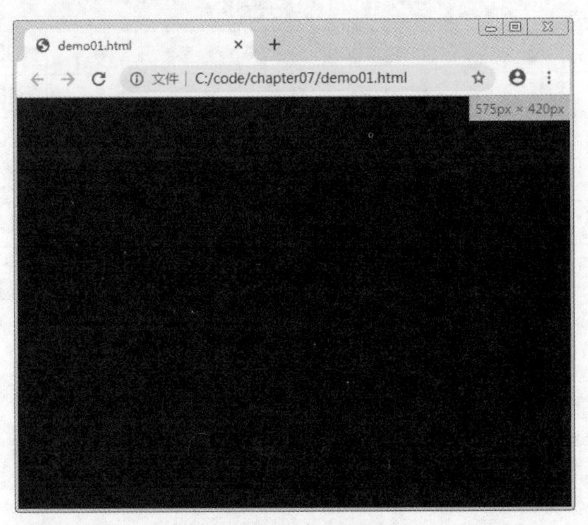

图7-4　超小屏幕

需要注意的是，由于 CSS 代码的执行顺序是从上到下依次执行，所以当使用 min-width 来区分屏幕时，要按照从小屏到大屏的顺序进行代码编写；当使用 max-width 来区分屏幕时，要按照从大屏到小屏的顺序进行代码编写。

7.1.3　百分比布局

在制作响应式网站时，仅使用媒体查询是远远不够的。这是由于媒体查询只能针对某几个特定阶段的视口，在捕捉到下一个视口前，页面的布局是不会变化的，这样会影响页面的显示，同时也无法兼容日益增多的各种设备。所以，想要做出真正灵活的页面，还需要使用百分比布局结合媒体查询限制范围来实现。

百分比布局是一种等比例缩放布局方式，在 CSS 代码中使用百分比来设置宽度。百分数宽度的计算方式为，用目标元素宽度除以父盒子的宽度。

接下来通过例 7-2 来演示百分比布局效果。

【例 7-2】

（1）创建 C:\code\chapter07\demo02.html 文件，具体代码如下。

```
1  <!DOCTYPE html>
2  <html>
3  <head>
4    <meta charset="utf-8">
5    <title>百分比布局</title>
6  </head>
7  <body>
8    <header>头部</header>
9    <nav>导航</nav>
10   <section>
11     <aside>侧边栏</aside>
12     <article>文章</article>
13   </section>
14   <footer>页脚</footer>
15 </body>
16 </html>
```

上述代码中，第 8 行使用<header>标签定义头部；第 9 行使用<nav>标签定义导航部分；第 10～13 行使用<section>标签定义文档的中间区域，其包裹<aside>侧边栏和<article>文章区域。

（2）在 demo02.html 文件，编写 CSS 样式，具体代码如下。

```
1  <style type="text/css">
2    * {
3      box-sizing: border-box;
4    }
5    body > * {
6      width: 95%;
7      height: auto;
8      margin: 0 auto;
9      margin-top: 10px;
10     border: 1px solid #000;
11     padding: 5px;
12   }
13   header {
14     height: 50px;
15   }
16   section {
17     height: 300px;
18     border: none;
19     padding: 0px;
20   }
21   footer {
22     height: 30px;
23   }
24   section > * {
25     height: 100%;
26     padding: 5px;
27     float: left;
28     border: 1px solid #000;
29   }
30   aside {
31     width: 25%;
32   }
33   article {
34     width: 74%;
35     margin-left: 1%;
36   }
37 </style>
```

保存上述代码，在浏览器中查看运行效果，如图 7-5 所示。

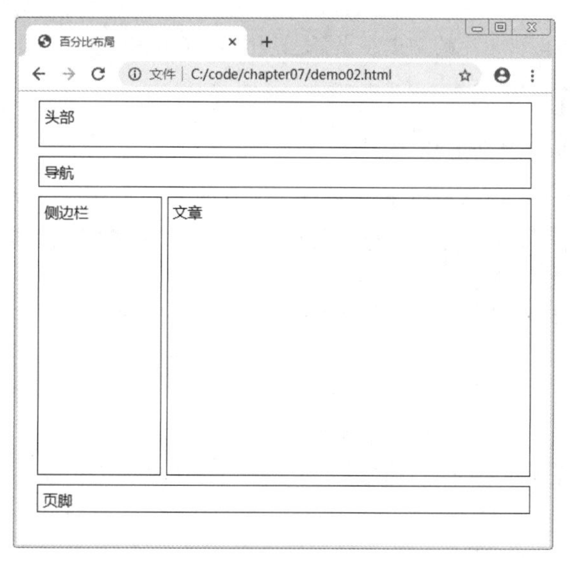

图7-5　百分比布局

在图 7-5 中，尝试缩小或放大浏览器，会发现网页随浏览器窗口的变化等比例缩小或放大。

7.1.4 栅格系统

在网页制作中，栅格系统（又称网格系统）就用固定的格子进行网页布局，是一种清晰、工整的设计风格。栅格系统最早是应用于印刷媒体上，在印刷媒体中，一个印刷版面上划分了若干个格子。有了这些格子以后，再进行排版的时候就非常方便，如图 7-6 所示。

后来，栅格系统被应用于网页布局中。而随着响应式设计的流行，栅格系统开始被赋予了新的意义，即一种响应式设计的实现方式。下面通过一幅图来呈现栅格系统在不同屏幕上的显示效果，如图 7-7 所示。

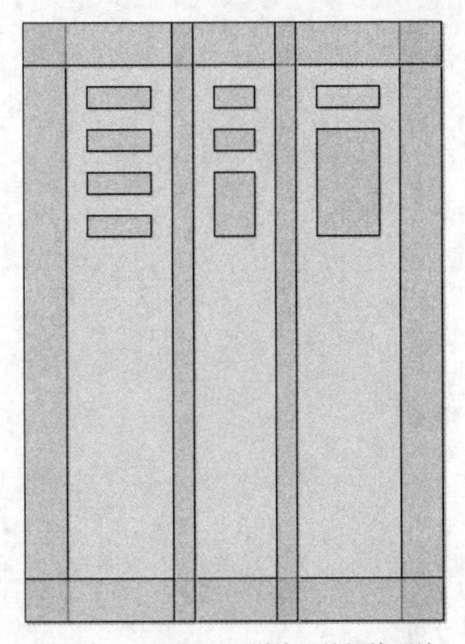

图7-6 应用于印刷媒体上的栅格系统

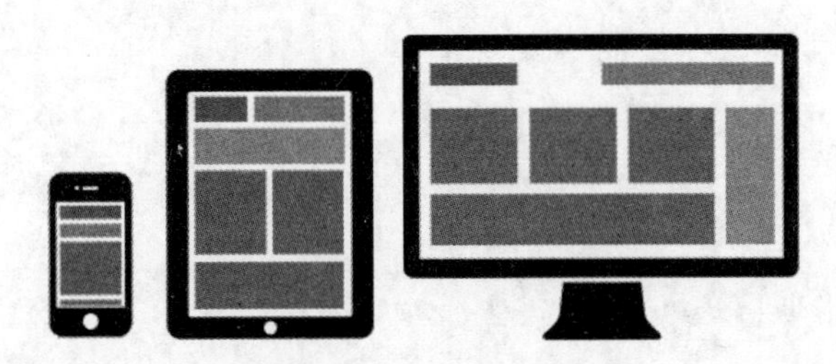

图7-7 响应式栅格系统

从图 7-7 可以看出，使用栅格系统进行页面布局时，可以让一个网页在不同大小的屏幕上呈现出不同的结构。

7.2 响应式常见实现方式

创建响应式网页布局有两种常见的方式，分别是使用媒体查询和使用 CSS3 提供的弹性盒布局。本节将详细讲解这两种方式的具体使用。

7.2.1 媒体查询实现响应式布局

在前面我们了解了使用栅格系统可以使页面随着屏幕宽度的不同呈现出不同的结构，那么在实际开发中如何实现这种效果呢？我们可以通过前面学过的媒体查询来实现，在特定的屏幕尺寸下编写限定条件的 CSS 代码，如果满足这些限定条件，则应用相应的样式。

接下来，我们通过使用媒体查询，实现当浏览器屏幕宽度小于 576px 时，将某些模块按照不同的方式排列或者隐藏。

为了快速实现案例，我们直接在 C:\code\chapter07\demo02.html 文件的基础上进行代码编写。首先将 demo02.html 文件重新复制一份并将其重命名为 demo03.html 文件，然后在 demo03.html 文件的 CSS 样式中新增媒体查询代码，具体操作步骤如例 7-3 所示。

【例 7-3】

（1）在 C:\code\chapter07\demo03.html 文件的<head></head>之间添加<meta>视口标签用于设置移动端的视口，示例代码如下。

```
<meta name="viewport" content="user-scalable=no, width=device-width, initial-scale=1.0, maximum-scale=1.0">
```

（2）在</style>结束标签前面编写如下代码，使用媒体查询实现网页在浏览器屏幕宽度小于 576px 下隐藏中间区域侧边栏的效果。

```
1  /* 浏览器屏幕宽度小于 576px 时 */
2  @media screen and (max-width: 575px) {
3    aside {
4      display: none;
5    }
6    article {
7      width: 100%;
8      margin-left: 0px;
9    }
10 }
```

上述代码中，设定了当屏幕小于 576px 时，<aside>侧边栏隐藏的效果，同时<article>文章区域的样式宽度为 100%，并去掉了左外边距。

（3）保存上述代码，查看浏览器运行效果，如图 7-8 所示。

（4）使用 Chrome 的开发者工具，模拟 iPhone 6/7/8 设备来测试该页面。iPhone 6/7/8 浏览器窗口宽度为 375px，页面效果如图 7-9 所示。

图7-8　浏览器窗口大于575px

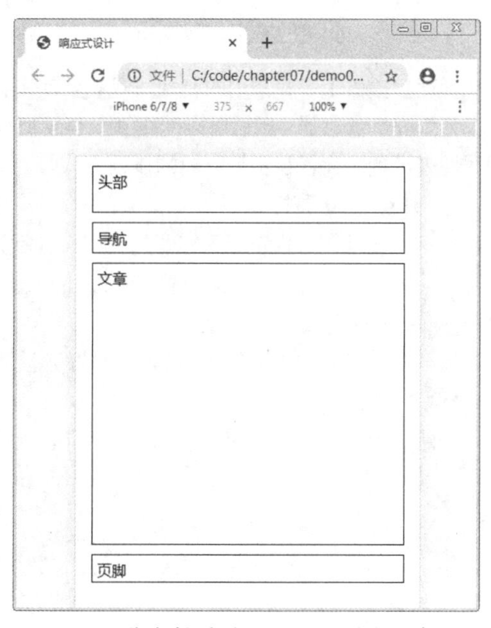

图7-9　移动端设备（iPhone 6/7/8）显示效果

7.2.2　弹性盒布局

说到响应式，就不得不提 CSS3 中的弹性盒布局了，它可以轻松地创建响应式网页布局，为盒状模型增加灵活性。弹性盒改进了块模型，既不浮动，又不会合并弹性盒容器与其内容之间的外边距，是一种非常灵活的布局方法。

首先，我们先看一下弹性盒的结构，如图 7-10 所示。

从图 7-10 可以看出，弹性盒由容器、子元素和轴（包括横轴、纵轴）构成，并且在默认情况下，子元素的排布方向与横轴的方向是一致的。弹性盒模型可以用简单的方式满足很多常见的复杂的布局需求，它的优势在于开发人员只声明布局具有的行为，而不需要给出具体的实现方式，浏览器会负责完成实际的布局效果。

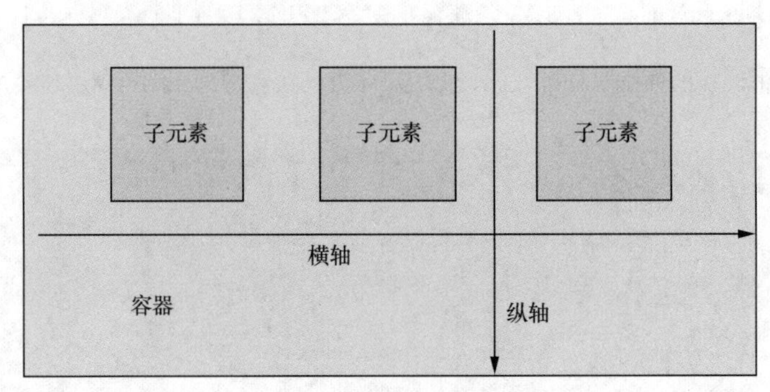

图7-10 弹性盒结构

弹性盒模型几乎在主流浏览器中都得到了支持。浏览器支持情况如表7-2所示。

表7-2 浏览器支持情况

iOS Safari	Android Browser	IE	Opera	Chrome	Firefox
7.0+	4.4+	11+	12.1+	21+	22+

7.2.3 弹性盒常用属性

弹性盒提供了一些常用的属性。我们要使用弹性盒，首先需要使用display属性来指定外部父元素容器的类型为弹性盒容器，然后可以使用flex-flow属性来排列弹性子元素的排列方向。除此之外，我们还可以利用属性来设置子元素在主轴方向的排列方式等。

1. display属性

display属性用于指定元素容器的类型，其默认值为inline，这意味着此元素会被显示为一个内联元素，在元素前后没有换行符；如果设置display的值为flex，则表示用于指定弹性盒的容器；如果设置display的值为none，则表示隐藏该元素。

接下来我们通过案例演示display属性的应用，如例7-4所示。

【例7-4】

创建C:\code\chapter07\demo04.html文件，具体代码如下。

```
1  <!DOCTYPE html>
2  <html>
3  <head>
4    <meta charset="UTF-8">
5    <title>弹性盒属性</title>
6    <style type="text/css">
7      .box {
8        display: flex;
9        background-color: #999;
10       height: 80px;
11     }
12     .box div {
13       background-color: white;
14       border: 1px solid gray;
15       margin: 2px;
16     }
17   </style>
18 </head>
19 <body>
20   <div class="box">
21     <div class="one">one</div>
22     <div class="two">two</div>
23     <div class="three">three</div>
24   </div>
```

```
25 </body>
26 </html>
```

上述代码中，第 8～12 行给父容器 div.box 设置了 display:flex 属性，用于指定父容器 div.box 为弹性盒容器。

通过浏览器访问测试，页面运行效果如图 7-11 所示。

从图 7-11 可以看出，当父元素 div.box 的 display 设为 flex 后，子元素就会按照内容的实际宽度来显示，且子元素的高度会占满父元素的可用高度。

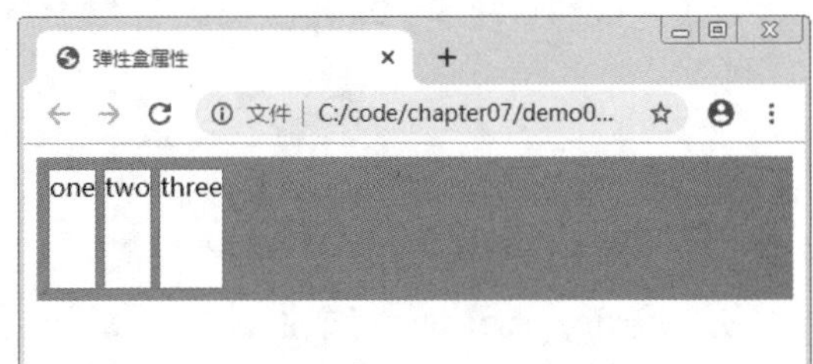

图7-11　弹性盒布局

2. flex-flow 属性

flex-flow 属性是 flex-direction 和 flex-wrap 的简写，用于排列弹性子元素。flex-direction 用于调整主轴的方向，可以调整为横向或者纵向。默认情况下主轴的方向为横向，此时横轴为主轴，纵轴为侧轴；如果改为纵向，则纵轴为主轴，横轴为侧轴。

flex-direction 属性的取值如表 7-3 所示。

表 7-3　flex-direction 属性的取值

取值	描述
row	弹性盒子元素按横轴方向顺序排列（默认值）
row-reverse	弹性盒子元素按横轴方向逆序排列
column	弹性盒子元素按纵轴方向顺序排列
column-reverse	弹性盒子元素按纵轴方向逆序排列

flex-wrap 属性用于让弹性盒元素在必要的时候换行，默认值为 nowrap（不换行），其取值如表 7-4 所示。

表 7-4　flex-wrap 属性的取值

取值	描述
nowrap	弹性盒容器为单行，该情况下 flex 子项可能会溢出容器
wrap	弹性盒容器为多行，flex 子项溢出的部分会被放置到新行，第一行在上方
wrap-reverse	反转 wrap 排列（换行），第一行显示在下方

需要注意的是，如果元素不是弹性盒对象的元素，则 flex-wrap 属性不起作用。

当使用 flex-flow 属性时，其值是 flex-direction 属性的值和 flex-wrap 属性的值的组合。例如，将 flex-direction 设为 row，将 flex-wrap 设为 nowrap，示例代码如下。

```
/* 简写形式 */
flex-flow: row nowrap;
/* 分开写 */
flex-direction: row;
flex-wrap: nowrap;
```

下面通过案例演示 flex-flow 的使用。打开 demo04.html 文件，修改 div.box 元素的样式，具体修改如下。

```
/* height: 80px; */   /* 将高度注释起来 */
flex-flow: column;
```

上述代码中，通过 flex-flow 设置了 flex-direction 属性的值为 column；在这里省略了 flex-wrap 属性的值，那么默认其为 nowrap。

修改完成后，页面效果如图 7-12 所示。

从图 7-12 可以看出，子元素按照纵向排列显示。读者可以尝试更换成其他属性值，在浏览器中查看运行结果，在这里将不再赘述。

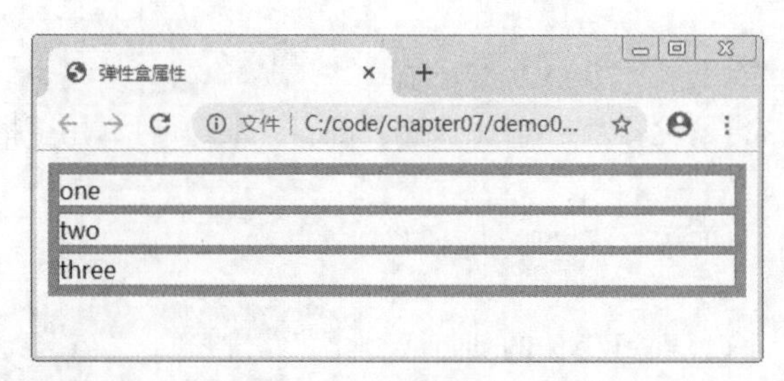

图7-12　flex-flow取值为column

3. justify-content 属性

justify-content 属性能够设置子元素在主轴方向的排列方式，其取值如表 7-5 所示。

表 7-5　justify-content 属性的取值

取值	描述
flex-start	弹性盒子元素将向行起始位置对齐（默认值）
flex-end	弹性盒子元素将向行结束位置对齐
center	弹性盒子元素将向行中间位置对齐
space-between	弹性盒子元素会平均地分布在行里，第一个元素的边界与行的起始位置边界对齐，最后一个元素的边界与行结束位置的边距对齐
space-around	弹性盒子元素会平均地分布在行里，两端保留子元素与子元素之间间距大小的一半

接下来打开 demo04.html 文件，修改 div.box 元素的样式，具体修改如下。

```
height: 80px;
/* flex-flow: column; */  /* 将上一步的代码注释或删除 */
justify-content: space-between;
```

修改完成后，页面效果如图 7-13 所示。

从图 7-13 可以看出，此时的主轴是从左到右进行排列。justify-content 的值为 space-between 时，项目两端对齐，项目之间的间隔都相等。

例如，将 justify-content 的值改为 space-around，刷新浏览器，页面效果如图 7-14 所示。

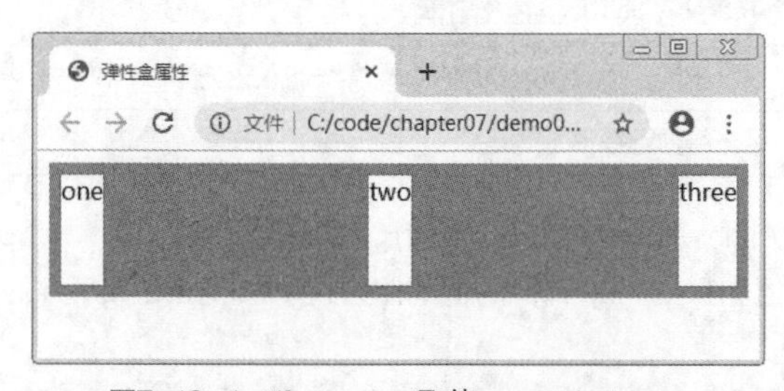

图7-13　justify-content取值space-between

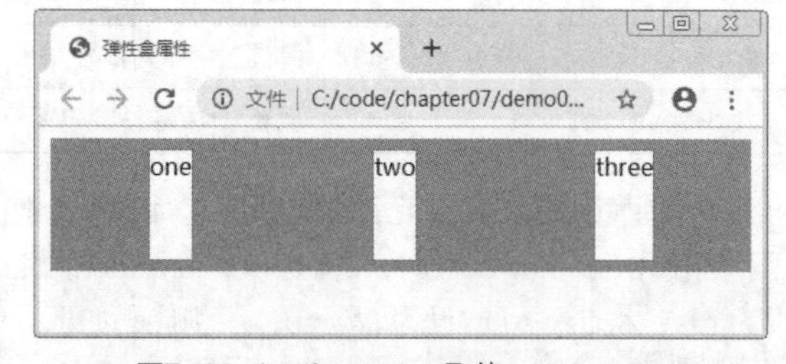

图7-14　justify-content取值space-around

从图 7-14 可以看出，此时的主轴是按从左到右排列。justify-content 的值为 space-around 时，每个项目两侧的间隔相等。项目之间的间隔比项目与边框的间隔大一倍。读者可以依次试验其他的属性值，在浏览器中查看运行结果，这里不再赘述。

4. align-items 属性

align-items 属性用于设置子元素在侧轴上的对齐排列方式，其取值如表 7-6 所示。

表 7-6　align-items 属性的取值

取值	描述
flex-start	弹性盒子元素向侧轴的起始位置对齐
flex-end	弹性盒子元素向侧轴的结束位置对齐

（续表）

取值	描述
center	弹性盒子元素向侧轴的中间位置对齐
baseline	如果弹性盒子元素的行内轴与侧轴为同一条，则该值与 flex-start 等效。其他情况下，该值将参与子元素的第一行文字的基线对齐
stretch	默认值，将元素拉伸以适合伸缩容器。可用空间在所有元素之间平均分配。 子元素如果没有设置高度或者高度为“auto”，则将会占满整个容器的高度，但同时会遵照“min/max-width/height”属性的限制

接下来打开 demo04.html 文件，修改 div.box 元素的样式，具体修改如下。

```
/* justify-content: space-around; */  /* 将上一步的代码注释或删除 */
align-items: center;
```

修改完成后，页面效果如图 7-15 所示。

例如，将 align-items 的值设置为 flex-end，页面效果如图 7-16 所示。

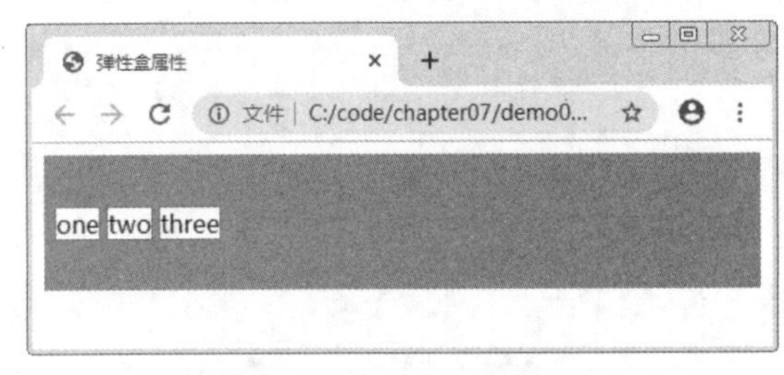

图7-15　align-items取值center

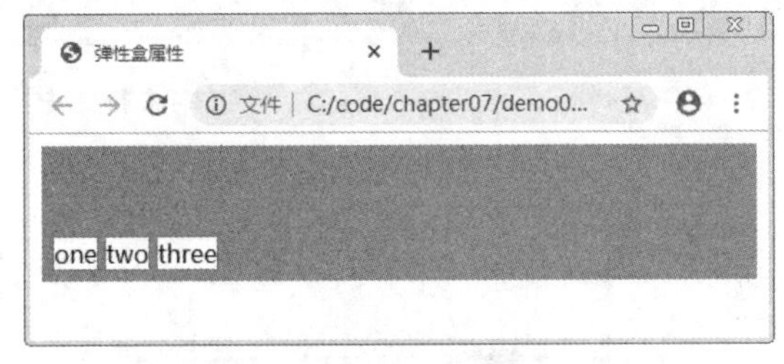

图7-16　align-items取值flex-end

5. align-self 属性

align-self 属性能够覆盖容器中的 align-items 属性，它允许设置单独的子元素的对齐排列方式。其取值有 auto、flex-start、flex-end、center、baseline 和 stretch，每个值的意义与 align-items 属性的取值类似。

6. order 属性

order 属性用于设置子元素的排列顺序，order 的取值默认为 0，且数值越小，排列越靠前。

例如，修改 demo04.html 代码，将 div.box 容器中的子元素 one、two、three 的 order 值分别设置为 3、1、2，具体代码如下。

```
<style>
.one {
    order: 3;
   }
  .two {
    order: 1;
  }
  .three {
    order: 2;
  }
</style>
```

设置完 CSS 样式之后，页面效果如图 7-17 所示。

7. flex 属性

flex 属性是 flex-grow（放大比率，默认为 0）、flex-shrink（缩小比率，默认为 1）和 flex-basis（宽度，像素值，默认为 auto）的简写形式，后两个为可选属性，flex 属性能够设置子元素的伸缩性。

例如，将 one 的 flex-grow 设置为 1，具体代码如下。

```
<style>
  .one {
    order: 3;
    flex-grow: 1; /* 也可以写成 flex: 1; */
  }
</style>
```

修改完成后，页面效果如图 7-18 所示。

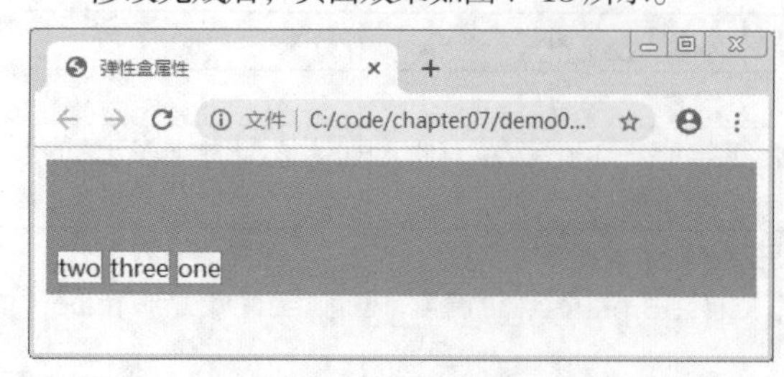

图7-17　给子元素设置order值

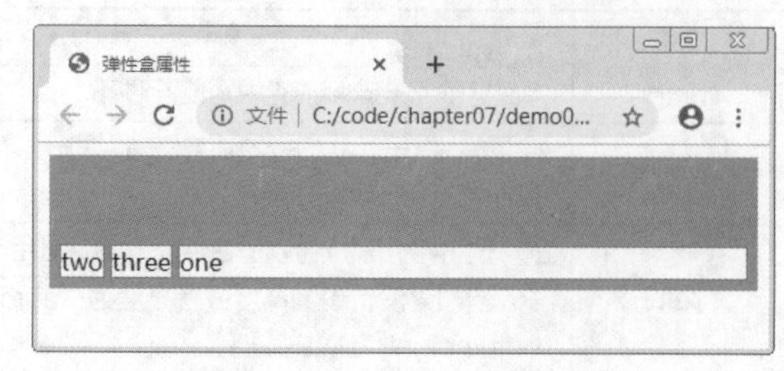

图7-18　将one的flex-grow设置为1

需要注意的是，flex-grow 属性默认值为 0，即使存在剩余空间，元素也不会放大。如果所有项目的 flex-grow 属性都为 1，且存在剩余空间的话，那么将等分剩余空间。如果一个项目的 flex-grow 属性为 2，其他项目的 flex-grow 属性都为 1，则前者占据的剩余空间将比其他项多一倍。

小提示：

在使用弹性盒布局时，需要注意以下属性不起作用。

（1）多列布局中的 column-*属性对弹性子元素无效。

（2）float 和 clear 对弹性子元素无效。使用 float 会导致 display 属性计算为 block。

（3）vertical-align 属性对弹性子元素的对齐无效。

7.2.4　弹性盒属性的综合运用

学习完弹性盒的各个属性，接下来通过案例演示如何使用“弹性盒布局+媒体查询”实现一个常见且实用的响应式布局，如例 7-5 所示。

【例 7-5】

（1）创建 C:\code\chapter07\demo05.html 文件，具体代码如下。

```
1  <!DOCTYPE html>
2  <html>
3  <head>
4    <meta charset="UTF-8">
5    <meta name="viewport" content="user-scalable=no, width=device-width, initial-scale=1.0, maximum-scale=1.0">
6    <title>弹性盒布局</title>
7  </head>
8  <body>
9    <header>header</header>
10   <div class="main">
11     <article>article</article>
12     <nav>nav</nav>
13     <aside>aside</aside>
14   </div>
15   <footer>footer</footer>
16 </body>
17 </html>
```

上述代码中，第 9 行代码定义了<header>头部区域；第 10～14 行定义了 div.main 父容器，其中包裹了<article>、<nav>和<aside>标签；第 15 行代码定义了<footer>底部区域。

（2）在 demo05.html 文件中，编写 CSS 样式代码，示例代码如下。

```
1  <style>
2    body {
3      font: 24px Helvetica;
4      background: #fff;
5    }
6    .main {
7      min-height: 500px;
```

```
8       margin: 0px;
9       padding: 0px;
10      display: flex;             /* 设置该 div 为一个弹性盒容器 */
11      flex-flow: row;            /* 子元素按横轴方向顺序排列 */
12    }
13    .main > * {
14      margin: 4px;
15      padding: 5px;
16      border-radius: 10px;
17    }
18    .main > article {
19      background: #719DCA;
20      flex: 3;                   /* 用数字也可以达到分配宽度的效果，将容器分为 5 份，占 3 份 */
21      order: 2;                  /* 排序为第 2 个子元素 */
22    }
23    .main > nav {
24      background: #FFBA41;
25      flex: 1;                   /* 将容器分为 5 份，占 1 份 */
26      order: 1;                  /* 排序为第 1 个子元素 */
27    }
28    .main > aside {
29      background: #FFBA41;
30      flex: 1;                   /* 将容器分为 5 份，占 1 份 */
31      order: 3;                  /* 排序为第 3 个子元素 */
32    }
33    header,
34    footer {
35      display: block;
36      margin: 4px;
37      padding: 5px;
38      min-height: 100px;
39      border: 2px solid #FFBA41;
40      border-radius: 10px;
41      background: #FFF;
42    }
43  </style>
```

上述代码中，第 6～12 代码设置 div.main 中间区域的样式，其中第 10 行代码设置该 div 为弹性盒容器，并且第 11 行代码设置该容器的子元素按横轴方向顺序排序；第 13～17 行代码设置 main 所有子元素的公共样式；第 33～42 行代码设置头部和底部的公共样式。

保存上述代码，在浏览器中查看运行效果，如图 7-19 所示。

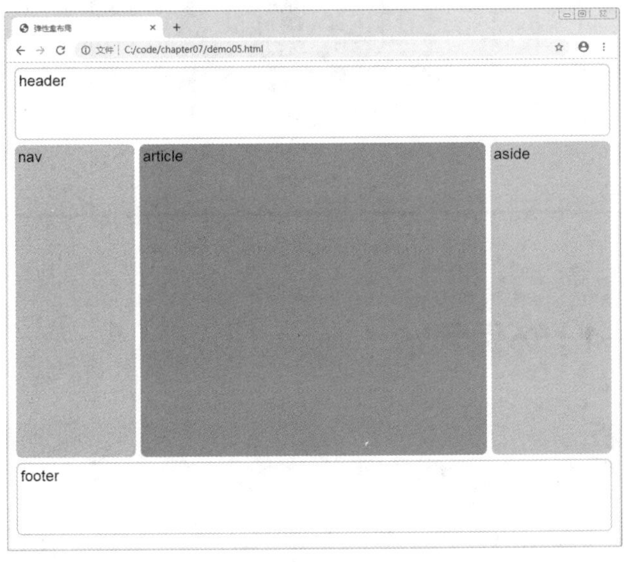

图7-19　弹性盒布局PC端页面效果

（3）在第（2）步第 42 行代码后，编写 CSS 媒体查询代码实现当屏幕小于等于 640px 时的弹性盒布局移动端页面效果，示例代码如下。

```
1  @media all and (max-width: 640px) {
2    /* 当屏幕小于等于 640px 时 */
3    .main {
4      flex-flow: column;   /* 弹性盒中的子元素按纵轴方向顺序排列 */
5    }
6    .main > article,
7    .main  > nav,
8    .main > aside {
9      order: 0;            /* 将子元素都设置成同一个值，表示按自然顺序排列 */
10   }
11   .main > nav,
12   .main > aside,
13   header,
14   footer {
15     min-height: 50px;
16     max-height: 50px;
17   }
18 }
```

上述代码中，设置了当屏幕小于等于 640px 时展示的样式。在浏览器窗口缩小至 640px 以内，页面效果如图 7-20 所示。

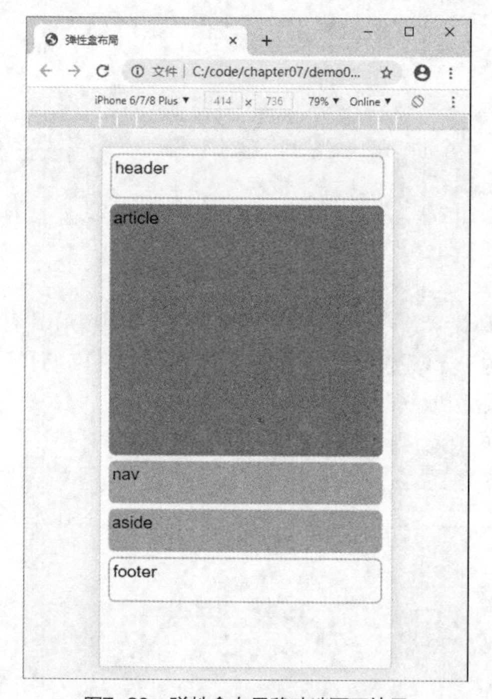

图7-20　弹性盒布局移动端页面效果

7.3　【项目 7-1】环保网站

7.3.1　项目分析

1. 项目展示

本项目通过百分比布局、媒体查询和视口属性设置相结合，实现一个非常有意义的网站——环保网站。网页效果如图 7-21 所示。

将浏览器窗口缩小到移动设备大小后，页面效果如图 7-22 所示。

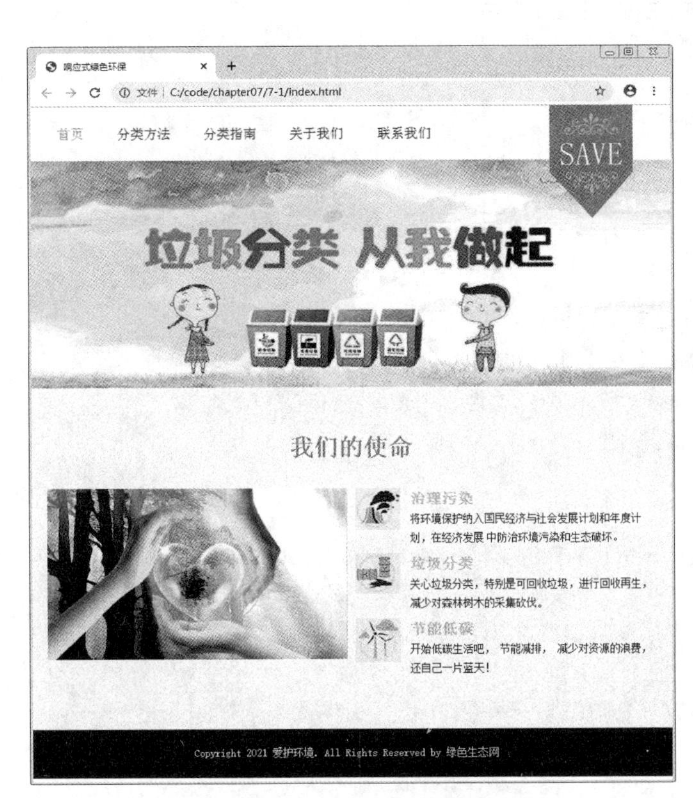

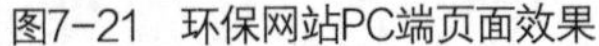
图7-21 环保网站PC端页面效果

图7-22 环保网站移动端页面效果

上面介绍了较有代表性的两种网页的展示形态。实际上该项目适用于多种屏幕大小，页面效果会随屏幕大小的改变实时进行调整，这就是响应式 Web 设计的网页。

2. 项目页面结构

有了前导知识作为铺垫，接下来进行项目分析。页面结构如图 7-23 所示。

从图中可以看出，该响应式页面由 header、banner、mission 和 footer 4 部分构成。

该页面的实现细节，具体分析如下。

（1）响应式页面各部分的宽度用百分比表示，如 header 的宽度设置为 100%。

（2）header 里面包括导航菜单和 Logo 左右两部分，其中导航菜单部分采用在<nav>中嵌套<ul>列表制作，Logo 部分使用绝对定位。

（3）当屏幕缩小到 575px 时，出现汉堡菜单按钮，该按钮使用<lable>标签嵌套<img>标签引入按钮图片。

（4）banner 部分是给 div.banner 设置背景图，当浏览器窗口缩小时，需要对 div.banner 设置媒体查询。

（5）在 PC 端，div.mission-left 和 div.mission-right 两部分横向排列，在移动端需要使用媒体查询将其纵向排列。

3. 项目目录结构

为了方便读者进行项目的搭建，在创建的 C:\code\chapter07\7-1 文件目录下创建项目，项目目录结构如图 7-24 所示。

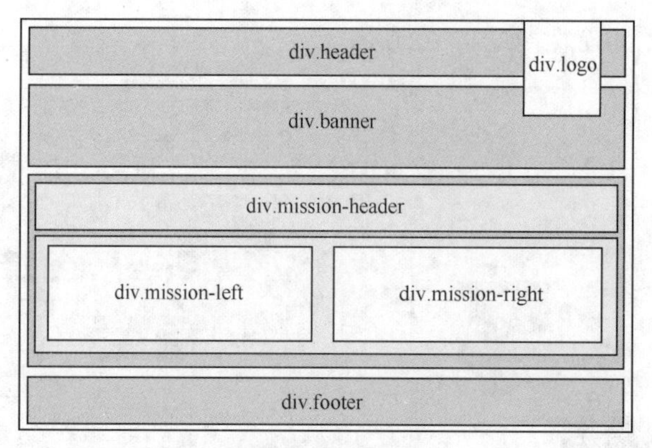

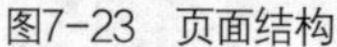
图7-23　页面结构

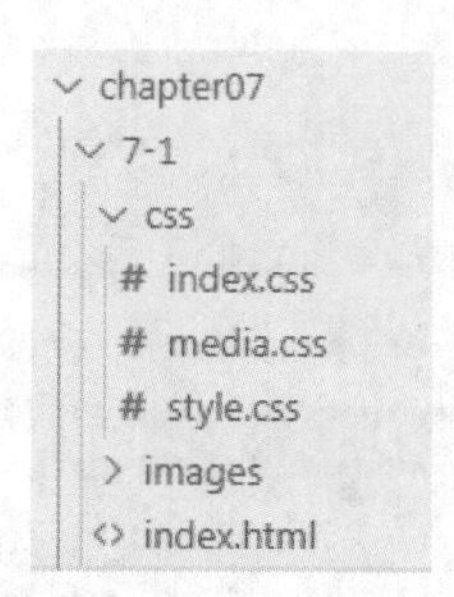

图7-24　目录结构

下面对项目目录结构中的各个目录及文件进行说明。

（1）7-1 为项目目录，里面包含 css、images 等文件，以及 index.html 项目入口文件。

（2）css 文件目录里存放 index.css、media.css 和 style.css 文件，用于设置自定义样式。

（3）images 文件目录里存放项目中用到的图片。

7.3.2　编写 HTML 结构代码

创建 C:\code\chapter07\7-1\index.html 文件，编写 HTML 结构代码，具体代码如下。

```
1  <!DOCTYPE html>
2  <html>
3  <head>
4    <title>响应式绿色环保</title>
5    <meta name="viewport" content="width=device-width, initial-scale=1">
6    <meta charset="utf-8">
7    <link href="css/style.css" rel="stylesheet">
8    <link href="css/index.css" rel="stylesheet">
9    <link href="css/media.css" rel="stylesheet" type="text/css" media="all" />
10 </head>
11 <body>
12   <!-- header 部分 -->
13   <div class="header"></div>
14   <!-- banner 部分 -->
15   <div class="banner"></div>
16   <!-- mission 部分 -->
17   <div class="mission"></div>
18   <!-- footer 部分 -->
19   <div class="footer"></div>
20 </body>
21 </html>
```

上述代码中搭建了页面的整体架构，共分为 4 部分内容，包括 header 部分、banner 部分、mission 部分和 footer 部分。

7.3.3　编写 style.css 公共样式代码

在 style.css 文件中编写网站公共样式，示例代码如下。

```
1  html { box-sizing: border-box; }
2  *, *:before, *:after {          /* 规定应从父元素继承 box-sizing 属性的值 */
3    box-sizing: inherit;
4  }
5  * {                              /* 去除所有元素默认的 margin、padding、border 值 */
6    margin: 0;
7    padding: 0;
8    border: 0;
9  }
10 ul, li {                         /* 去除 ul、li 元素标记的类型 */
```

```
11   list-style-type: none;
12 }
13 body {                         /* 设置 body 元素的宽度、背景色和字体 */
14   width: 100%;
15   background: #fff;
16   font-family: 'Roboto Slab', serif;
17 }
18 a {
19   text-decoration: none;
20   transition: 0.5s all;        /* 过渡时长为 0.5s */
21 }
22 img {
23   max-width: 100%;             /* 图片的最大宽度为 100% */
24   height: auto;
25   width: auto;
26   vertical-align: middle;      /* 把此元素放置在父元素的中部 */
27 }
28 .clearfix {                    /* 清除浮动 */
29   clear: both;
30 }
```

上述代码在 style.css 文件中设置了项目的公共样式。

7.3.4 实现 header 响应式效果

编写 header 部分代码，实现导航菜单和 Logo 页面效果，示例代码如下。

```
1  <!-- header -->
2  <div class="header">
3    <div class="container">
4      <!-- 导航菜单 -->
5      <nav>
6        <input type="checkbox" id="togglebox" />
7        <ul>
8          <li><a class="active" href="index.html">首页</a></li>
9          <li><a href="javascript:;">分类方法</a></li>
10         <li><a href="javascript:;">分类指南</a></li>
11         <li><a href="javascript:;">关于我们</a></li>
12         <li><a href="javascript:;">联系我们</a></li>
13       </ul>
14     </nav>
15     <!-- 汉堡菜单按钮 -->
16     <label class="menu" for="togglebox">
17       <img src="images/menu.png" />
18     </label>
19     <!-- logo -->
20     <div class="logo">
21       <a href="index.html"><img src="images/logo.png" /></a>
22     </div>
23     <div class="clearfix"></div>
24   </div>
25 </div>
```

上述代码中，header 部分包括<nav>导航、<label>汉堡菜单按钮（该按钮通过媒体查询进行设置，在某个特定的屏幕尺寸下才可以展示）和 Logo 图标展示区。

在 index.css 文件中，编写样式代码实现 header 部分效果，示例代码如下。

```
1  .container {
2    margin: 0 auto;
3    padding: 0 15px;
4    width: 100%;
5  }
6  .header {
7    width: 100%;
8    background: white;
9    padding: 33px 0;
10   position: relative;
```

```
11 }
12 nav ul li {
13   margin: 0 35px;
14   display: inline-block;      /* 设置行内块元素 */
15 }
16 nav ul li a {
17   color: #000;
18   font-size: 1.25em;          /* 20px÷16px=1.25 */
19   font-weight: 500;
20 }
21 nav ul li a:hover,
22 nav ul li a.active {
23   color: #999;
24 }
25 /* 复选框用于切换菜单的开合状态 */
26 nav input[type="checkbox"],
27 .menu {
28   position: absolute;
29   left: 2%;
30   top: 10px;
31   display: none;
32 }
33 .logo {
34   position: absolute;
35   right: 10%;
36   top: 0%;
37 }
```

上述代码中，设置了 header 部分的样式。保存代码，在浏览器中可以查看页面在 PC 端的效果。

在 media.css 文件中，编写媒体查询代码实现 header 部分在不同屏幕下的效果，示例代码如下。

```
1  /* 超小屏幕（小于等于 575px） */
2  @media (max-width: 575px) {
3    .header {
4      padding: 25px 0;
5    }
6    /* 汉堡菜单按钮 */
7    .menu {
8      display: block;
9      cursor: pointer;
10   }
11   nav > ul {
12     display: none;
13   }
14   nav input[type="checkbox"]:checked~ul {
15     display: block;
16   }
17   nav ul li {
18     width: 100%;
19     display: inline-block;
20     text-align: center;
21     margin: 0;
22     padding: 0;
23   }
24   nav ul li a {
25     display: block;
26     margin: 10px 0;
27   }
28   .logo {
29     width: 17%;
30     right: 4%;
31   }
32   .banner {
33     min-height: 200px;
34   }
35 }
```

```
36 /* 小屏幕（大于等于 576px） */
37 @media (min-width: 576px) {
38   nav > ul li a {
39     font-size: 1em;
40   }
41   nav > ul li {
42     margin: 0 10px;
43   }
44   .logo {
45     width: 18%;
46     right: 4%;
47   }
48 }
49 /* 中等屏幕（大于等于 768px） */
50 @media (min-width: 768px) {
51   .header {
52     padding: 24px 0;
53   }
54   .logo {
55     right: 6%;
56     width: 13%;
57   }
58   nav > ul li {
59     margin: 0 20px;
60   }
61   nav > ul li a {
62     font-size: 1.1em;
63   }
64 }
65 /* 大屏幕（大于等于 992px） */
66 @media (min-width: 992px) {
67   nav > ul li {
68     margin: 0 35px;
69   }
70   nav > ul li a {
71     font-size: 1.25em;
72   }
73 }
74 /* 超大屏幕（大于等于 1200px） */
75 @media (min-width: 1200px) {
76   nav > ul li {
77     margin: 0 40px;
78   }
79 }
```

上述代码，使用媒体查询实现 header 部分在超小屏幕、小屏幕、中等屏幕、大屏幕、超大屏幕下的不同效果。

7.3.5 实现 banner 响应式效果

编写 banner 部分代码，示例代码如下。

```
1 <!-- banner -->
2 <div class="banner"></div>
```

上述代码中，给 div.banner 元素设置了一个背景图片。

在 index.css 文件中，编写 CSS 样式代码，示例代码如下。

```
1 /* banner 样式代码 */
2 .banner {
3   width: 100%;
4   background: url(../images/banner.png) no-repeat center center;
5   background-size: cover;
6   min-height: 540px;
7 }
```

上述代码中，第 3 行代码设置 banner 宽度为 100%；第 4 行代码通过 background 属性的 url 来引入背景图片路径，且背景图片不重复、水平居中、垂直居中；第 5 行代码设置背景图片宽高比例不变，铺满整个容器。

在 media.css 文件中，编写媒体查询代码实现 banner 部分在不同屏幕下的效果，示例代码如下。

```
1  /* 超小屏幕（小于等于 575px） */
2  @media (max-width: 575px) {
3    .banner {
4      min-height: 200px;
5    }
6  }
7  /* 小屏幕（大于等于 576px） */
8  @media (min-width: 576px) {
9    .banner {
10     min-height: 240px;
11   }
12 }
13 /* 中等屏幕（大于等于 768px） */
14 @media (min-width: 768px) {
15   .banner {
16     min-height: 300px;
17   }
18 }
19 /* 大屏幕（大于等于 992px） */
20 @media (min-width: 992px) {
21   .banner {
22     min-height: 360px;
23   }
24 }
25 /* 超大屏幕（大于等于 1200px） */
26 @media (min-width: 1200px) {
27   .banner {
28     min-height: 540px;
29   }
30 }
```

上述代码，使用媒体查询实现 banner 部分在超小屏幕、小屏幕、中等屏幕、大屏幕、超大屏幕下的不同效果。

7.3.6 实现中间区域效果

编写中间区域代码，示例代码如下。

```
1  <div class="mission">
2    <div class="container">
3      <div class="mission-header">
4        <h3>我们的使命</h3>
5      </div>
6      <div class="mission-container">
7        <div class="mission_div mission-left">
8          <img src="images/mission_img.jpg" alt="" />
9        </div>
10       <div class="mission_div mission-right">
11         <div class="mis-one">
12           <div class="mis-left">
13             <img src="images/i1.gif" alt="" />
14           </div>
15           <div class="mis-right">
16             <h3>治理污染</h3>
17             <p>将环境保护纳入国民经济与社会发展计划和年度计划，在经济发展
18               中防治环境污染和生态破坏。</p>
19           </div>
20           <div class="clearfix"></div>
21         </div>
22         <div class="mis-one">
```

```
23            <div class="mis-left">
24              <img src="images/i2.gif" alt="" />
25            </div>
26            <div class="mis-right">
27              <h3>垃圾分类</h3>
28              <p>关心垃圾分类，特别是可回收垃圾，进行回收再生，减少对森林树木
29                的采集砍伐。</p>
30            </div>
31            <div class="clearfix"></div>
32          </div>
33          <div class="mis-one">
34            <div class="mis-left">
35              <img src="images/i3.gif" alt="" />
36            </div>
37            <div class="mis-right">
38              <h3>节能低碳</h3>
39              <p>开始低碳生活吧，节能减排，减少对资源的浪费，还自己一片蓝天！</p>
40            </div>
41            <div class="clearfix"></div>
42          </div>
43        </div>
44        <div class="clearfix"></div>
45      </div>
46    </div>
47  </div>
```

上述代码将整个中间区域的结构划分为 div.mission-header 和 div.mission-container 两部分。

在 index.css 文件中，编写中间区域的样式代码，示例代码如下。

```
1  .mission {
2    background: #fbffec;
3    padding: 60px 0;
4  }
5  .mission-header h3 {
6    font-family: "Droid Serif", serif;
7    font-size: 2em;
8    color: #159400;
9    text-align: center;
10 }
11 .mission-container {
12   margin-top: 35px;
13 }
14 .mission_div {
15   width: 50%;
16   float: left;
17   position: relative;
18   min-height: 1px;
19   padding: 0 15px;
20 }
21 .mission-left img {
22   width: 100%;
23 }
24 .mis-one {
25   margin-bottom: 2rem;
26 }
27 .mis-left {
28   width: 15%;
29   float: left;
30 }
31 .mis-left img {
32   width: 100%;
33 }
34 .mis-right {
```

```
35   width: 82%;
36   float: right;
37 }
38 .mis-right h3 {
39   font-size: 1.25em;     /* 20px÷16px=1.25 */
40   color: #7DDF6C;
41 }
42 .mis-right p {
43   font-size: 0.875em;    /* 14px÷16px=0.875 */
44   color: #000;
45   line-height: 1.8em;
46   margin: 12px 0 0 0;
47 }
```

上述代码，实现了中间区域的页面效果。

在 media.css 文件中，编写媒体查询代码实现中间区域在不同屏幕下的效果，示例代码如下。

```
1  /* 超小屏幕（小于等于 575px） */
2  @media (max-width: 575px) {
3    .mission {
4      padding: 20px 0;
5    }
6    .mission-container {
7      margin-top: 15px;
8    }
9    .mission-header h3 {
10     font-size: 1.25em;
11   }
12   .mis-right h3 {
13     font-size: 1em;
14   }
15   .mission-left,
16   .mission-right {
17     padding: 0;
18     float: left;
19     width: 100%;
20   }
21   .mission-right {
22     margin: 30px 0 0 0;
23   }
24   .mis-left {
25     width: 13%;
26     margin-top: 3px;
27   }
28   .mis-right {
29     width: 82%;
30   }
31   .mis-right p {
32     margin: 10px 0 0 0;
33   }
34   .mis-one {
35     margin-bottom: 24px;
36   }
37   .mis-one:nth-child(3) {
38     margin: 0;
39   }
40 }
41 /* 中等屏幕（大于等于 768px） */
42 @media (min-width: 768px) {
43   /* 中间区域 */
44   .mission_div {
45     padding: 0 5px;
46   }
47   .mis-right p {
```

```
48      margin-top: 2px;
49    }
50    .mis-one {
51      margin-bottom: 0.5rem;
52    }
53 }
54 /* 大屏幕（大于等于 992px） */
55 @media (min-width: 992px) {
56    .mission_div {
57      padding: 0 15px;
58    }
59    .mis-right p {
60      margin-top: 10px;
61    }
62    .mis-one {
63      margin-bottom: 1.8rem;
64    }
65 }
```

上述代码，使用媒体查询实现中间区域在超小屏幕、小屏幕、中等屏幕、大屏幕下的不同效果。

7.3.7　实现底部区域效果

在 index.html 文件中，编写底部区域代码，示例代码如下。

```
1  <div class="footer">
2    <div class="container">
3      <p> Copyright 2021 爱护环境. All Rights Reserved by<a href="#"> 绿色生态网</a></p>
4      <div class="clearfix"></div>
5    </div>
6  </div>
```

在 index.css 文件中，编写底部区域样式代码，示例代码如下。

```
1  .footer {
2    padding: 18px 0;
3    background: #000;
4  }
5  .footer p {
6    margin: 9px 0 0 0;
7    font-size: 0.875em;
8    color: #fff;
9    text-align: center;
10 }
11 .footer p a {
12   color: #fff;
13 }
14 .footer p a:hover, .footer p a.active{
15   color:#000;
16 }
```

在 media.css 文件中，编写媒体查询代码实现底部区域在不同屏幕下的效果，示例代码如下。

```
1  /* 小屏幕（小于等于 575px） */
2  @media (max-width: 575px) {
3    .footer p {
4      margin: 0px 0 20px 0;
5    }
6  }
```

保存上述代码，此时可以在浏览器中查看页面效果。读者也可以使用媒体查询自行调整页面在不同设备下的显示效果，在这里不做特定要求。

7.3.8　项目总结

本项目的练习重点：

通过本项目的练习，读者应该学会使用视口属性的设置、媒体查询、百分比布局等来调整响应式网站的变化。本项目要求读者理解响应式设计的各个技术点，打好响应式设计基础。后面的章节会使用 Bootstrap 轻松、便捷地实现响应式 Web 设计。

本项目的练习方法：

本项目代码量虽然很多，但实际并不复杂。建议读者先完成已有知识能解决的问题（页面的框架和布局），再通过媒体查询来调整浏览器窗口变化导致的模块样式冲突等问题。

本项目的注意事项：

（1）制作响应式网站一定要添加视口设置，所以读者要先明确视口设置的每一个属性代表的意义。

（2）汉堡菜单在移动端设计中的出现率非常高，读者要了解其实现原理，并可以自行添加一些动画效果。

（3）对于网页的调整，媒体查询最重要的是代码要细致并能够保证页面有平缓的变化。

7.4　【项目 7-2】学习教程库

7.4.1　项目分析

1. 项目展示

现如今，网络已经成为大多数人生活中必不可少的一部分。用户可以在家中使用网络来学习，这大大地降低了用户的时间成本。学习教程库采用课程相关的图片去展示教程信息供读者选择。本项目将带领读者使用弹性盒布局实现一个名为学习教程库的免费教程资源模块，如图 7-25 所示。

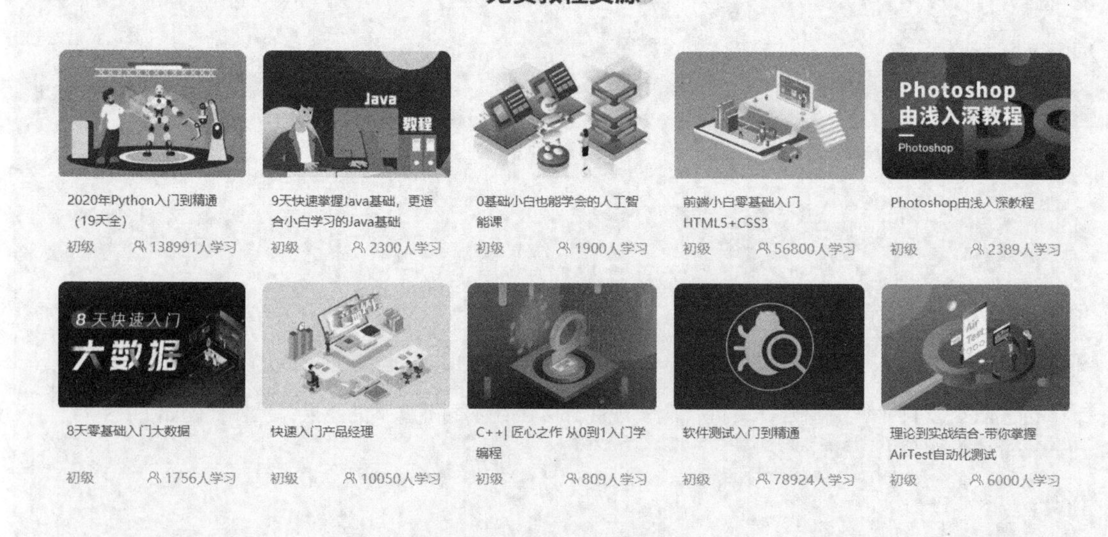

图7-25　学习教程库PC端页面效果

将浏览器窗口缩小到移动设备大小，页面效果如图 7-26 所示。

上面展示了 PC 端和移动端两种网页展示形态。实际上该项目适用于多种屏幕大小，页面效果会随屏幕大小的改变实时进行调整。

2. 项目页面结构

该项目主要练习弹性盒布局知识，其页面结构如图 7-27 所示。

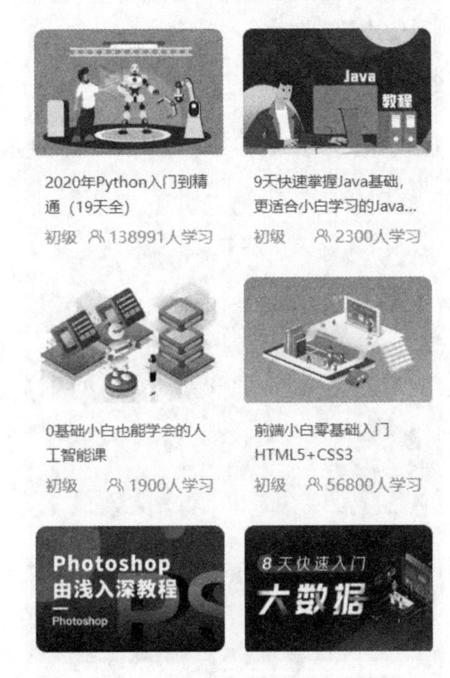

图7-26 学习教程库移动端页面效果

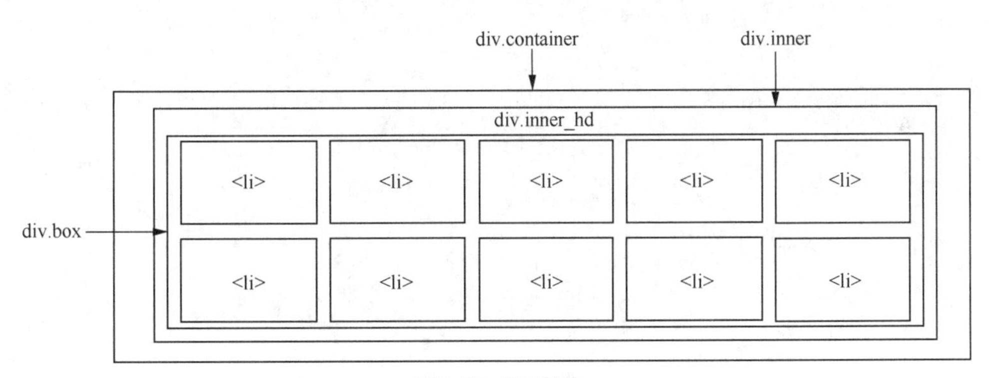

图7-27 页面结构

从图中可以看出，该学习教程库页面主要由标题和免费教程资源模块构成。

该页面的实现细节，具体分析如下。

（1）标题部分使用<h2>标签中嵌套<img>图片实现标题效果。

（2）免费教程资源模块使用弹性盒进行布局，将ul.item元素设置为弹性盒容器，其子容器为多个<li>标签。

（3）子元素按横轴方向顺序排列，并且使用媒体查询，在浏览器窗口小于或等于不同屏幕尺寸时，每行展示的子元素数量会发生改变。

3. 项目目录结构

为了方便读者进行项目的搭建，在创建的C:\code\chapter07\7-2文件目录下创建项目，项目目录结构如图7-28所示。

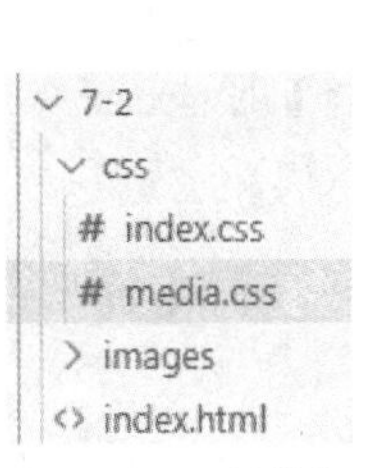

图7-28 目录结构

下面对项目目录结构中的各个目录及文件进行说明。

（1）7-2 为项目目录，里面包含 css、images 等文件，以及 index.html 项目入口文件。

（2）css 文件目录里存放 index.css 和 media.css 文件，用于设置自定义样式。

（3）images 文件目录里存放项目中用到的图片。

7.4.2 编写 HTML 结构代码

创建 C:\code\chapter07\7-2\index.html 文件，编写 HTML 结构代码，具体代码如下。

```
1  <!DOCTYPE html>
2  <html>
3  <head>
4    <meta charset="UTF-8">
5    <title>学习教程库</title>
6    <meta name="viewport" content="user-scalable=no, width=device-width, initial-scale=1.0, maximum-scale=1.0">
7    <link href="css/index.css" type="text/css" rel="stylesheet">
8    <link href="css/media.css" type="text/css" rel="stylesheet">
9  </head>
10 <body>
11   <div class="container">
12     <div class="inner">
13       <!-- 标题 -->
14       <div class="inner_hd">
15         <h2>
16           <img class="hd_left" src="images/box_hd_left.png" alt="">
17           免费教程资源
18           <img class="hd_right" src="images/box_hd_right.png" alt="">
19         </h2>
20       </div>
21       <!-- 免费教程资源 -->
22       <div class="box">
23         <ul class="item">
24           <li>
25             <a href="#">
26               <div class="img_box">
27                 <img src="images/1.jpg" alt="">
28               </div>
29               <h2>2020 年 Python 入门到精通（19 天全）</h2>
30               <div class="bottom_box">
31                 <span>初级</span>
32                 <p>138991 人学习</p>
33               </div>
34             </a>
35           </li>
36           <!-- 此处省略多个<li></li>内容 -->
37         </ul>
38       </div>
39     </div>
40   </div>
41 </body>
42 </html>
```

上述代码中，第 6 行代码定义了视口标签；第 7 行代码引入了外部的 index.css 文件；第 8 行代码引入了外部的 media.css 媒体查询文件；第 14～20 行代码定义了网页标题内容；第 22～38 行代码定义了免费教程资源模块内容。

7.4.3 编写标题部分样式代码

在 index.css 文件中编写标题部分 CSS 代码，示例代码如下。

```
1  /* 清除默认样式 */
2  * {
```

```
3   padding: 0;
4   margin: 0;
5   box-sizing: border-box;
6  }
7  ul li {
8   list-style: none;
9  }
10 a {
11   text-decoration: none;
12   outline: none;
13   color: #333;
14 }
15 h1, h2, h3, h4, h5, h6 {
16   font-weight: normal;
17 }
18 .container {
19   background-color: #f9faff;
20 }
21 .inner {
22   margin: 0 auto;
23 }
24 .inner_hd {
25   width: 100%;
26   text-align: center;
27   padding: 40px 0 20px 0;
28 }
29 .inner_hd h2 {
30   font-size: 36px;
31   color: #313131;
32   font-weight: bold;
33   display: inline-block;
34   position: relative;
35 }
36 h2 img {
37   position: absolute;
38 }
39 h2 .hd_left {
40   left: -20px;
41   top: 16px;
42 }
43 h2 .hd_right {
44   right: -20px;
45   top: 2px;
46 }
```

上述代码中，第 21～23 行代码设置类名为 inner 的元素的页面居中效果，在这里没有设置元素的宽度（默认占整个屏幕的宽度），我们会在后面的媒体查询中通过不同的屏幕尺寸来改变这个元素的宽度值。

7.4.4 编写免费教程资源部分样式代码

在 index.css 文件中继续编写如下代码，实现免费教程资源模块页面效果。

```
1  /* 免费教程资源模块 */
2  .box {
3   padding: 30px 0;
4  }
5  .item {
6   width: 100%;
7   display: flex;
8   flex-direction: row;
9   justify-content: start;
10  flex-wrap: wrap;
11 }
12 .item li {
13  width: 20%;
14  overflow: hidden;
```

```
15   border-radius: 10px;
16   padding: 0 10px 30px 10px;
17 }
18 .item li .img_box {
19   height: auto;
20   border-radius: 10px;
21   overflow: hidden;
22 }
23 .img_box img {
24   width: 100%;
25   max-height: 100%;
26 }
27 .item li h2 {
28   font-size: 15px;
29   color: #515151;
30   line-height: 24px;
31   margin: 10px 0;
32  padding: 0 10px;
33   /* 隐藏不需要显示的部分 */
34   overflow: hidden;
35    /* 在多行文本的情况下，用省略号“...”隐藏超出范围的文本 */
36   text-overflow: ellipsis;
37   /* 必须结合的属性，将对象作为弹性伸缩盒子模型显示 */
38   display: -webkit-box;
39   /* 设置或检索伸缩盒对象的子元素的排列方式 */
40   -webkit-box-orient: vertical;
41   /* 将块容器的文字限制为指定的行数,并用省略号填充尾部 */
42  -webkit-line-clamp: 2;
43   height: 45px;
44 }
45 .item li .bottom_box {
46   padding: 0 10px;
47 }
48 .item li .bottom_box span {
49   width: 42px;
50   color: #919191;
51 }
52 .item li .bottom_box p {
53   width: auto;
54   float: right;
55   background: url(../images/icon.jpg) no-repeat left center;
56   padding-left: 20px;
57   color: #919191;
58 }
```

上述代码中，第 5～11 行代码定义类名为 item 的元素为弹性盒容器，并设置弹性盒子元素水平方向排列，且向第一行起始位置对齐。当弹性盒容器为多行时，flex 子项溢出的部分会被放置到新行。第 27～44 行代码设置多行文本溢出效果。

7.4.5 编写媒体查询样式代码

在 media.css 文件中编写 CSS 样式，通过媒体查询来根据常见屏幕尺寸实现网页的适配布局，示例代码如下。

```
1  /* 超小屏幕（小于等于 575px） */
2   @media screen and (max-width: 575px) {
3    .inner {
4      width: 100%;
5    }
6    .inner_hd {
7      padding: 30px 0;
8    }
9    .item li {
10     width:50%;
```

```
11    }
12    .inner_hd h2 {
13      font-size: 26px;
14    }
15 }
16 /* 小屏幕（大于等于 576px） */
17 @media screen and (min-width: 576px) {
18    .inner {
19      width: 540px;
20    }
21    .item li {
22      width:50%;
23    }
24    .inner_hd h2 {
25      font-size: 30px;
26    }
27 }
28 /* 中等屏幕（大于等于 768px） */
29 @media screen and (min-width: 768px) {
30    .inner {
31      width: 720px;
32    }
33    .item li {
34      width:33.3%;
35    }
36 }
37 /* 大屏幕（大于等于 992px） */
38 @media screen and (min-width: 992px) {
39    .inner {
40      width: 960px;
41    }
42    .item li {
43      width:25%;
44    }
45 }
46 /* 超大屏幕（大于等于 1200px） */
47 @media screen and (min-width: 1200px) {
48    .inner {
49      width: 1200px;
50    }
51    .item li {
52      width:20%;
53    }
54 }
```

上述代码中，使用 max-width 来区分屏幕，这是按照从大屏到小屏的编写顺序来划分的。保存代码，通过浏览器测试，观察在不同的窗口宽度下布局容器的显示效果。

7.4.6 项目总结

本项目的练习重点：

通过本项目的练习，读者应该学会使用弹性盒布局来制作响应式网站页面。

本项目的练习方法：

（1）使用弹性盒布局做出整体结构，参考项目 7-2。

（2）向弹性盒的子元素添加结构内容。

（3）给结构内容添加样式效果。

（4）使用媒体查询进行响应式调整。

本项目的注意事项：

弹性盒布局在移动端的出现率非常高，建议读者深刻理解弹性盒布局案例，再开始本项目的代码编写。

课后练习

一、填空题

1. display 属性用于指定元素容器的类型，其默认值为________。

2. ________用于设置初始缩放比例，取值为 0.0～10.0。

3. 在配置视口属性时，user-scalable 用于设置用户是否可以缩放，默认为________。

4. 媒体查询由________和________组成。

5. ________就是用固定的格子进行网页布局，是一种清晰、工整的设计风格。

二、判断题

1. 对于网页设计来说，栅格系统的使用可以让网页的信息呈现更加美观易读。(　　)

2. 任何时候都要应用百分比布局，它已经完全替代了固定布局。(　　)

3. 在媒体查询的条件表达式中，min-前缀表示小于。(　　)

4. 使用了媒体查询的页面，在重置浏览器大小的过程中，页面也会根据浏览器的宽度和高度重新渲染页面。(　　)

5. device-width 表示布局视口和视觉视口宽度相同。(　　)

三、选择题

1. 下列选项中，弹性盒布局属于（　　）技术的内容。

A. HTML　　B. CSS2　　C. JavaScript　　D. CSS3

2. 下列选项中，在配置视口属性时用于设置最小缩放比例的选项为（　　）。

A. initial-scale　　B. device-width　　C. user-scalable　　D. minimum-scale

3. 下列选项中，关于栅格系统的说法，错误的是（　　）。

A. 栅格系统是一种响应式设计的实现方式

B. 栅格系统是一个用于响应式设计的组件

C. 对于前端开发来说，栅格系统的使用能让网页更加灵活与规范

D. 对于网页设计来说，栅格系统的使用可以让网页的信息呈现更加美观、易读

4. 弹性盒布局中，flex-direction 的默认值为（　　）。

A. row　　B. row-reverse　　C. column　　D. column-reverse

5. 下列选项中，属于弹性盒布局复合属性的是（　　）。

A. order　　B. display　　C. flex　　D. align

四、简答题

1. 请简述什么是视口，PC 端是否存在视口。

2. 请简述什么是媒体查询及媒体查询在网页开发中的作用。

第 8 章

Bootstrap（上）

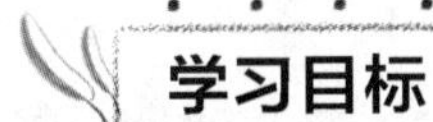

★ 了解 Bootstrap 的概念

★ 掌握 Bootstrap 的下载和环境安装

★ 掌握 Bootstrap 布局容器的使用

★ 掌握 Flex 弹性布局的使用

★ 掌握 Bootstrap 表单、按钮和分页组件的使用

★ 熟悉 Bootstrap 辅助样式的使用

前面的章节中讲解了响应式 Web 设计，相信会有一部分读者觉得实现响应式是个很复杂的过程，需要调整很多细节。本章将会使用一个工具来让响应式变得容易实现，它就是 Bootstrap。Bootstrap 为大多数标准的 UI 设计场景提供了用户友好、跨浏览器的解决方案，提高了前端开发的工作效率。本章将针对如何使用 Bootstrap 进行响应式 Web 设计进行详细讲解。

8.1 Bootstrap 简介

8.1.1 什么是 Bootstrap

Bootstrap 是由 Twitter 公司的设计师开发的一个前端开源框架，它于 2011 年 8 月在 GitHub 上发布，一经推出，就非常受欢迎。在编著本书时，Bootstrap 的最新版本是 4.5.0。

Bootstrap 是基于 HTML、CSS 和 JavaScript 等前端技术实现的，它预定义了一套 CSS 样式，以及与样式对应的 jQuery（jQuery 是一个快速、小巧、功能丰富的 JavaScript 库）代码。应用时，我们只需提供固定的 HTML 结构，并添加 Bootstrap 中提供的 class 名称，即可达到指定的效果。

Bootstrap 中提供的内容包括基本结构、CSS、布局组件、JavaScript 插件等，具体如下。

- 基本结构：Bootstrap 提供了一个带有栅格系统、链接样式、背景的基本结构。
- CSS：Bootstrap 自带全局的 CSS 设置、定义基本的 HTML 元素样式、可扩展的 class，以及一个先进的栅格系统。
- 布局组件：Bootstrap 包含了丰富的组件，用于创建图像、下拉菜单、导航、警告框、弹出框等。
- 图标库：Bootstrap 拥有开源的图标库，图标文件的格式是 SVG，能够轻松快捷地进行图标缩放，并可以通过CSS设置图标样式。

• JavaScript插件：Bootstrap提供了一些基于jQuery插件构建的可选插件。例如，模态框（Model）插件、下拉菜单（Dropdown）插件、滚动监听（Scrollspy）插件等。

• 定制：开发人员可以自由定制Bootstrap的组件、Sass变量和jQuery插件来得到一套自定义的Bootstrap版本，提高了开发的灵活性。

8.1.2 Bootstrap的优势

Bootstrap之所以受到广大前端开发人员的欢迎，是因为使用Bootstrap可以构建出非常优雅的前端界面，而且占用资源非常小。Bootstrap 3版本自发布以来，功能越来越强大。其具有以下优势。

• 移动设备优先：移动设备优先的样式贯穿于整个库。

• 浏览器支持：主流浏览器都支持Bootstrap，包括IE（支持IE 9+）、Firefox、Chrome、Safari等。

• 学习成本低，容易上手：要学习Bootstrap，只需读者具备HTML、CSS和JavaScript的基础知识。

• 响应式设计：Bootstrap为用户提供了一套响应式的移动设备优先的流式栅格系统，能够自适应于台式机、平板电脑和手机的屏幕大小。它还拥有完备的框架结构，使得项目开发方便、快捷，开发效率提高。

• 良好的代码规范：Bootstrap为开发人员创建接口提供了一个简洁、统一的解决方案，减少了测试的工作量，使开发人员"站在巨人的肩膀上"，不重复"造轮子"。

• 组件：Bootstrap包含了功能强大的内置组件。

当然在实际运用中，Bootstrap不是万能的。建议读者在熟练掌握该框架后，再在这个框架上去自由发挥，灵活运用。

8.1.3 Bootstrap 4的新特性

Bootstrap 4.x版本（简称Bootstrap 4）的重要改进与变化主要如下。

• Less被Sass所替代，编译速度更快。Bootstrap 4的CSS预处理器由Sass取代了之前的Less。这是因为Sass的开发者社区日渐扩大，因此Bootstrap开发团队更青睐Sass。

• 重构了CSS代码，避免使用标签选择符与子元素选择符。

• 使用rem和em单位来代替px单位，更加适合设计响应式布局。

• 改进了栅格系统，新增一个栅格层适配移动设备，并整顿语义混合，更好地适配移动端设备。

• 使用ES6重写了所有插件，提供UMD支持等特性。

• 支持弹性盒模型，可以利用Flexbox来快速布局。

上述内容是Bootstrap 4更新的主要内容。Bootstrap 4版本发布之后，Bootstrap 3也会继续维护。

8.2 Bootstrap的下载和环境安装

在上一节中，我们学习了Bootstrap的概念、内容、优势和新特性，相信读者已经对Bootstrap有了一个初步的认识。在开启Bootstrap学习之旅前，我们需要完成一些准备工作，即Bootstrap的下载和环境安装，本节将会对此进行详细讲解。

8.2.1 Bootstrap的下载方式

学习任何工具、框架都会涉及下载的问题，Bootstrap也不例外。首先打开浏览器，访问Bootstrap的官方网站，进入网站会看到一个"Download"按钮，如图8-1所示。

在图8-1中，单击"Download"按钮，跳转至下载页面。向下滚动页面，会看到Bootstrap的3种下载方式，后面的小节中将会对这3种下载方式分别进行讲解。

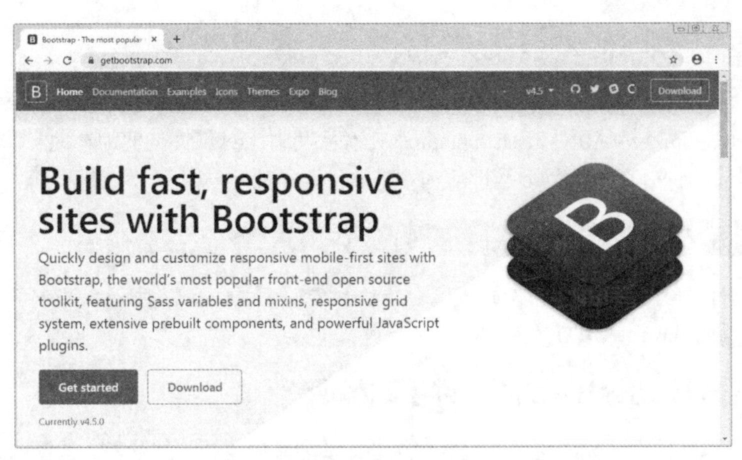

图8-1　Bootstrap官网首页

8.2.2　下载 Bootstrap 预编译文件

Bootstrap 预编译文件是 Bootstrap 开发团队为我们预先编译好的版本。预编译版本中不包含文档和最初的源代码文件或任何选用的 JavaScript 依赖项（如 jQuery、Popper.js），可以直接在 Web 项目中使用。

我们在 Bootstrap 官网中找到预编译文件的下载地址，如图 8-2 所示。

在图 8-2 中，单击“Download”按钮，可以下载 CSS、JavaScript 预编译的压缩版本。下载成功后，解压缩 ZIP 文件，将看到 Bootstrap 的预编译文件和目录结构，如图 8-3 所示。

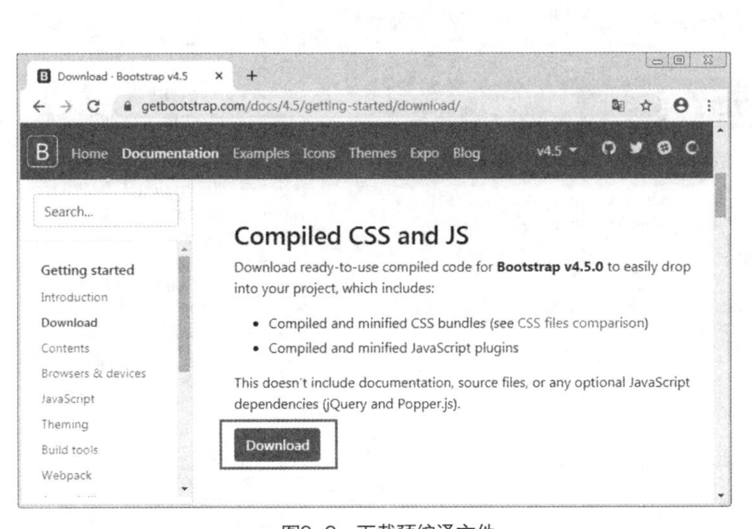

图8-2　下载预编译文件

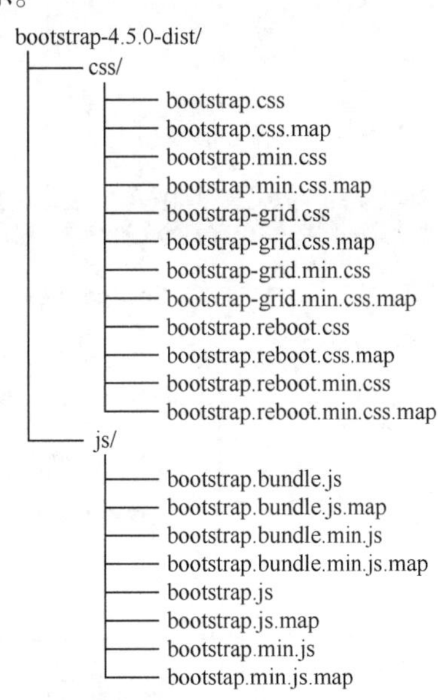

图8-3　Bootstrap的预编译文件目录结构

在图 8-3 中，带有 min 字样的文件是编译后的压缩版本，可以用于生产环境，文件比较小。而不带 min 字样的文件可以用于开发环境，源代码比较清晰，容易阅读，便于代码调试。带有 map 字样的文件是 CSS 地图查询文件，方便查询精确的样式位置。另外，该目录结构中没有 jQuery 文件，如果项目中需要使用的话，读者可以自行下载。值得一提的是，带有 map 字样文件只有在自定义的高级开发时才会用到，在实际开发中通常进行整体的复制，所以该部分作为了解即可。

在了解预编译 Bootstrap 的文件结构之后，下面就可以在 HTML 中引入预编译的 Bootstrap 核心 CSS 和 JavaScript 文件，示例代码如下。

```
<!-- 引入Bootstrap 4.5.0核心CSS文件 -->
<link rel="stylesheet" href="bootstrap-4.5.0-dist/css/bootstrap.min.css">
<!-- 引入Bootstrap 4.5.0核心JavaScript 文件 -->
<script src="bootstrap-4.5.0-dist/js/bootstrap.min.js"></script>
```

上述代码中，通过<link>标签引入 bootstrap.min.css 文件，其中，href 属性的值为本地文件路径；通过<script>标签引入 bootstrap.min.js 文件，设置 src 属性值为本地文件路径地址。

小提示：

如果 Bootstrap 官网打开比较慢，不方便下载，读者也可以直接使用本书源代码中下载好的预编译压缩文件 bootstrap-4.5.0-dist.zip。

8.2.3　下载 Bootstrap 源文件手动编译

下载 Bootstrap 源文件手动编译这种方式比较复杂，适合有一定经验的读者。选择该方式的好处是，我们可以通过源代码对 Bootstrap 进行学习或者修改，其灵活性比较强。

在图 8-2 页面中向下滑动内容，会看到下载页面，如图 8-4 所示。

在图 8-4 中，单击“Download Examples”按钮，可以下载相关的示例 HTML 模板，直接运行.html 文件即可在浏览器中查看运行效果。单击“Download source”按钮，可以下载 Bootstrap 源文件。下载成功后，解压缩 ZIP 文件，将看到 Bootstrap 源文件的文件和目录结构，如图 8-5 所示。

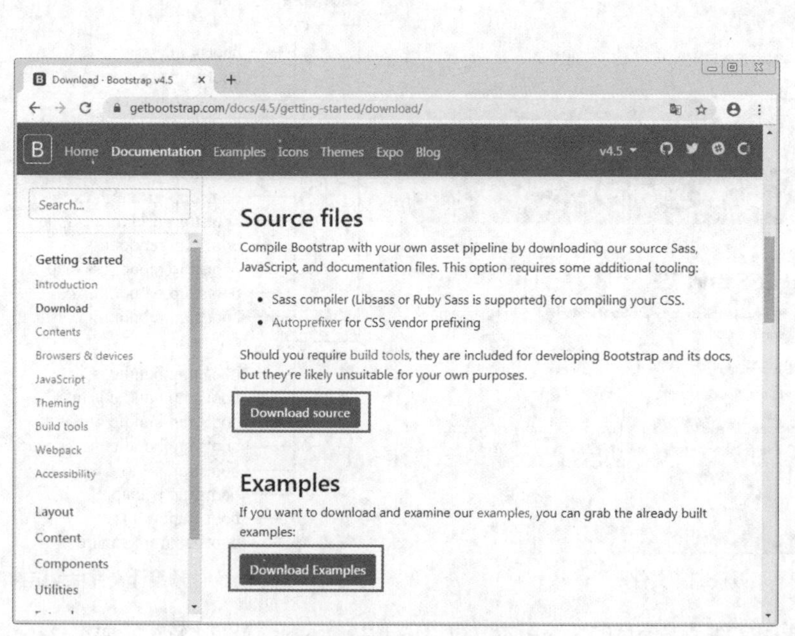

图8-4　下载源文件和案例

```
bootstrap-4.5.0/
├── build
├── scss
├── js
├── nuget
├── site
├── dist/
│   ├── css/
│   └── js/
├── .babelrc.js
├── .browserslistrc
├── .bundlewatch.config.json
├── .editorconfig
├── .eslintignore
├── .eslintrc.json
├── .gitattributes
├── .gitignore
├── .stylelintignore
├── .stylelintrc
├── _config.yml
├── CNAME
├── CODE_OF_CONDUCT.md
├── composer.json
├── Gemfile
├── Gemfile.lock
├── LICENSE
├── package.js
├── package.json
├── package-lock.json
├── README.md
└── SECURITY.md
```

图8-5　源文件的文件和目录结构

从图 8-5 中可以看出，Bootstrap 源文件提供了 Bootstrap 的全部内容，它包含很多文件，但是这些文件并不是全部需要的。由于 Bootstrap 4 不提供字体集了，所以该目录不存在任何字体文件。如果想要使用预编译文件中的 CSS 或 JavaScript 文件，我们也可以在 dist/目录中找到这些文件。

需要注意的是，随着版本的迭代，上述下载的文件内容可能会有所改变，但是核心内容一般不会变动。

在了解 Bootstrap 源文件的文件结构之后，下面我们学习如何使用 npm 脚本来构建 Bootstrap，以及如何在本地运行 Bootstrap 文档。具体操作步骤如下。

（1）下载并安装 Node.js 来管理依赖项。（本书使用的 node 版本为 v10.16.0）。

（2）下载并安装 Ruby（这里的版本为 Ruby+Devkit 2.6.6–1）。

（3）在 Ruby 中安装 jekyll（本书中其路径为 D:\Ruby26–x64\bin 下）。由于本书编写时使用的是 Windows 系统，因此需要执行 gem install jekyll bundler 命令安装 jekyll 和 bundler 这两个组件。使用 jekyll –v 命令可以检查是否安装完成。

（4）进入 bootstrap–4.5.0（Bootstrap 源文件）根目录，运行 npm install 命令，npm 将会自动读取并安装 package.json 文件中列出的所有本地依赖库。接下来运行 bundle install 命令安装项目中所有的 Ruby 相关依赖，如 jekyll（静态站点生成器）和其他插件。

（5）在 bootstrap–4.5.0 根目录下运行 npm run docs–serve 命令，可以启动 Bootstrap 首页，然后在浏览器中访问网址 http://localhost:9001，查看 Bootstrap 官方文档和示例。

执行完上述步骤后，运行效果如图 8–6 所示。

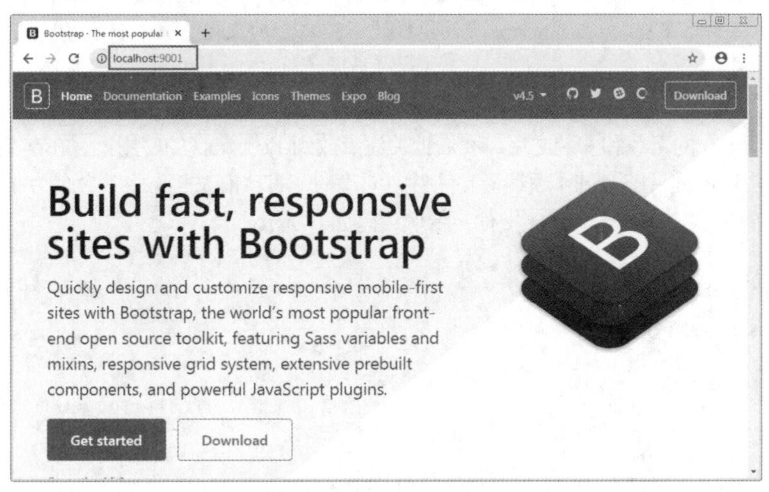

图8–6　源文件本地运行效果

另外，如果读者对 Grunt 比较熟悉的话，也可以使用 Grunt 项目构建工具在本地运行 Bootstrap 文档。具体方法是，在上述第（2）步操作之前打开控制台（需要以管理员身份运行），在全局环境中通过 npm install –g grunt–cli 安装 Grunt 命令行（CLI）工具 grunt–cli。然后将上述第（5）步改为在 bootstrap–4.5.0 根目录下运行 bundle exec jekyll serve 命令。最后访问网址 http://localhost:9001，即可查看 Bootstrap 官方文档和示例。

8.2.4　使用 CDN 加载 Bootstrap

CDN（内容分发网络）是通过给多个服务器分配带宽的方式，让用户从距离他最近的资源节点去加载 Bootstrap。这种方式简化了开发过程，并且可以跳过下载过程，将编译好的文件直接引用到项目中，示例代码如下。

```
    <!-- Bootstrap 4 核心 CSS 文件 -->
    <link rel="stylesheet" href="https://cdn.jsdelivr.net/npm/bootstrap@4.5.0/dist/css/bootstrap.min.css"
integrity="sha384-9aIt2nRpC12Uk9gS9baDl411NQApFmC26EwAOH8WgZl5MYYxFfc+NcPb1dKGj7Sk"
crossorigin="anonymous">
    <!-- 如果在项目中使用的是编译过的 JavaScript，需要在 JavaScript 文件之前引入 jQuery 和 Popper.js 的 CDN 版本。-->
    <!-- 用于弹窗、提示、下拉菜单 -->
    <script  src="https://cdn.jsdelivr.net/npm/popper.js@1.16.0/dist/umd/popper.min.js"  integrity=
"sha384-Q6E9RHvbIyZFJoft+2mJbHaEWldlvI9IOYy5n3zV9zzTtmI3UksdQRVvoxMfooAo" crossorigin="anonymous">
</script>
    <!-- jQuery 文件，务必在 bootstrap.min.js 之前引入 -->
    <script src="https://cdn.jsdelivr.net/npm/jquery@3.5.1/dist/jquery.slim.min.js" integrity=
"sha384-DfXdz2htPH0lsSSs5nCTpuj/zy4C+OGpamoFVy38MVBnE+IbbVYUew+OrCXaRkfj"  crossorigin="anonymous">
```

```
</script>
   <!-- Bootstrap 4 核心 JavaScript 文件 -->
   <script src="https://cdn.jsdelivr.net/npm/bootstrap@4.5.0/dist/js/bootstrap.min.js" integrity=
"sha384-OgVRvuATP1z7JjHLkuOU7Xw704+h835Lr+6QL9UvYjZE3Ipu6Tp75j7Bh/kR0JKI" crossorigin="anonymous">
</script>
```

考虑到 CDN 上的代码有可能会被注入恶意内容，因此为了规避这一风险，在加载 CDN 文件时，使用子资源完整性（SRI）让浏览器检查 CDN 是不是正确地发送了 CSS 和 JavaScript 内容。上述代码在<script>和<link>标签上添加了 integrity（完整性）属性和 crossorigin 属性。其中，integrity 的属性值是一个以 base64 编码的 sha384 散列，crossorigin 属性允许跨域。感兴趣的读者可以前往 Bootstrap 官方网站进行学习。

需要注意的是，CDN 方式的代码需要到指定服务器中进行下载，如果是离线项目，则这种方式是无效的。

小提示：

启用 SRI 策略后，浏览器会对资源进行 CORS 校验，这就要求被请求的资源必须同域，或者配置了 Access-Control-Allow-Origin 响应头。另外，在使用 CDN 加载引用文件时，通常选择带有 min 字样的文件，这是因为带有 min 字样的 CSS 和 JavaScript 文件是经过压缩之后的文件，体积比较小。

8.2.5 在 HTML 中引入 Bootstrap

在学习了 Bootstrap 的下载和安装之后，我们把关注点放到 Bootstrap 的使用上，在本小节需要先做一些准备工作。我们在 bootstrap-4.5.0-dist 预编译文件夹中创建一个 HTML 文档，将其命名为 index.html，在该文档中直接引入编译好的 CSS 和 JavaScript 文件，示例代码如下所示。

```
 1  <!DOCTYPE html>
 2  <html>
 3  <head>
 4  <title>Bootstrap 初始模板</title>
 5  <meta charset="UTF-8">
 6  <meta http-equiv="x-ua-compatible" content="IE=edge">
 7  <meta name="viewport" content="width=device-width, initial-scale=1.0, shrink-to-fit=no">
 8  <!-- 上述 3 个<meta>标签必须放在最前面，其他内容跟随其后 -->
 9  <!-- 引入 Bootstrap 核心 CSS 文件 -->
10  <link href="css/bootstrap.min.css" rel="stylesheet">
11  <!--[if lt IE 9]>
12    <script src="https://oss.maxcdn.com/html5shiv/3.7.2/html5shiv.min.js"></script>
13    <script src="https://oss.maxcdn.com/respond/1.4.2/respond.min.js"></script>
14  <![endif]-->
15  </head>
16  <body>
17    <div>Hello World</div>
18    <!-- jQuery (Bootstrap 的 JavaScript 插件需要引入 jQuery) -->
19    <script src="js/jquery-3.5.1.slim.min.js"></script>
20    <!-- 用于弹窗、提示、下拉菜单 -->
21    <script src="js/popper.min.js"></script>
22    <!-- 包括所有已编译的插件 -->
23    <script src="js/bootstrap.min.js"></script>
24  </body>
25  </html>
```

上述代码中的 3 个<meta>标签分别用于设置字符集、文档兼容模式和视口。第 6 行代码为文档兼容模式声明，可以强制使用 IE 浏览器的最新渲染模式；第 7 行代码目的是让网页的宽度自动适应手机屏幕的宽度。其中，device-width 表示采用设备宽度，初始缩放 1.0。使用“user-scalable=no”可以禁用其缩放功能。需要注意的是，要想让第 7 行代码在 iOS9 中起作用，需要加上“shrink-to-fit=no”。第 11～14 行代码中的 html5shiv.min.js 和 respond.min.js 用于让低于 IE9 版本的浏览器支持 HTML5 元素和媒体查询。

小提示：

在 HTML 代码的末尾处引入 JavaScript 是为了提高页面的加载速度。Bootstrap 的 JavaScript 插件依赖于

jQuery，因此在加载这些插件前需要先行加载 jQuery。JavaScript 文件的加载顺序依次为 jquery-3.5.1.slim.min.js、popper.min.js 和 bootstrap.min.js。其中，jquery-3.5.1.slim.min.js 是 Bootstrap 4 官网使用的简化版的 jQuery 文件，相比普通版本缺少了 Ajax 和特效模块。

8.3 Bootstrap 布局容器

Bootstrap 提供了一套响应式、移动设备优先的流式栅格系统。在 Bootstrap 4 中，栅格系统由原先的 4 个响应式尺寸增加到目前的 5 个，这样做的好处是，可以根据屏幕大小来使相应的类生效，能够更好地去适配不同的设备。本节主要针对布局容器、栅格系统和响应式布局工具内容进行讲解。

8.3.1 初识布局容器

布局容器是 Bootstrap 中最基本的布局元素，在使用默认栅格系统时，布局容器是必需的。它用于容纳、填充一些内容，以及有时需要使内容居中。

Bootstrap 中提供了.container 类和.container-fluid 布局容器类，这两种容器类最大的不同之处在于宽度的设定。前者可以根据屏幕宽度的不同，利用媒体查询设定固定的宽度，当浏览器窗口大小改变时，页面效果也会随之发生改变。后者在不同设备下始终保持宽度为 100%，如果一个元素需要占据全部视口时可以使用.container-fluid 类。

接下来通过例 8-1 演示.container 类和.container-fluid 类在不同设备宽度下页面元素的显示效果。

【例 8-1】

（1）创建 C:\code\chapter08\demo01.html 文件，具体代码如下。

```
1  <!DOCTYPE html>
2  <html>
3  <head>
4    <meta charset="UTF-8">
5    <meta name="viewport" content="width=device-width, initial-scale=1.0,  shrink-to-fit=no">
6    <link rel="stylesheet" href="bootstrap-4.5.0-dist/css/bootstrap.min.css">
7    <title>布局容器</title>
8  </head>
9  <body>
10   <div class="container-fluid bg-dark text-light mb-1">.container-fluid 设置布局容器</div>
11   <div class="container bg-dark text-light">.container 设置布局容器</div>
12 </body>
13 </html>
```

上述代码中，.bg-dark 、.text-light 和.mb-1 类分别用来设置背景色、字体颜色和外边距。后面的章节中会对这些样式类进行讲解。注意不要忘记在第 6 行代码中将 Bootstrap 的核心 CSS 文件引入。

（2）在浏览器中打开 demo01.html 文件，运行结果如图 8-7 所示。

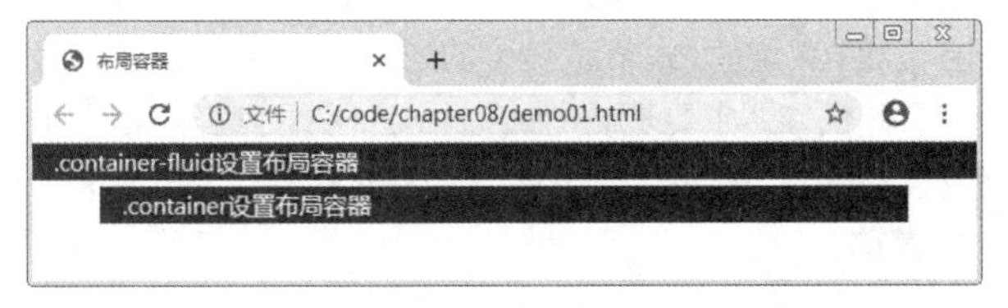

图8-7 布局容器

从图 8-7 可以看出，使用.container 容器类布局时页面两边有留白，而使用.container-fluid 容器类布局时会占用页面的整个宽度。考虑到 padding 等属性的影响，不建议这两种容器类互相嵌套。

8.3.2 栅格系统

Bootstrap 4 的栅格系统是一个基于 12 列的布局，它具有的 5 种响应尺寸分别对应不同的屏幕大小。栅格系统用于通过一系列的行（row）与列（column）的组合来创建页面布局。开发者可以将内容放入这些创建好的布局中，这些布局会根据父元素盒子（布局容器）尺寸的大小进行适当的调节，从而达到响应式页面布局的效果。

栅格系统提供了基本的前缀，用于在不同宽度的屏幕中实现不同的排列方式，栅格系统的类前缀如表 8-1 所示。

表 8-1　栅格系统的类前缀

	超小屏幕（≤575px）	小屏幕（≥576px）	中等屏幕（≥768px）	大屏幕（≥992px）	超大屏幕（≥1200px）
.container 最大容器宽度	自动（100%）	540px	720px	960px	1140px
类前缀	.col-	.col-sm-	.col-md-	.col-lg-	.col-xl-

在表 8-1 中，超小屏幕下，Bootstrap 中默认没有媒体查询 xs，而是以.col 表示。虽然我们在前面提到过 Bootstrap 4 中是使用 rem 或 em 来定义大多数尺寸的，但是因为视口宽度是以像素为单位的，并且不随字体大小而变化，因此栅格系统中的容器宽度使用的是 px。另外，列的类名可以写多个，当同时使用这些类的时候，它会根据当前屏幕的大小来使相应的类生效，实现在不同屏幕下展示不同的页面结构。

8.3.3　栅格系统基本使用

Bootstrap 栅格系统的基本使用步骤如下。

（1）Bootstrap 栅格系统为不同屏幕宽度定义了不同的类，使用非常方便，直接为元素添加类名即可。

（2）每一行（row）必须包含在.container 类或.container-fluid 类中，这样方便为其自动设置外边距（margin）和内边距（padding）。

（3）通过行可以创建水平方向的列组，并且只有列（column）可以作为行（row）的直接子元素。例如，可以使用 3 个.col-xs-4 来创建 3 个等宽的列。

（4）内容只能放置于列内，列大于 12 时，将会另起一行排列。

由于栅格系统默认将父元素分成 12 等份，所以可根据占据的份数来设置子元素的宽度。下面主要讲解如何通过类前缀设置每列的宽度，示例代码如下。

```
col-栅格的数量(设置超小屏幕);
col-sm-栅格的数量(设置小屏幕);
col-md-栅格的数量(设置中等屏幕);
col-lg-栅格的数量(设置大屏幕);
col-xl-栅格的数量(设置超大屏幕);
```

上述代码中，在设置列的宽度时，只需要在不同的类前缀后面加上栅格数量即可。例如，col-md-4 表示在中等屏幕下元素占 4 份。

需要注意的是，栅格系统中可以将内容再次嵌套，简单来说，就是在一个列内可以添加一个新的.row 元素和多个.col-sm-*元素。建议列中新增的.row 元素包含的列数不要超过 12 列。另外，栅格系统可以使用响应式的.offset-md-*类将列向右侧偏移，主要是通过.offset-md-*获取到当前元素并且增加当前元素左侧的边距（margin）来实现的列偏移。其中，md 可以使用 sm、xl 和 lg 等替代，分别表示在不同屏幕下设置列的偏移，如.offset-md-3 表示向右偏移 3 列。

8.3.4　响应式布局工具

Bootstrap 是一个移动优先的响应式前端框架，那么如何实现在不同屏幕上自适应隐藏或显示 HTML 元素呢？例如，我们想要实现让一个元素只能在 PC 端显示，而在其他屏幕下隐藏。在 Bootstrap 3 中我们经常使用.hidden-*类和.visible-*类来控制不同屏幕宽度的多列布局。而 Bootstrap 4.5.0 对此做出了一些修改，使用 Bootstrap 的实用程序来响应式地切换 display 属性的值，并结合栅格系统、组件等混合使用的方式来实现显示或隐藏元素。元素隐藏的具体方式如表 8-2 所示。

表 8-2　元素隐藏的具体方式

类	描述
.d-none	在所有屏幕下都隐藏
.d-none、.d-sm-block	仅在 xs 上隐藏
.d-sm-none、.d-md-block	仅在 sm 上隐藏
.d-md-none、.d-lg-block	仅在 md 上隐藏
.d-lg-none、.d-xl-block	仅在 lg 上隐藏
.d-xl-none	仅在 xl 上隐藏

元素显示的具体方式如表 8-3 所示。

表 8-3　元素显示的具体方式

类	描述
.d-block	在所有屏幕上可见
.d-block、.d-sm-none	仅在 xs 上显示
.d-none、.d-sm-block、.d-md-none	仅在 sm 上显示
.d-none、.d-md-block、.d-lg-none	仅在 md 上显示
.d-none、.d-lg-block、.d-xl-none	仅在 lg 上显示
.d-none、.d-xl-block	仅在 xl 上显示

考虑到元素在不用屏幕上的显示和隐藏涉及 Bootstrap 的栅格系统，因此为了更快地进行移动友好型开发，可以使用响应式显示类来按照设备显示隐藏元素。例如，想要隐藏元素，只需对任何响应屏幕变化使用.d–none 这个类即可，语法为.d–{sm,md,lg,xl}–none。除此之外，还可以将.d–*–none 类与 d–*–*类组合使用，在给定的屏幕尺寸间隔上显示元素。比如可以使用.d–none、.d–sm–block、.d–lg–none 类为所有屏幕尺寸隐藏该元素，但在小屏幕和中等屏幕上则会显示。

8.4　Flex 弹性布局

弹性盒子是 CSS3 的一种新的布局模式，该模式非常高效和灵活，更适合响应式的设计。Bootstrap 4 采用的是流式布局，而不是浮动的方式，这也是 Bootstrap 4 相比 Bootstrap 3 最大的一个区别。需要注意的是，IE 9 及其以下版本不支持弹性盒子，如果需要兼容 IE 8、IE 9 浏览器，可以使用 Bootstrap 3 版本。

在 Bootstrap 4 中可以使用 display 属性来为元素创建一个 Flex 容器（Flexible Box），并将其内部子元素转换为 Flex 项目，来控制页面布局。接下来为大家简要介绍 Bootstrap 4 中常用的 Flex 布局的使用。

1. 创建响应式弹性盒子

Bootstrap 可以使用.d–flex 类或者.d–inline–flex 类来将任何一个容器指定为 Flex 布局。前者将元素设置为块级弹性盒子，后者将元素设置为内联块级弹性盒子，即 Flex 项目显示在同一行上。

2. 排列方向

弹性盒子中的 Flex 项目有两种排列方向，默认使用.flex–row 来设置 Flex 项目水平方向（从左到右）显示，使用.flex–row–reverse 来设置项目在水平方向翻转显示（由右到左），即与.flex–row 方向相反。另外，使用.flex–column 类来设置项目垂直方向显示，使用.flex–column–reverse 设置项目垂直方向翻转显示。

3. 内容排列方式

使用.justify–content–*类设置项目在主轴（默认以 x 轴开始；如果设置 flex–direction:column，则以 y 轴开始）的对齐方式，*允许的值有 start（默认值，位于容器的开头）、end（位于容器结尾）、center（位于容器中间）、between（两端对齐，项目之间的间隔相等）和 around（每个项目两侧的间隔相等）。若使用.justify-content-around 方式，则项目之间的间隔比项目与边框的间隔大一倍。

8.5　SVG 矢量图的使用

Bootstrap 中提供了 SVG 图标库，用于解决图片放大失真的问题，并且可以使用 CSS 设置样式。SVG 在项目中有两种使用方式，第一种是直接复制 SVG 图标代码进行使用，第二种是将 SVG 图标外链引入项目中，在官网下载 SVG 图标文件至本地然后引入到项目中。下面分别进行讲解。

1. 直接复制 SVG 图标代码

首先打开 Bootstrap 官网，如图 8-8 所示。

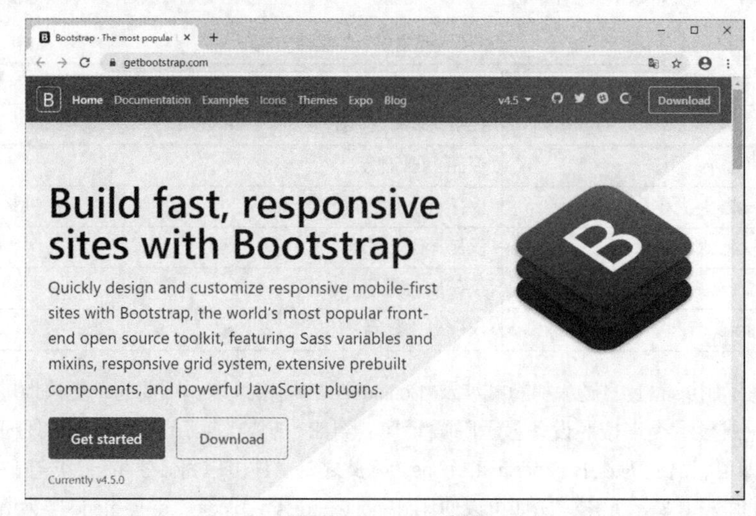

图8-8　Bootstrap官网

在图 8-8 界面中，单击导航栏中的“Icons”按钮，跳转至图标页面，然后将该页面下拉至 Icons 区域，如图 8-9 所示。

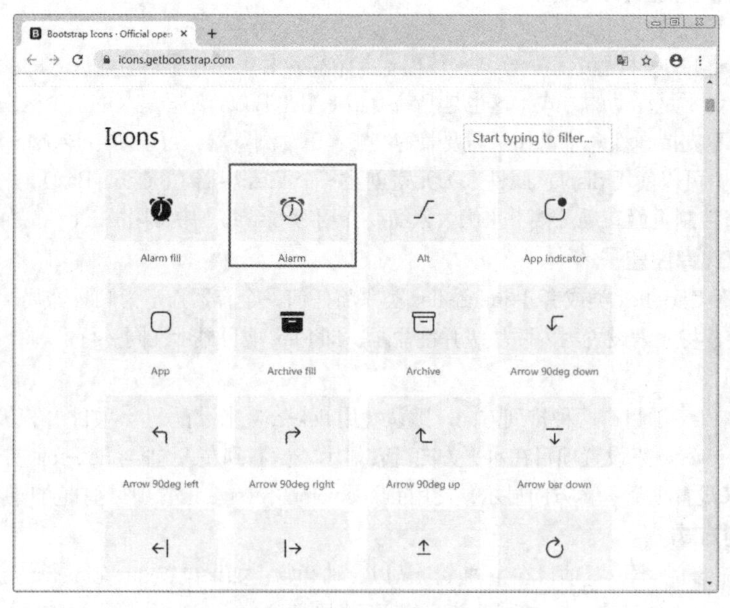

图8-9　以Alarm图标为例

在图 8-9 中，我们可以选择某个需要使用的图标，获取 SVG 代码。例如，单击“Alarm”图标跳转到新页面，如图 8-10 所示。

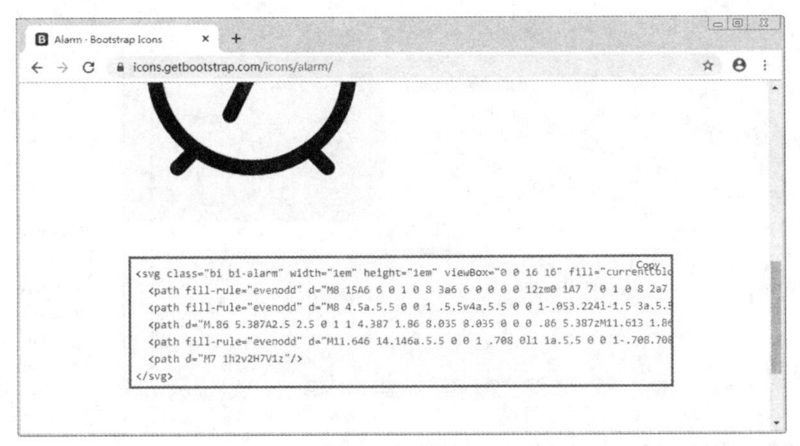

图8-10 复制代码

在图 8-10 中，复制<svg></svg>代码，然后整体粘贴到项目中需要的地方，即可在浏览器中查看到该图标样式。

2. 将 SVG 图标外链引入项目中

使用第 1 种方式直接在项目中复制 SVG 图标代码，虽然可以成功展示图标效果，但是可复用性比较低，代码可读性较差。在这里我们推荐使用第二种方式，在官网下载 SVG 图标文件至本地，然后外链引入到项目中。

在图 8-9 所示的网页中向上滚动，找到“GitHub repo”项，如图 8-11 所示。

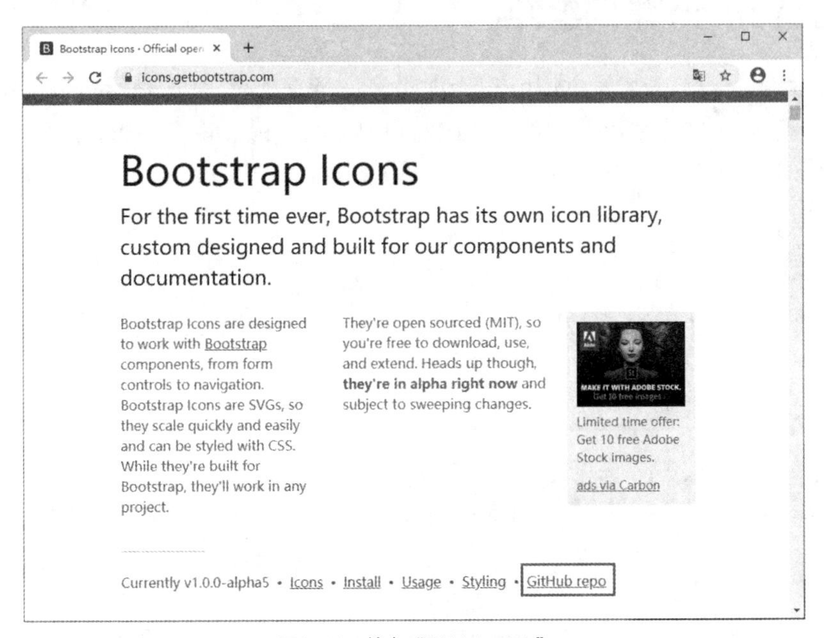

图8-11 单击“GitHub repo”

单击图 8-11 所示的“GitHub repo”，跳转至下载页面，如图 8-12 所示。

单击图 8-12 所示的“Download ZIP”之后，将会在本地下载 icons-main.zip 安装包。解压之后的文件结构如图 8-13 所示。

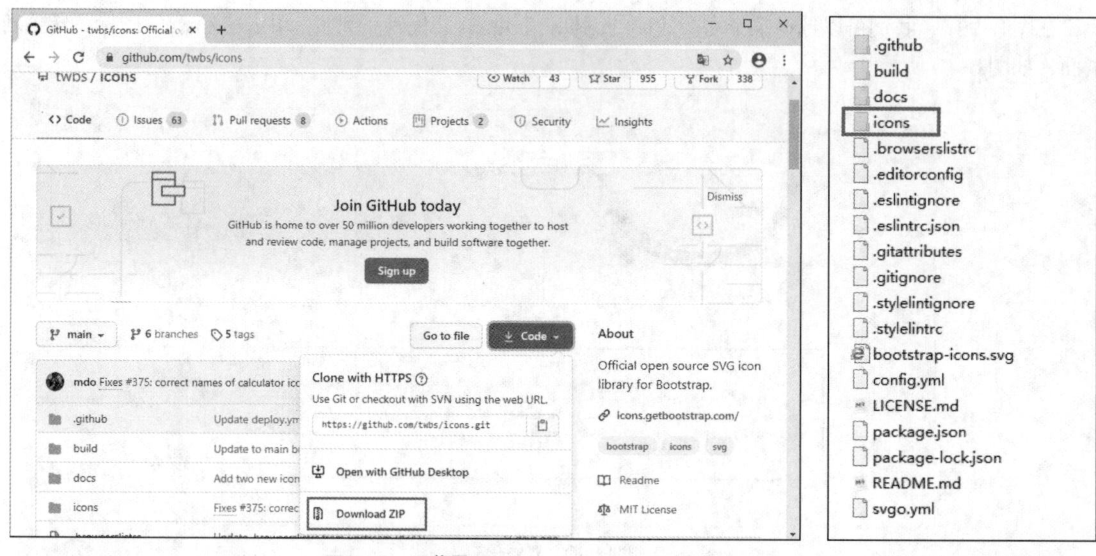

图8-12　下载界面　　　　图8-13　文件结构

图 8-13 中，“icons”目录下就有我们想要的*.svg 图标文件。我们在项目中可以根据实际需要部分引入.svg 文件，也可以全部引入.svg 文件。

最后，在使用时将 SVG 图标复制到项目目录下，然后像普通图像一样使用<img>标签引用它们，示例代码如下。

```
<img src="icons/archive.svg" alt="" width="32" height="32" title="Bootstrap">
```

至此，通过外链的形式，在项目中成功地使用了 SVG 图标。

8.6　Bootstrap 常用组件

Bootstrap 内置了功能强大的可重用的组件。组件是一个抽象的概念，是对数据和方法的简单封装，通过组件可以为用户提供某些特定的功能。组件类似于我们生活中的汽车发动机，不同型号的汽车可以使用同一款发动机，这样就不需要为每一台汽车生产一台发动机了。Bootstrap 中的组件包括表单、按钮等，接下来将详细讲解这些组件的结构和基本用法。

8.6.1　表单

几乎所有的网站中都涉及表单的应用，如登录和注册页面。接下来，我们使用 Bootstrap 快速体验表单的实现过程，以便读者可以对表单有一个初步的印象。

本案例的具体实现步骤如例 8-2 所示。

【例 8-2】

在 C:\code\chapter08\目录下，新建 demo02.html 文件，具体代码如下。

```
1   <!DOCTYPE html>
2   <html>
3   <head>
4   <title>表单控件</title>
5   <meta charset="UTF-8">
6   <meta name="viewport" content="width=device-width, initial-scale=1.0, shrink-to-fit=no">
7   <link href="bootstrap-4.5.0-dist/css/bootstrap.min.css" rel="stylesheet">
8   </head>
9   <body>
10    <div>Hello World</div>
11    <!-- Bootstrap 的 JavaScript 插件需要引入 jQuery -->
12    <script src="bootstrap-4.5.0-dist/js/jquery-3.5.1.slim.min.js"></script>
```

```
13   <!-- 用于弹窗、提示、下拉菜单 -->
14   <script src="bootstrap-4.5.0-dist/js/popper.min.js"></script>
15   <!-- 包括所有已编译的插件 -->
16   <script src="bootstrap-4.5.0-dist/js/bootstrap.min.js"></script>
17 </body>
18 </html>
```

上述代码，设置了 HTML 模板文件，引入了 Bootstrap 相关的 CSS 和 JavaScript 核心文件，在这里使用的是下载到本地的 bootstrap-4.5.0-dist 预编译文件。

Bootstrap 通过一些简单的 HTML 标签和扩展的类即可创建出不同样式的表单。按照布局的不同，表单主要分为两类：堆叠表单（默认）和内联表单，下面分别进行讲解。

1. 堆叠表单

我们在 demo02.html 文件中，使用一个输入框和一个提交按钮来创建堆叠表单。在<body>标签中编写如下代码。

```
1  <form>
2    <div class="form-group">
3      <label for="username">账户名:</label>
4      <input type="text" class="form-control" id="username">
5    </div>
6    <button type="submit" class="btn btn-primary">提交</button>
7  </form>
```

用浏览器打开 demo02.html 文件，页面效果如图 8-14 所示。

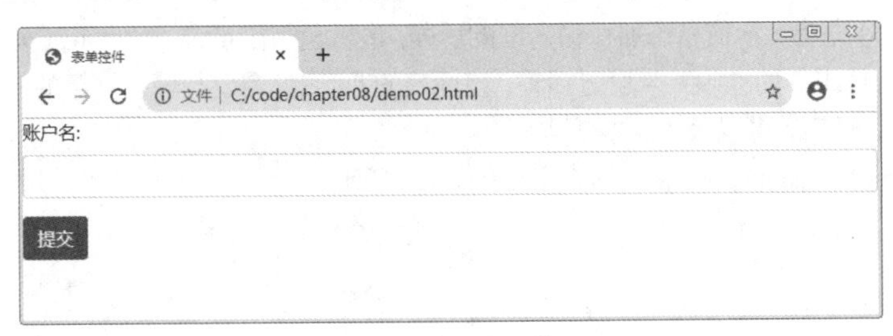

图8-14 堆叠表单

从图 8-14 中可以看出，堆叠表单的宽度为全屏宽度。

2. 内联表单

内联表单在屏幕宽度小于等于 575px 时为垂直堆叠；如果屏幕宽度大于等于 576px 时，那么表单元素才会显示在同一个水平线上。内联表单需要在 <form> 标签上添加 .form-inline 类。

修改 demo02.html 文件，为<form>标签添加.form-inline 类，示例代码如下。

```
1  <form class="form-inline">
2    <div class="form-group">
3      <label for="username">账户名:</label>
4      <input type="text" class="form-control" id="username">
5    </div>
6    <button type="submit" class="btn btn-primary">提交</button>
7  </form>
```

用浏览器打开 demo02.html 文件，页面效果如图 8-15 所示。

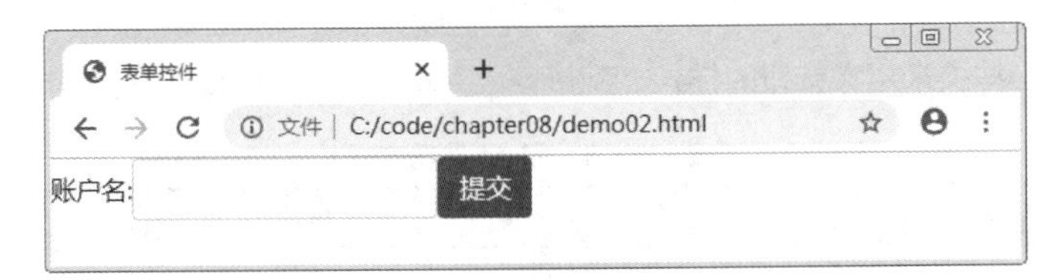

图8-15 内联表单

从图 8-15 中可以看出，内联表单中的所有元素是向左对齐的，并且表单元素显示在同一个水平线上。

8.6.2 输入框组

使用输入框组可以很容易地向基于文本的输入框添加作为前缀和后缀的文本或按钮，例如，可以添加$符号或者@符号。我们可以将输入框组嵌套到表单组件或者栅格相关元素的内部去使用。

打开 demo02.html 文件，注释或者删除原来的<form>表单的内容，编写如下代码。

```
1  <form>
2    <div class="input-group mb-3">
3      <div class="input-group-prepend">
4        <span class="input-group-text">@</span>
5      </div>
6      <input type="text" class="form-control" placeholder="Username">
7    </div>
8    <label for="email">请输入邮箱：</label>
9    <div class="input-group mb-3">
10     <input type="text" class="form-control" placeholder="Your Email" id= "email">
11     <div class="input-group-append">
12       <span class="input-group-text">@qq.com</span>
13     </div>
14   </div>
15 </form>
```

上述代码中，第 2 行和第 9 行代码使用.input-group 类向表单输入框中添加更多的样式，如图标、文本或者按钮等。第 3 行代码使用.input-group-prepend 类在输入框的前面添加文本信息。第 11 行代码使用.input-group-append 类将文本信息添加在输入框的后面。最后，使用.input-group-text 类来设置文本的样式。第 8 行代码通过输入框组外的<label>来设置标签，该标签的 for 属性需要与输入框组的 id（即第 10 行代码处的 id 值）对应，单击标签后可以聚焦文本输入框。

用浏览器打开 demo02.html 文件，页面效果如图 8-16 所示。

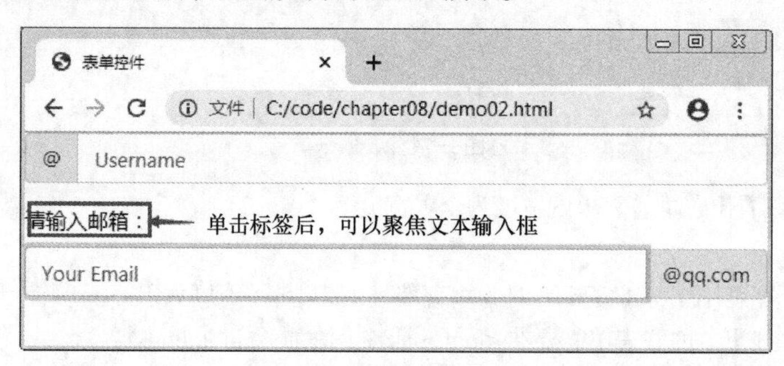

图8-16 输入框组样式

8.6.3 按钮

Bootstrap 提供了大量的图标按钮和多种按钮风格，可以快速实现优雅的界面设计，例如，导航条中的下拉式按钮组，表单中的提交按钮、登录和注册按钮等。接下来，我们使用 Bootstrap 快速实现不同风格的按钮效果。

1. 按钮样式

Bootstrap 提供了一些类来定义按钮的样式，支持<a>、<button>和<input>标签，具体如表 8-4 所示。

表 8-4 Bootstrap 按钮选项

类	描述
.btn	基类，也就是按钮的基本样式
.btn-primary	主要的按钮样式，蓝色
.btn-success	表示成功的按钮，绿色

（续表）

类	描述
.btn-secondary	次要的按钮样式，灰色
.btn-info	一般提示信息的按钮，青色
.btn-warning	警告信息按钮，黄色
.btn-danger	危险提示按钮操作，红色
.btn-link	让按钮看起来像个链接（仍然保留按钮行为）
.btn-light	浅灰色按钮
.btn-dark	暗黑色按钮

表 8-4 中，.btn 是按钮的一个基类，如果想要加其他的样式，都要在.btn 的基础上添加。需要注意的是，.btn 通常是与<button>标签一起使用的，但是也可以用在<a>或<input>标签上，只是在不同的浏览器上呈现方式会有一些不同。读者可以对表中的类进行尝试，以便对它们进行区分。

2. 按钮大小

Bootstrap 中提供了一些用于控制按钮的大小的样式，如表 8-5 所示。

表 8-5 Bootstrap 按钮大小

类	描述
.btn-lg	大按钮
.btn-sm	小按钮
.btn-block	创建块级的按钮，会横跨父元素的全部宽度

表 8-5 中，按钮的大小类经常与按钮样式类一起使用，如 class="btn btn-primary btn-sm"表示颜色为蓝色的小号按钮。

3. 按钮组

按钮组是将多个按钮集合成的一个组件，在 Bootstrap 中只需要在类名为.btn-group 的父元素中添加多个按钮即可创建按钮组。建议在按钮组中不要混合使用<a>、<input>和<button>标签，尽量使用同一个标签。

接下来通过例 8-3 演示如何使用按钮组来创建一个分页按钮的导航条，示例代码如下。

【例 8-3】

在 C:\code\chapter08 目录下，新建 demo03.html 文件，复制 demo02.html 文件的初始模板代码，修改<title>标题为“按钮组”，再在<body>中编写如下代码。

```
1  <body>
2    <div class="btn-toolbar">
3      <div class="btn-group mr-2">
4        <button class="btn btn-primary">
5          上一页
6        </button>
7      </div>
8      <div class="btn-group mr-2">
9        <button class="btn btn-primary">1</button>
10       <button class="btn btn-primary">2</button>
11       <button class="btn btn-primary">3</button>
12       <button class="btn btn-primary">4</button>
13       <button class="btn btn-primary">5</button>
14     </div>
15     <div class="btn-group">
16       <button class="btn">
17         下一页
18       </button>
19     </div>
20   </div>
```

上述代码中，在 div.toolbar 按钮工具栏中放入.btn-group 按钮组，然后将 button.btn 按钮包含在.btn-group 按钮组中。需要注意的是，按钮要放在.btn-group 按钮组中，这样才能确保渲染整个按钮工具栏。

保存上述代码，在浏览器中查看运行效果，如图 8-17 所示。

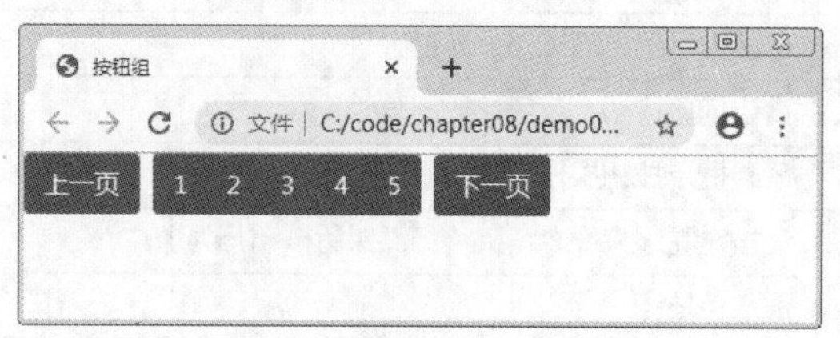

图8-17　按钮组分页导航栏

8.6.4　分页

在上一小节中，我们使用按钮组来实现分页效果。除此之外，Bootstrap 中也提供了分页器来快速跳转到指定页码的页面，当用户想要打开某个页面时，不需要多次操作，从而实现了一步到位的效果，提高了用户的使用体验。

下面通过例 8-4 演示 Bootstrap 中的分页器的实现方式。

【例 8-4】

创建 C:\code\chapter08\demo04.html 文件，将 8.6.1 小节中创建的初始模板代码复制到 demo04.html 文件中，修改<title>标题为：按钮组，再在<body>标签内编写如下代码。

```
1   <body>
2     <nav aria-label="Page navigation example">
3       <ul class="pagination justify-content-center">
4         <li class="page-item">
5           <a class="page-link" href="#" aria-label="Previous">
6             上一页
7           </a>
8         </li>
9         <li class="page-item"><a class="page-link" href="#">1</a></li>
10        <li class="page-item"><a class="page-link" href="#">2</a></li>
11        <li class="page-item"><a class="page-link" href="#">3</a></li>
12        <li class="page-item">
13          <a class="page-link" href="#" aria-label="Next">
14            下一页
15          </a>
16        </li>
17      </ul>
18    </nav>
```

上述代码中，第 2 行代码设置<nav>标签的 aria-label 属性的值为 Page navigation example，用来描述分页器模块；第 3 行代码在<nav>标签中定义类名为.pagination 的<ul>标签，表示分页器模块的最外层盒子，并且使用.justify-content-center 类设置分页组件居中对齐显示；第 4～16 行代码在.pagination 类的内部定义多个类名为.page-item 的<li>标签，表示分页器列表，并且在每一项内容中定义类名为.page-link 的<a>标签，表示页码标签，在<a>标签中添加数字内容，表示页码。其中，在第一个<a>标签中定义 aria-label 属性的值为 Previous，表示上一页；在最后一个<a>标签中定义 aria-label 属性的值为 Next，表示下一页。

保存上述代码，在浏览器中查看运行效果，如图 8-18 所示。

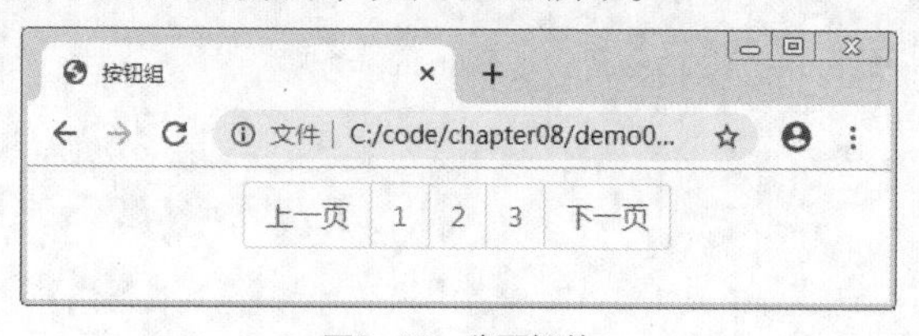

图8-18　分页组件

8.7 辅助样式

Bootstrap 中提供了一系列的辅助样式，如文本颜色、背景颜色、设置元素间距等。在本节中我们将针对常用的辅助样式来进行详细讲解。

8.7.1 文本颜色

Bootstrap 定义了一套类名，通过设置文本颜色来强调其重要性。具体说明如表 8-6 所示。

表 8-6 常用的文本颜色

类名	描述
.text-primary	首选文本颜色，重要的文本
.text-secondary	副标题颜色
.text-success	成功文本颜色
.text-muted	柔和颜色
.text-danger	危险提示文本颜色
.text-info	一般提示信息文本颜色
.text-warning	警告信息文本颜色
.text-dark	深灰色文本
.text-body	body 文本颜色
.text-light	浅灰色文本
.text-white	白色文本
.text-black	黑色文本

表 8-6 中，使用.text-*将文本设置为指定的颜色。其中，.text-light 和.text-white 在白色背景下看不清楚，可以设置一个黑色的背景来辅助查看效果。另外，.text-white 类和.text-black 类还支持在类名末尾添加一个透明度选项“-50”实现文本颜色的半透明效果。例如，.text-white-50 类用于设置透明度为 0.5 的白色文本；.text-black-50 类用于设置透明度为 0.5 的黑色文本。

8.7.2 背景颜色

Bootstrap 中定义了一套类名，用来设置文本背景色，具体说明如表 8-7 所示。

表 8-7 文本背景色

类名	描述
.bg-primary	重要的背景颜色
.bg-secondary	副标题背景颜色
.bg-success	成功背景颜色
.bg-danger	危险提示背景颜色
.bg-info	一般提示信息背景颜色
.bg-warning	警告信息背景颜色
.bg-dark	深灰色背景
.bg-light	浅灰色背景
.bg-white	白色背景
.bg-transparent	透明背景色

接下来通过例 8-5 来演示表 8-7 中的文本背景色在页面中的展示效果。

【例 8-5】

创建 C:\Bootstrap\chapter08\demo05.html 文件，具体代码如下。

```
1  <!DOCTYPE html>
2  <html>
3  <head>
4    <title>背景颜色</title>
5    <meta charset="UTF-8">
6    <meta http-equiv="x-ua-compatible" content="IE=edge">
7    <meta name="viewport" content="width=device-width, initial-scale=1.0, shrink-to-fit=no">
8    <!-- 引入 Bootstrap 核心 CSS 文件 -->
9    <link href="bootstrap-4.5.0-dist/css/bootstrap.min.css" rel="stylesheet">
10 </head>
11 <body style="background-color: #f3f3f3;">
12   <p class="bg-secondary">.bg-secondary 效果（灰色背景）</p>
13   <p class="bg-danger">.bg-danger 效果（红色背景）</p>
14   <p class="bg-dark text-light">.bg-dark 效果（深灰色背景）</p>
15   <p class="bg-light">.bg-light 效果（浅灰色背景）</p>
16   <p class="bg-white">.bg-white 效果（白色背景）</p>
17   <p class="bg-transparent">.bg-transparent 效果（透明背景色）</p>
18 </body>
19 </html>
```

上述代码中，第 11 行代码给<body>设置了一个背景色，这是为了更好展示页面背景颜色的效果；第 15 行代码给文本颜色设置为浅灰色，这是因为背景为深灰色，文本颜色默认和背景色比较接近，为了更加清晰显示文字效果，所以使用了一个浅灰色背景。

保存上述代码，在浏览器中查看运行效果，如图 8-19 所示。

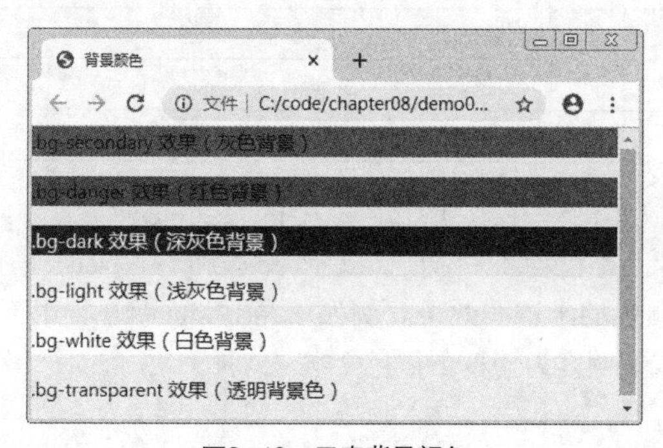

图8-19　元素背景颜色

8.7.3　设置元素间距

在制作网页时，我们可以通过元素样式中的 margin 或 padding 属性设置元素间距。其中，margin 用于设置元素的外边距，它影响元素与其相邻外部元素之间的距离；padding 用于设置元素的内边距，它影响元素与其内部子元素之间的距离。Bootstrap 4 中也提供了一组简写的 class 名，用来设置间距大小和某侧的边距值。

1. 设置内外边距值

Bootstrap 4 中使用 margin 的简写.m-*来设置外边距，使用 padding 的简写.p-*来设置内边距。*允许的值如表 8-8 所示。

表 8-8　设置内外边距值

类名	描述
.m-0（或.p-0）	设置边距为 0
.m-1（或.p-1）	设置 margin 或 padding 为 0.25rem
.m-2（或.p-2）	设置 margin 或 padding 为 0.5rem

（续表）

类名	描述
.m-3（或.p-3）	设置 margin 或 padding 为 1rem
.m-4（或.p-4）	设置 margin 或 padding 为 1.5rem
.m-5（或.p-5）	设置 margin 或 padding 为 3rem
.m-auto（或.p-auto）	设置 margin 或 padding 为 auto

2. 设置某侧的边距值

Bootstrap 4 中提供了 t、b、l、r、x、y 缩写来设置元素某一侧的间距，分别代表上边距、下边距、左边距、右边距、*x* 轴的间距（左边距和右边距）、*y* 轴的间距（上边距和下边距），间距值可以选取 0～5 和 auto。接下来以 padding 为例，使用其中的一个值，来对某一侧的内边距进行详细说明，具体细节如表 8-9 所示。

表 8-9 设置某侧边距值

类名	描述
.pt-5	{ padding-top: 3rem !important; }
.pb-5	{ padding-bottom: 3rem !important; }
.pl-5	{ padding-left: 3rem !important; }
.pr-5	{ padding-right: 3rem !important; }
.px-5	{ padding-left: 3rem !important; padding-right: 3rem !important; }
.py-5	{ padding-top: 3rem !important; padding-bottom: 3rem !important; }

表 8-9 中，以 padding 为例来说明了如何设置某一侧的内边距值，同样也可以使用这种方式来设置元素某一侧的 margin 外边距的值。

8.8 【项目 8】PC 端登录界面

8.8.1 项目分析

1. 项目展示

在前面内容中，我们学习了一些基本的布局知识，接下来使用 Bootstrap 的栅格系统、表单组件、Flex 弹性布局和按钮样式实现一个 PC 端登录界面，效果如图 8-20 所示。

图8-20 PC端登录页面

2. 项目页面结构

有了前导知识作为铺垫，接下来进行项目分析。该页面的页面结构如图 8-21 所示。

在图 8-21 中，页面最外层为 div.login 盒子，该容器中包含 div.head、div.center 以及 div.footer 三大部分构成。

该页面的实现细节，具体分析如下。

（1）最外层盒子 div.login 在页面中垂直居中显示。

（2）div.head 盒子设置背景色渐变。

（3）div.center 盒子中的 form 表单，使用 Bootstrap 4 提供的表单组件来实现。其中图标使用的是 SVG 矢量图，“自动登录”“记住密码”“找回密码”一行使用 Bootstrap 4 的栅格系统进行布局。

（4）div.footer 盒子使用 Flex 弹性布局来设置内容排列方式。

3. 项目目录结构

为了方便读者进行项目的搭建，在创建的 C:\code\chapter08\8-1 文件目录下创建项目，项目目录结构如图 8-22 所示。

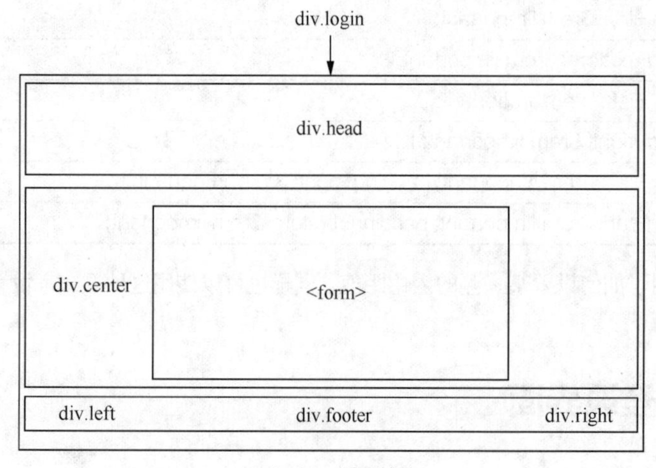

图8-21 页面结构

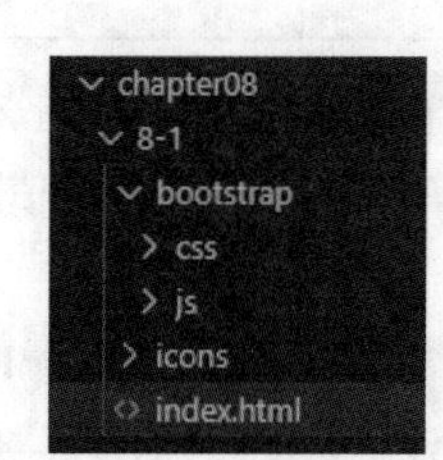

图8-22 目录结构

下面对项目目录结构中的各个目录及文件进行说明。

（1）8-1 为项目目录，里面包含 bootstrap 和 icons 文件，以及 index.html 项目入口文件。

（2）bootstrap 文件目录里存放 css 和 js 文件，便于使用 Bootstrap 的核心 CSS 和 JavaScript 文件。

（3）icons 目录里存放从 GitHub 下载到本地的.svg 图标文件。

8.8.2 编写 HTML 结构代码

创建 C:\code\chapter08\8-1\index.html 文件，编写 HTML 结构代码，代码如下。

```
1  <!DOCTYPE html>
2  <html>
3  <head>
4    <meta charset="UTF-8">
5    <meta name="viewport" content="width=device-width, initial-scale=1.0, shrink-to-fit=no">
6    <link rel="stylesheet" href="bootstrap/css/bootstrap.min.css">
7    <title>登录页面</title>
8  </head>
9  <body>
10   <div class="box">
11     <div class="login">
12       <!-- 头部 head 部分 -->
13       <div class="head"></div>
14       <!-- 中间 center 部分 -->
```

```
15        <div class="center">
16          <form>
17          </form>
18        </div>
19        <!-- 底部footer部分 -->
20        <div class="footer">
21        </div>
22      </div>
23    </div>
24  </body>
25  </html>
```

上述代码中，整个登录界面分为头部 head 部分、中间 center 部分和底部 footer 部分。这 3 部分的效果将在后面的小节中实现。

8.8.3 设置 body 和 html 样式

在 index.html 页面的<head></head>之间设置 html 和 body 样式，示例代码如下。

```
1  <style>
2    html,
3    body {
4      width: 100%;
5      height: 100%;
6    }
7    .box {
8      width: 100%;
9      height: 100%;
10   }
11 </style>
```

上述代码中，设置 html 元素和 body 元素的宽度和高度都为 100%。这是因为浏览器默认状态下，没有给 body 设置高度，此时如果想要给 body 的子元素也就是 div.box 设置高度为 100%，不会起任何作用；而当给 html 元素和 body 元素设置高度为 100%之后，它的子级 div.box 的 height: 100%便发生作用了。注意，为了兼容不同浏览器，建议给 html 元素和 body 元素都设置高度为 100%，以便于效果正常显示。

8.8.4 实现页面垂直居中显示

实现页面垂直居中有两种方式，第一种是使用 Bootstrap 中预定的类名来实现，另外一种是使用传统的 CSS 属性来实现。这两种实现方式效果是一样的，但是前者使用起来更简捷。

第一种方式是使用 Bootstrap 中预定义的类名，示例代码如下。

```
1  <div class="box d-flex justify-content-center align-items-center">
2    <!-- 原代码 -->
3  </div>
```

上述代码中，d-flex 等同于 display: flex 属性，justify-content-center 等同于 justify-content: center 属性，align-items-center 等同于 align-items: center 属性。

第二种方式是在<head>标签中编写 CSS 样式实现盒子在页面垂直居中效果，示例代码如下。

```
1  <style>
2     .box {
3       width: 100%;
4       height: 100%;
5       display: flex;
6       justify-content: center;
7       align-items: center;
8     }
9    .login {
10     width: 600px;
11     height: auto;
12     border: 1px solid #f1f1f1;
13     box-shadow: 2px 2px 8px #000;
14   }
15 </style>
```

上述代码中，第 2～8 行代码设置 div.box 为弹性盒元素，其中，第 6 行代码设置内容的排列方式位于容器的中间，第 7 行代码设置弹性盒子元素位于容器的纵轴居中位置。第 9～14 行代码设置 div.login 盒子的边框和阴影效果。

8.8.5　实现头部 head 部分

设置 div.head 盒子的下外边距，示例代码如下。

```
1  <!-- 头部 head 部分 -->
2  <div class="head mb-5"></div>
```

上述代码中，第 2 行代码设置 div.head 盒子为.mb-5 类，用来表示 margin-bottom: 3rem!important。

在<style>标签中编写 head 部分 CSS 样式，示例代码如下。

```
1  <style>
2    .head {
3      width: 100%;
4      height: 160px;
5      background-image: -webkit-linear-gradient(30deg, #2196F3 0, #00BCD4 300px, #009688 300px, #CDDC39 600px);
6    }
7  </style>
```

上述代码中，设置了 div.head 盒子的宽度和高度，其中第 5 行设置渐变色背景。

8.8.6　实现中间 center 部分

编写 div.center 部分代码，实现登录表单布局，示例代码如下。

```
1  <!-- 中间 center 部分 -->
2  <div class="center m-auto">
3    <form>
4      <div class="form-group">
5        <div class="input-group mb-2 mr-sm-2">
6          <div class="input-group-prepend">
7            <div class="input-group-text">
8              <img src="icons/people.svg" alt="">
9            </div>
10         </div>
11         <input type="text" class="form-control" id="username" placeholder="手机号">
12       </div>
13       <div class="input-group mb-2 mr-sm-2">
14         <div class="input-group-prepend">
15           <div class="input-group-text">
16             <img src="icons/shield-lock.svg" alt="">
17           </div>
18         </div>
19         <input type="text" class="form-control" id="password" placeholder="密码">
20       </div>
21     </div>
22     <div class="row  text-center">
23       <div class="col-4">
24         <div class="custom-control custom-checkbox mr-sm-2">
25           <input class="custom-control-input" type="checkbox" id="login">
26           <label class="custom-control-label" for="login">自动登录</label>
27         </div>
28       </div>
29       <div class="col-4">
30         <div class="custom-control custom-checkbox mr-sm-2">
31           <input class="custom-control-input" type="checkbox" id="pwd" checked>
32           <label class="custom-control-label" for="pwd">记住密码</label>
33         </div>
34       </div>
35       <div class="col-4">
36         找回密码
37       </div>
38     </div>
```

```
39     <button type="submit" class="btn-lg btn-primary btn-block mt-4">安全登录</button>
40   </form>
41 </div>
```

上述代码中，第 4～21 行代码定义输入框组，其中第 4 行代码给<div>标签添加了.form-group 类，在该类中放入标签和控件来获取元素之间的最佳间距。例如，使用 input-group 类向表单输入框中添加文本、图标等样式；使用.input-group-prepend 类在输入框的前面添加文本信息；使用 .input-group-text 类来设置文本的样式；使用<img>标签来引入 SVG 图标。第 22～38 行代码使用.row 类和.col-4 类快速创建 1 行 3 列的栅格布局。第 39 行代码定义<button>按钮。

在<style>标签中编写 center 部分 CSS 样式，示例代码如下。

```
1  <style>
2    .center {
3      width: 400px;
4      height: 200px;
5    }
6  </style>
```

上述代码中，设置了 div.center 盒子的宽度和高度。

8.8.7 实现底部 footer 部分

编写 div.footer 部分代码，实现布局，示例代码如下。

```
1  <!-- 底部 footer 部分 -->
2  <div class="footer d-flex justify-content-between">
3    <div class="left">注册账号？</div>
4    <div class="right">扫码登录</div>
5  </div>
```

上述代码中，第 2 行代码处的.d-flex 类设置<div>标签为弹性盒容器，并且设置内容两端对齐。

在<style>中编写 footer 部分 CSS 样式，示例代码如下。

```
1  <style>
2    .footer > * {
3      padding: 5px 10px;
4      cursor: pointer;
5    }
6    .footer > *:hover {
7      color: #999;
8    }
9  </style>
```

上述代码中，第 2～5 行代码设置.footer 的所有子级元素的 padding 和 cursor 属性值。第 6～8 行代码设置.footer 的所有子级元素鼠标指针悬停时的效果。

8.8.8 项目总结

本项目的练习重点：

本项目主要为了巩固学习弹性布局、栅格系统、表单组件和按钮的应用。

本项目的练习方法：

本项目所有功能都是由 HTML 和 CSS 代码来实现，没有涉及 JavaScript 代码，有兴趣的读者可以动手搭建登录界面。

课后练习

一、填空题

1. 在 Bootstrap 中，表单、分页等都属于 Bootstrap 的________。
2. Bootstrap 是由________公司的设计师开发的一个前端开源框架。
3. 在页面引入 html5shiv.min.js，用于让低版本的浏览器支持________元素。

4. Bootstrap 包中为我们提供了________和________两个容器类。

5. Bootstrap 创建内联表单，只需要在垂直表单的基础上，为<form>标签添加________类。

二、判断题

1. Bootstrap 表单中的堆叠表单为默认样式。(　　)

2. 使用.container-fluid 类进行布局时，默认显示黑色边框。(　　)

3. 使用 Bootstrap 进行开发时，除 Bootstrap 包中提供的内容外，不需要引入其他包。(　　)

4. Bootstrap 是基于 HTML、CSS、JavaScript 等前端技术实现的。(　　)

5. Bootstrap 的栅格系统默认将父元素分成 12 等份，所以可根据占据的份数来设置子元素的宽度。(　　)

三、选择题

1. 下列选项中，属于 Bootstrap 默认表单的是（　　）。

A. 内联表单　B. 水平表单　C. 堆叠表单　D. 外联表单

2. 当网页中某个模块需要占据 100%视口的宽度时，使用（　　）容器类。

A. .container-fluid　B. .container-all　C. .container　D. .all

3. 下列选项中，不支持使用 Bootstrap 定义按钮的标签是（　　）。

A. <a>标签　B. <button>标签　C. <image>标签　D. <input>标签

4. Bootstrap 栅格系统中，大于（　　）列需要另起一行。

A. 5　B. 10　C. 12　D. 8

5. 在 Bootstrap 中，为按钮添加基本样式的类是（　　）。

A. .btn-default 类　B. .btn-info 类　C. .btn-primary 类　D. .btn 类

四、简答题

1. 请简述 Bootstrap 的特点。

2. 请简述 Bootstrap 中布局容器的概念。

第 9 章

Bootstrap（下）

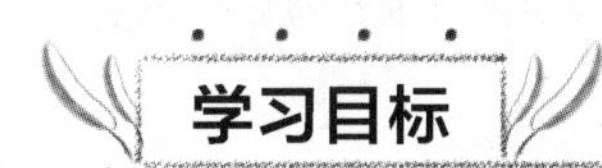

★ 掌握 Bootstrap 导航、导航栏和卡片组件的使用

★ 了解后台管理系统的整体结构

★ 掌握后台管理系统具体代码的实现

拓展阅读

在前面的章节中我们介绍了 Bootstrap 的一些基础知识，包括环境的下载和安装、布局容器和常用的一些组件等。在本章中，我们将继续学习 Bootstrap 中的导航组件、导航栏组件和卡片组件的使用。在学习了这些内容以后，相信读者能够熟练掌握 Bootstrap 中各种功能的使用。最后，我们将带领读者完成一个综合项目“后台管理系统”的开发。此外，本书配套的源代码中提供了项目的源代码，读者可以结合源代码来进行学习。

9.1 导航

Bootstrap 提供了多种导航组件，可以使用相同的标签、不同的样式类实现不同风格的导航。当然，我们也可以根据自己的实际需要去定制导航。导航默认是水平方向的，如果想要创建一个垂直的导航，我们可以通过给<ul>标签添加.flex-column 类来实现。本节主要讲解如何使用 Bootstrap 制作一个基础导航，以及如何实现标签式导航、pills 导航和下拉菜单导航。

9.1.1 基础导航

Bootstrap 导航组件是使用列表结构进行设计的，所有的导航组件都需要使用一个.nav 基类实现导航的基础效果。

为了让读者更好地理解，接下来通过例 9-1 演示一种简单的导航效果。

【例 9-1】

创建 C:\code\chapter09\demo01.html 文件，导航列表结构代码如下所示。

```
1  <!DOCTYPE html>
2  <html>
3  <head>
4    <meta charset="UTF-8">
5    <title>Bootstrap 基础导航</title>
6    <meta name="viewport" content="width=device-width, initial-scale=1.0, shrink-to-fit=no">
```

```
7    <!-- 引入 Bootstrap 核心 CSS 文件 -->
8    <link href="bootstrap-4.5.0-dist/css/bootstrap.min.css" rel="stylesheet">
9  </head>
10 <body>
11   <ul class="nav">
12     <li class="nav-item">
13       <a class="nav-link" href="#">首页</a>
14     </li>
15     <li class="nav-item">
16       <a class="nav-link" href="#">标题 1</a>
17     </li>
18     <li class="nav-item">
19       <a class="nav-link" href="#">标题 2</a>
20     </li>
21   </ul>
22 </body>
23 </html>
```

上述代码中，使用<ul>无序列表来定义导航结构。除此之外，Bootstrap 中也可以使用<ol>有序列表来定义导航结构。第 11～21 行代码给<ul>添加.nav 基类定义导航最外层盒子，在<ul>的内部给每个<li>添加.nav-item 类定义导航列表，并在每一个 li.nav-item 的内部给<a>添加.nav-link 类定义导航标签中的内容。

保存代码，在浏览器中查看运行效果，如图 9-1 所示。

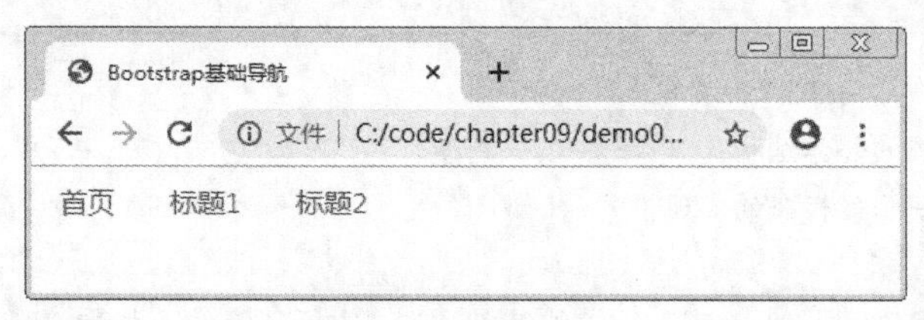

图9-1　基础导航

9.1.2 标签式导航

在导航的基础结构上，我们可以给<ul>添加.nav-tabs 类来将导航转化为标签式导航，对于选中的选项使用.active 类来标记。

修改 demo01.html 文件，具体代码如下。

```
1 <ul class="nav nav-tabs">
2   <li class="nav-item">
3     <a class="nav-link active" href="#">首页</a>
4   </li>
5   <!-- 原代码 -->
6 </ul>
```

保存代码，在浏览器中查看运行效果，如图 9-2 所示。

图9-2　标签式导航

9.1.3 pills 导航

在导航的基础结构上，我们可以给<ul>添加.nav-pills 类来将导航设置为胶囊形状。

修改 demo01.html 文件，其结构代码如下所示。

```
1  <ul class="nav nav-pills">
2    <li class="nav-item">
3      <a class="nav-link active" href="#">首页</a>
4    </li>
5    <!-- 原代码 -->
6  </ul>
```

保存代码，在浏览器中查看运行效果，如图 9-3 所示。

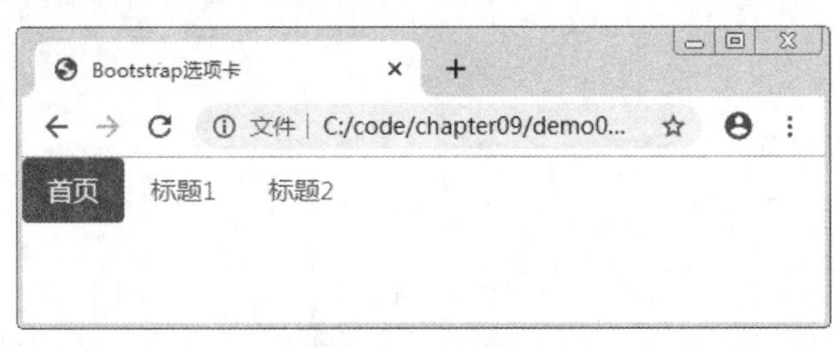

图9-3 pills导航

9.1.4 导航对齐方式

导航的.nav 基类给元素设置了 display:flex;样式，表示将该元素设置为弹性容器。我们可以使用前面学到的 Flex 弹性布局提供的类来设置导航的对齐方式，例如，使用.justify-content-center 类设置导航居中显示，使用.justify-content-end 类设置导航右对齐。导航默认的对齐方式为左对齐。

接下来通过代码进行演示。修改 demo01.html 文件，在导航的基础结构上，我们给<ul>添加.justify-content-center 类来设置导航居中显示，示例代码如下。

```
1  <ul class="nav justify-content-center">
2    <!-- 原代码 -->
3  </ul>
```

保存代码，在浏览器中查看运行效果，如图 9-4 所示。

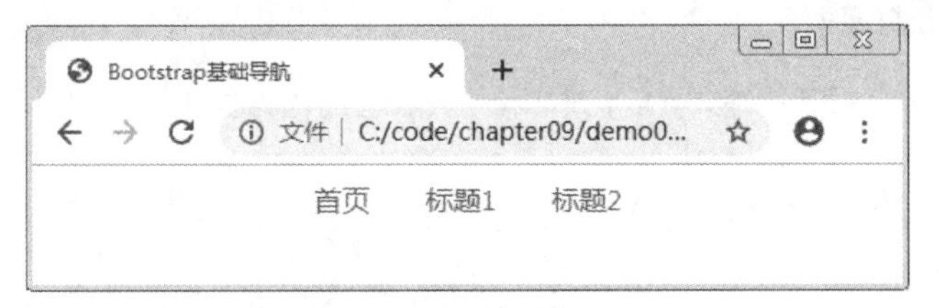

图9-4 导航居中对齐

9.1.5 导航下拉菜单

下拉菜单是一个独立的组件，它可以与页面中任何元素一起使用，只需要将 HTML 代码和下拉菜单进行捆绑，然后使用 jQuery 和 popper.min.js 即可实现下拉菜单。

修改 demo01.html 文件，在</body>标签前面引入 jQuery 文件和 popper.min.js 文件，示例代码如下。

```
<!—jQuery 文件 -->
<script src="bootstrap-4.5.0-dist/js/jquery-3.5.1.slim.min.js"></script>
<!-- 用于弹窗、提示、下拉菜单的 popper.min.js 文件 -->
<script src="bootstrap-4.5.0-dist/js/popper.min.js"></script>
<!-- 包括所有已编译的插件 -->
<script src="bootstrap-4.5.0-dist/js/bootstrap.min.js"></script>
```

上述代码中，引入了实现下拉菜单所需要的相关 JavaScript 文件。

接下来，实现 HTML 和下拉菜单的捆绑。首先在导航基础结构上，为标签项（<li>）添加.dropdown 类；然后给下拉菜单结构（标签项<li>内部的<ul>）添加.dropdown-menu 类；最后给标签项中的<a>绑定激活属性

data-toggle="dropdown"。如果想要给下拉菜单添加向下箭头，则需要给<a>添加一个.dropdown-toggle 类。示例代码如下。

```
1  <ul class="nav">
2    <li class="nav-item dropdown">
3      <a class="nav-link dropdown-toggle" data-toggle="dropdown" href="#">首页</a>
4      <ul class="dropdown-menu">
5        <li>
6          <a href="#">登录</a>
7        </li>
8        <li>
9          <a href="#">注册</a>
10       </li>
11     </ul>
12   </li>
13   <!-- 原代码 -->
14 </ul>
```

上述代码演示的是如何实现一个简易的水平导航（<ul class="nav">）的下拉菜单，此方法同样适用于标签式导航和 pills 导航，只需要在<ul class="nav">中给 class 添加 nav-tabs 或 nav-pills 即可。读者可以尝试实现标签式导航的下拉菜单，或者 pills 导航的下拉菜单。

保存代码，在浏览器中查看运行效果，如图 9-5 所示。

图9-5　导航下拉菜单

9.1.6　标签页切换

在前面我们学习了如何设置标签式导航，那么接下来在它的代码基础上，实现标签页切换功能，示例代码如下。

```
1  <ul class="nav nav-tabs">
2    <!-- 原代码 -->
3    <li class="nav-item">
4      <a class="nav-link active" data-toggle="tab" href="#home">首页</a>
5    </li>
6    <li class="nav-item">
7      <a class="nav-link" data-toggle="tab" href="#menu1">标题 1</a>
8    </li>
9    <li class="nav-item">
10     <a class="nav-link" data-toggle="tab" href="#meun2">标题 2</a>
11   </li>
12 </ul>
13 <!-- 定义选项卡的展示内容 -->
14 <div class="tab-content">
15   <div class="tab-pane active container" id="home">我是首页</div>
16   <div class="tab-pane container" id="menu1">我是标题 1 内容</div>
17   <div class="tab-pane container" id="menu2">我是标题 2 内容</div>
18 </div>
```

上述代码中，首先定义了标签页的展示内容，给<div>添加.tab-content 类定义标签页的内容显示框，在该内容框内包含和标签项对应的子内容框（使用.tab-pane 类进行定义）；其次给子内容框定义了 id 值，此处的 id 值是和标签页中<a>的 href 值对应的；最后在标签项中为每个<a>绑定 data-toggle="tab"属性来激活标签项的交互行为。

值得一提的是，如果想要实现 pills 动态标签页切换，只需要在上述代码的基础上，将<ul class="nav nav-tabs">中的 nav-tabs 改为 nav-pills，同时将 data-toggle="tab"改为 data-toggle="pill"即可。

保存代码，在浏览器中单击"标题 1"选项查看运行效果，如图 9-6 所示。

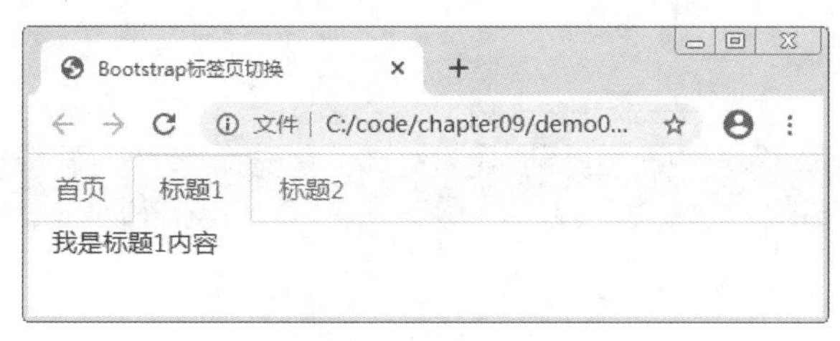

图9-6　标签页切换

9.2　导航栏

导航栏是网页设计中不可或缺的一部分，通常应用于页面的头部，可以帮助用户快速找到他们想要访问的内容。例如，从一个页面跳转到另一个页面。由于 Bootstrap 导航栏在实际应用中比较复杂，本节主要讲解如何使用 Bootstrap 制作一个基础导航栏，以及如何修改默认导航栏的样式。

9.2.1　基础导航栏

Bootstrap 导航栏是网站中作为导航页头的响应式基础组件，它可以包含按钮、搜索框、表单等元素，这些元素可以帮助用户快速操作导航。

为了方便读者理解，接下来通过例 9-2 演示基础导航栏效果。

【例 9-2】

创建 C:\code\chapter09\demo02.html 文件，导航栏结构代码如下所示。

```
1  <!DOCTYPE html>
2  <html>
3  <head>
4    <title>导航栏</title>
5    <meta charset="UTF-8">
6    <meta http-equiv="x-ua-compatible" content="IE=edge">
7    <meta name="viewport" content="width=device-width, initial-scale=1.0, shrink-to-fit=no">
8    <!-- 引入 Bootstrap 核心 CSS 文件 -->
9    <link href="bootstrap-4.5.0-dist/css/bootstrap.min.css" rel="stylesheet">
10 </head>
11 <body>
12   <!-- 超小屏幕上水平导航栏会切换为垂直的 -->
13   <nav class="navbar navbar-expand-sm bg-dark navbar-dark">
14     <ul class="navbar-nav">
15       <li class="nav-item">
16         <a class="nav-link" href="#">首页</a>
17       </li>
18       <li class="nav-item">
19         <a class="nav-link" href="#">标题 1</a>
20       </li>
21       <li class="nav-item">
22         <a class="nav-link" href="#">标题 2</a>
23       </li>
24     </ul>
25   </nav>
26 </body>
27 </html>
```

上述代码中，第 13 行代码使用.navbar 类来创建一个标准的导航栏，后面紧跟.navbar-expand-sm 类来创建响应式的导航栏（大屏幕水平铺开，小屏幕垂直堆叠）。.navbar-expand-*中的*的取值可以是 sm、md、lg、 xl。第 14 行代码使用<ul>标签并添加 class="navbar-nav"类定义导航栏上的选项。第 15～17 行代码在 <li>标签上添加.nav-item 类，<a>标签上使用.nav-link 类。

保存代码，在浏览器中查看运行效果，如图 9-7 所示。

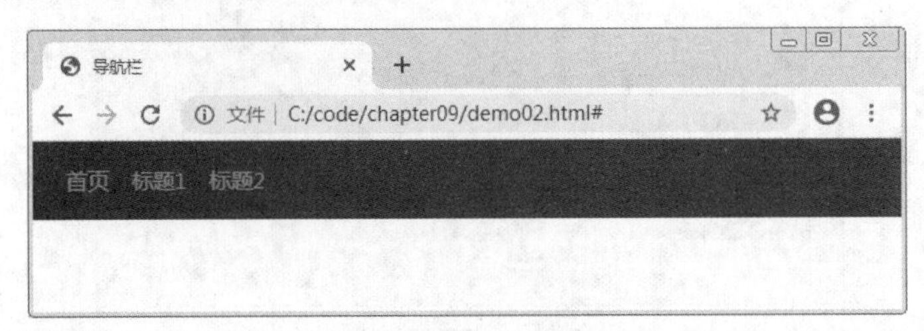

图9-7 水平导航栏

缩小浏览器窗口后，在小屏幕上水平导航栏会切换为垂直的导航栏，如图 9-8 所示。

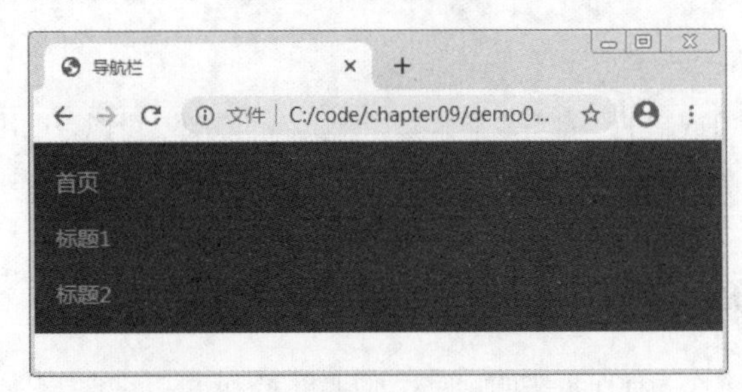

图9-8 小屏幕上导航栏垂直排列

9.2.2 设置导航栏的标题

一个完整的导航栏通常会包含两部分内容：网站的名称和导航项目。网站的名称通常位于导航栏的左侧，使用 Bootstrap 提供的.nav-brand 来定义品牌图标。

接下来通过代码进行演示。修改 demo02.html 文件，给导航栏添加网站的名称，示例代码如下。

```
1  <!-- 超小屏幕上水平导航栏会切换为垂直的 -->
2  <nav class="navbar navbar-expand-sm bg-dark navbar-dark">
3    <a class="navbar-brand" href="#">Navbar</a>
4    <!-- 原代码 -->
5  </nav>
```

上述代码中，通过<a class="navbar-brand">为导航栏添加了一个网站的标识名称，效果如图 9-9 所示。

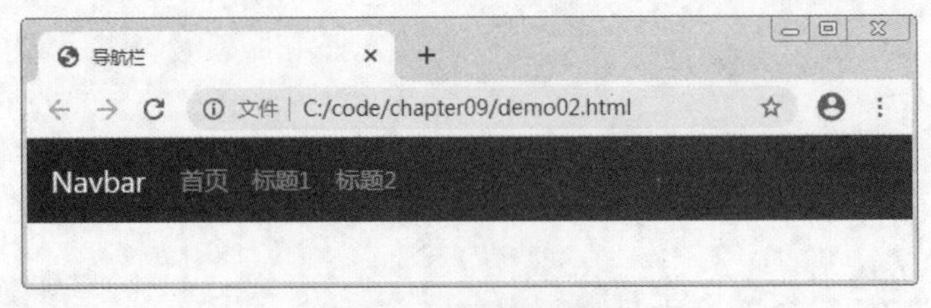

图9-9 设置导航栏标题

9.2.3 导航栏折叠效果

折叠导航栏能够根据窗口的宽度自动调整显示状态，实现在特定屏幕下出现一个折叠按钮，单击该按钮会展示隐藏起来的导航列表，再次单击按钮会隐藏导航列表的效果。

接下来通过代码进行演示。首先在 demo02.html 文件中的</body>标签前面引入 jQuery 文件和 bootstrap.min.js 核心文件，示例代码如下。

```
<!-- jQuery 文件 -->
<script src="bootstrap-4.5.0-dist/js/jquery-3.5.1.slim.min.js"></script>
<!-- 包括所有已编译的插件 -->
<script src="bootstrap-4.5.0-dist/js/bootstrap.min.js"></script>
```

然后修改 demo02.html 文件，添加折叠按钮，示例代码如下。

```
1  <!-- 超小屏幕上水平导航栏会切换为垂直的 -->
2  <nav class="navbar navbar-expand-sm bg-dark navbar-dark">
3    <a class="navbar-brand" href="#">Navbar</a>
4    <button class="navbar-toggler" type="button" data-toggle="collapse" data-target="#navtop">
5      <span class="navbar-toggler-icon"></span>
6    </button>
7    <div class="collapse navbar-collapse" id="navtop">
8      <!-- 原代码 -->
9    </div>
10 </nav>
```

上述代码中，第 7 行代码为在小屏幕下需要折叠的导航框新增一个响应式导航容器<div>，并添加.collapse 和.navbar-collapse 类，同时设置 id 值为 navtop。然后第 4～6 行代码添加一个按钮，该按钮的 data-target 属性值等于响应式导航容器的 id 值，这样以便于激活响应式交互，同时给按钮设置 data-toggle="collapse"属性绑定与响应式导航容器之间的响应联动关系。

保存上述代码，在浏览器中查看网页在小屏幕下的运行效果，页面效果如图 9-10 所示。

单击折叠按钮“☰”，即可显示下拉菜单。如图 9-11 所示。

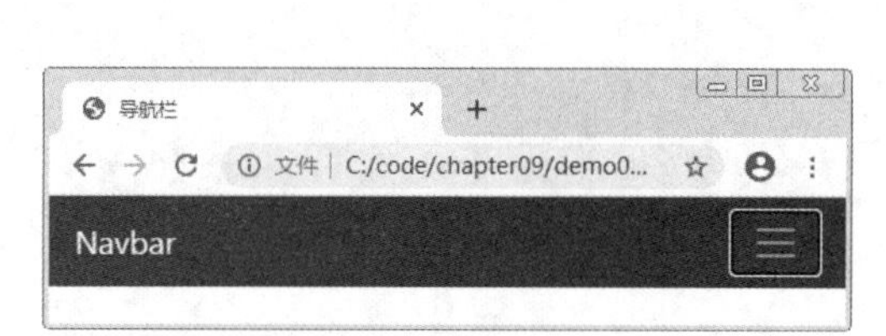

图9-10 折叠导航栏

图9-11 折叠导航的内容展示

小提示：

上述案例中，我们给导航栏设置的是黑底白字效果。当然，也可以使用.bg-primary、.bg-success、.bg-info、.bg-warning、.bg-danger、.bg-secondary、.bg-dark 和.bg-light 等类来创建不同颜色的导航栏。需要注意的是，对于暗色背景建议文本颜色设置为浅色，对于浅色背景建议文本颜色设置为深色。

9.3 卡片

Bootstrap 的卡片提供了一个灵活且可扩展的内容容器，它支持图像、文本、列表组、链接等内容。本节主要讲解如何使用 Bootstrap 制作一个基础卡片，以及如何给卡片插入图片和背景图效果。

9.3.1 卡片结构

使用 div.card 可以定义一组卡片内容。在卡片中，使用.card-header 类创建卡片的头部，使用.card-footer 类创建卡片的底部。

为了方便读者学习卡片的使用，接下来通过例 9-3 演示简单的卡片结构。

【例 9-3】

创建 C:\code\chapter09\demo03.html 文件，卡片结构代码如下所示。

```
1  <div class="card">
2    <div class="card-header">卡片头部</div>
```

```
3     <div class="card-body">卡片内容</div>
4     <div class="card-footer">卡片底部</div>
5   </div>
```

保存上述代码，在浏览器中查看运行效果，如图 9-12 所示。

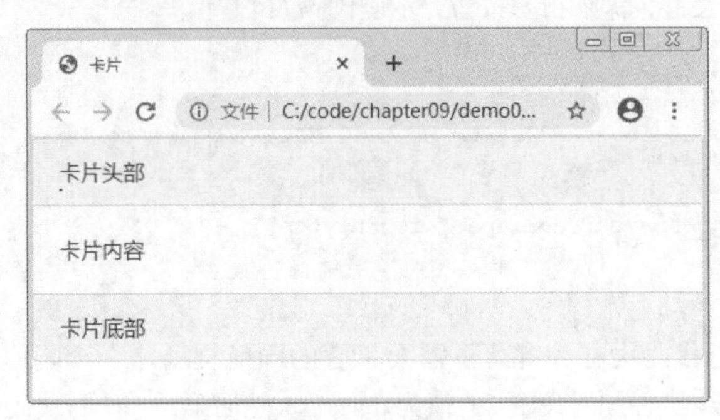

图9-12　卡片结构

9.3.2　卡片主体内容

Bootstrap 卡片效果的实现非常简单，我们可以通过一个 div.card 容器，并在该容器中使用.card-body 类定义卡片中的主体内容。

接下来通过代码进行演示。修改 demo03.html 文件，编写卡片主体内容，示例代码如下。

```
1   <div class="card">
2     <div class="card-header">卡片头部</div>
3     <div class="card-body">
4       <!-- 卡片内容 -->
5       <h4 class="card-title">标题</h4>
6       <h4 class="card-subtitle mb-2 text-muted">副标题</h4>
7       <p class="card-text">卡片的文本内容区域...</p>
8       <a href="#" class="card-link">链接</a>
9       <a href="#" class="card-link">链接</a>
10    </div>
11    <div class="card-footer">卡片底部</div>
12  </div>
```

上述代码中，第 1 行代码定义了一个 div.card 容器。第 3 行代码中使用了.card-body 类定义卡片中的主体内容。第 5 行代码在<h*>标签上使用.card-title 类来定义卡片的标题，第 6 行代码在<h*>标签上使用.card-subtitle 添加副标题。需要注意的是，如果想要卡片标题和副标题很好地对齐排列，那么.card-title 和.card-subtitle 要放置在一个.card-body 项目中。第 7～8 行代码在<a>标签上使用.card-link 类来定义链接。

保存上述代码，在浏览器中查看运行效果，如图 9-13 所示。

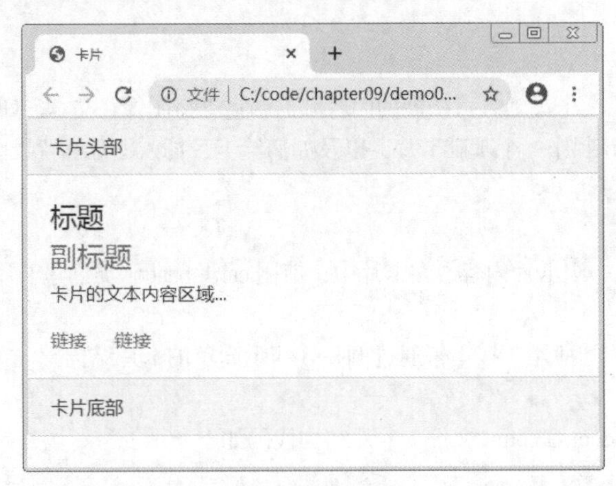

图9-13　卡片主体

9.3.3 设置带有图片的卡片

在卡片结构的基础上，我们可以在 div.card 容器内添加<img>标签，使文字可以环绕在图片的周围，实现类似于个人名片的效果，使卡片更加精致。

下面通过代码进行演示，修改 demo03.html 文件，给卡片设置图片效果，示例代码如下。

```
1  <div class="card" style="width: 20rem">
2    <!-- <div class="card-header">卡片头部</div> -->
3    <img class="card-img-top" src="images/avatar.jpg" alt="image">
4    <!-- 原代码 -->
5   <!-- <div class="card-footer">卡片底部</div> -->
6  </div>
```

上述代码中，第 1 行代码给.card 容器设置了容器宽度为 20rem；第 3 行代码给<img>标签添加.card-img-top 样式类，设置图片在卡片的顶部显示。

保存上述代码，在浏览器中查看运行效果，如图 9-14 所示。

图9-14 带有图片的卡片

9.3.4 设置卡片背景图

除了可以给卡片添加图片效果外，还可以给卡片设置背景图效果，使图片充当背景色，文字在背景图的上面显示。

修改 demo03.html 文件，将<div class="card-body">中的“card-body”修改为“card-img-overlay”，将图片设置为卡片背景，示例代码如下。

```
1  <div class="card" style="width: 20rem">
2    <!-- <div class="card-header">卡片头部</div> -->
3    <img class="card-img-top" src="images/avatar.jpg" alt="image">
4     <div class="card-img-overlay">
5      <!-- 原代码 -->
6    </div>
7   <!-- <div class="card-footer">卡片底部</div> -->
8  </div>
```

保存上述代码，在浏览器中查看运行效果，如图 9-15 所示。

需要注意的是，内容的高度不应大于图像的高度，否则内容会显示在图像的外部，影响卡片的美观。

图9-15　卡片背景

9.4　【项目 9】后台管理系统

后台管理系统用来对网站的内容进行管理。例如，可以处理订单数据、操作产品的上架或下架以及产品介绍、对数据进行增删改查，以及处理产品的售后流程等。在本节中我们将通过 Gulp 工具构建 Boostrap 项目，并结合 Chart.js 插件实现数据可视化，最终完成后台管理系统的开发。

9.4.1　项目展示

一个电商类的网站，一般分为前台和后台。前台用来展示商品的效果图及商品描述，后台只有具备管理权限的人员才可以登入，用来管理商品。后台管理系统让用户在熟悉的界面中使用简单的操作即可完成对前台网页的修改，用户不需要掌握复杂的编程技能即可完成商品的上架和下架等管理操作。我们使用 Bootstrap 4 来完成后台管理系统响应式首页的开发，本小节将先为大家讲解项目页面结构的展示效果以及具体的实现思路。

本项目支持 PC 端和移动端屏幕的自适应，读者可以选择任意一款移动端设备来查看页面效果，在这里没有特定的要求。在开发过程中我们使用的是 Chrome 的开发者工具，测试页面在 iPhone6/7/8 模拟环境下的页面效果。

后台管理系统在 PC 端的页面效果如图 9-16～图 9-18 所示。

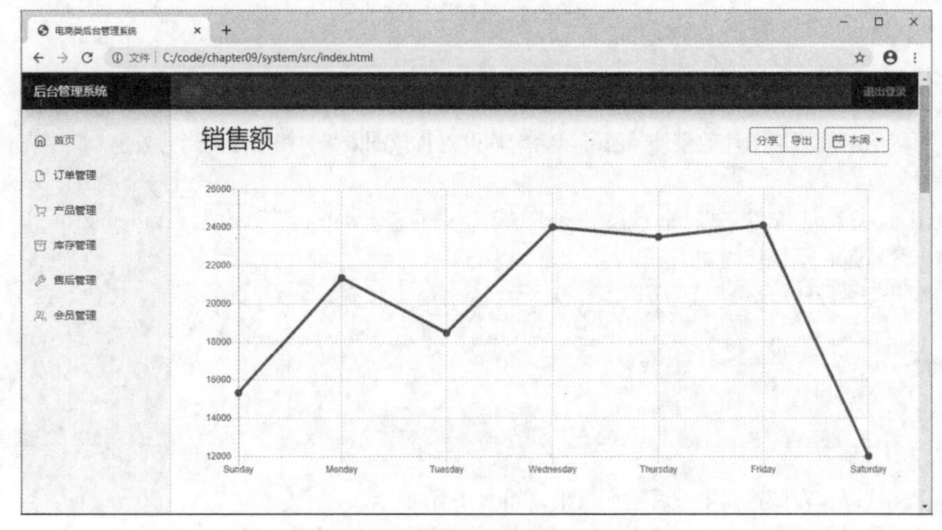

图9-16　后台管理系统上面部分PC端效果

图9-17　后台管理系统中间部分PC端效果

电商类后台管理系统

C:/code/chapter09/system/src/index.html

后台管理系统　退出登录

首页
订单管理
产品管理
库存管理
售后管理
会员管理

热销产品

编号	商品名称	价钱	数量	总销售额
06011820114	衬衫	¥199	90	¥17910
06011820115	外套	¥399	80	¥31920
06011820116	裤子	¥599	50	¥29950
06011820117	外套	¥399	80	¥31920
06011820118	外套	¥399	80	¥31920
06011820119	外套	¥399	80	¥31920
06011820120	外套	¥399	80	¥31920
06011820121	外套	¥399	80	¥31920
06011820122	外套	¥399	80	¥31920
06011820123	外套	¥399	80	¥31920
06011820124	外套	¥399	80	¥31920
06011820125	外套	¥399	80	¥31920
06011820126	外套	¥399	80	¥31920
06011820127	外套	¥399	80	¥31920
06011820128	外套	¥399	80	¥31920
06011820129	外套	¥399	80	¥31920

显示表中16条信息　　上一页　1　2　3　下一页

图9-18　后台管理系统下面部分PC端效果

打开 Chrome 的开发者工具，测试页面在移动设备模拟环境下的页面效果如图 9-19 和图 9-20 所示。

单击折叠按钮显示下拉菜单，效果如图 9-21 所示。

后台管理系统网页是由多个模块组成的，本项目模块分为导航栏部分、侧边导航部分、右侧内容部分。为了让读者更清晰地看到本项目的实现效果，后面将按网页中的模块，分成几个任务，带领读者一步步地完成该项目。

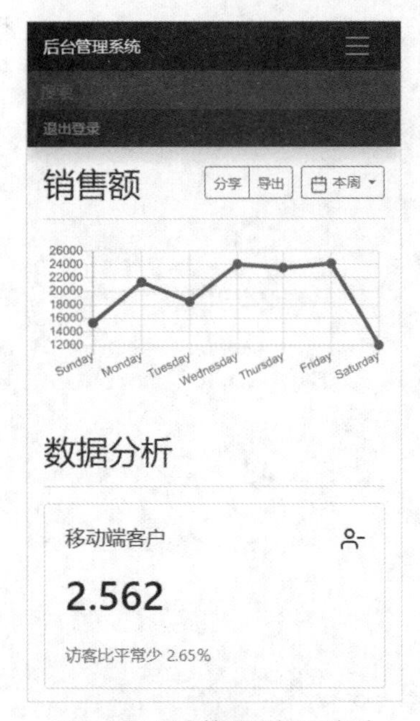

图9-19　后台管理系统上面部分移动设备显示效果

图9-20　后台管理系统下面部分移动设备显示效果

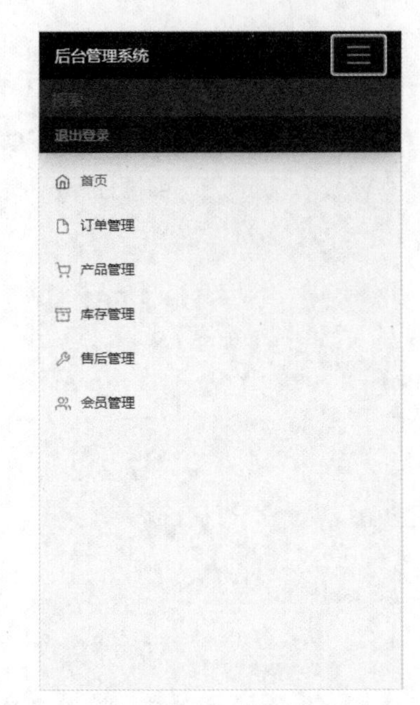

图9-21　下拉菜单

9.4.2　安装 Node.js 环境

后台管理系统项目采用 Gulp 工具进行构建，在安装 Gulp 工具前，需要先搭建 Node.js 运行环境。

Node.js 是基于 Chrome 的 V8 JavaScript 引擎开发的 JavaScript 运行环境，它可以让 JavaScript 运行在服务器端。npm 是一个 JavaScript 包管理器，在安装 Node.js 时会自动安装相应的 npm 版本，不需要单独安装。

（1）进入 Node.js 以往版本的网址，找到 Node.js V10.21.0 版本的下载地址，如图 9-22 所示。

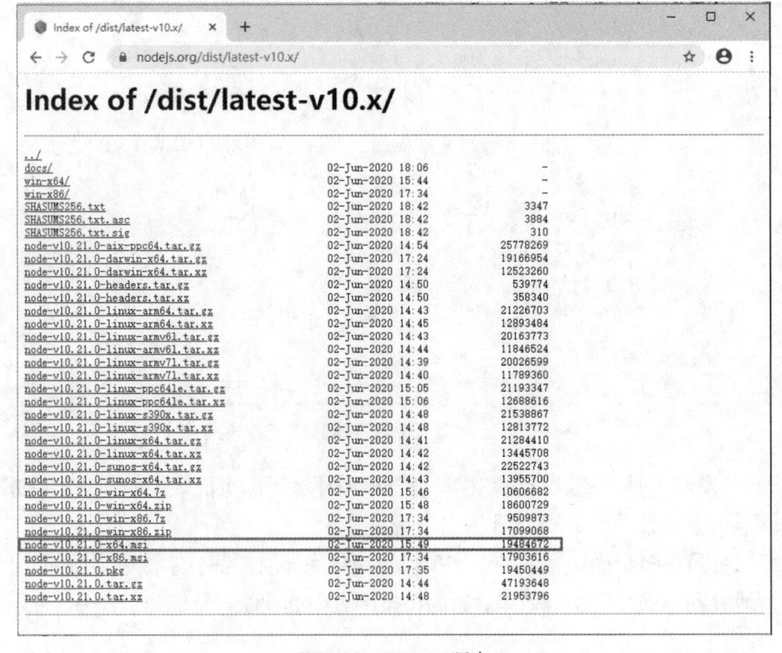

图9-22　Node.js版本

在图 9-22 所示的页面中，单击 node-v10.21.0-x64.msi 链接，将安装包下载到本地。

（2）双击安装包进行安装，如图 9-23 所示。

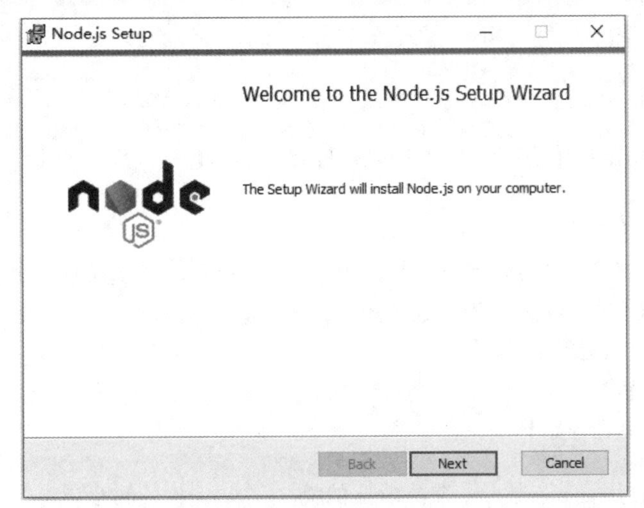

图9-23 安装界面

（3）单击“Next”按钮进入下一步，安装过程全部使用默认值即可。

（4）安装完成后，可以通过命令行工具查看 Node.js 的版本号。打开“cmd”命令行工具，输入“node -v”查看 Node.js 版本信息，如图 9-24 所示。

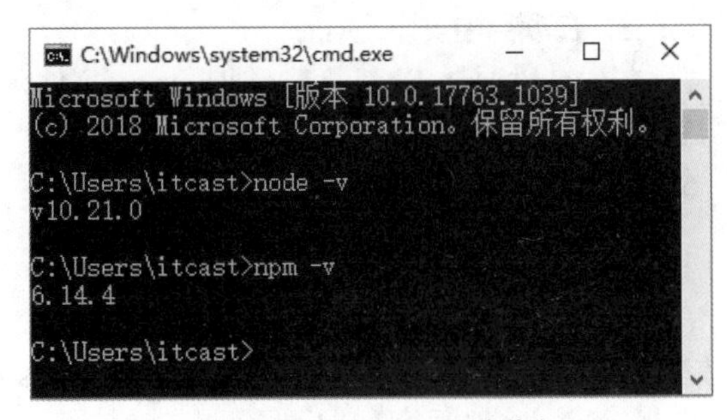

图9-24 查看Node.js版本信息

图 9-24 中显示了 Node.js 和 npm 的版本，分别是 v10.21.0 和 6.14.4。

在安装好 Node.js 和 npm 后，在后面小节中我们将安装 Gulp 任务管理器，以便我们更快速地编写代码，提高开发效率。

9.4.3 使用 Sass 编写样式代码

Sass 是一款成熟、稳定、强大的专业级 CSS 扩展语言，它是一款强化 CSS 的辅助工具，在 CSS 语法的基础上增加了变量、嵌套、混合、导入等高级功能，让 CSS 更加强大与优雅。使用 Sass 以及 Sass 的样式库有助于更好地组织管理样式文件，以及更高效地开发项目。

Sass 的优势主要包括以下几点。

（1）Sass 完全兼容所有版本的 CSS。

（2）特性丰富，Sass 拥有比其他任何 CSS 扩展语言更多的功能和特性。

（3）技术成熟，功能强大。

（4）行业认可，越来越多的人使用 Sass。

（5）社区庞大，大多数科技企业和成百上千名开发者为 Sass 提供支持。

（6）有无数框架使用 Sass 构建，如 Compass、Bootstrap 和 Bourbon。

在使用 CSS 编写代码时，我们知道重复写选择器是非常烦琐的。例如，当编写一大串指向页面中同一块的样式时，往往需要一遍又一遍地写同一个 ID 来实现，示例代码如下所示。

```
#content article h1 { color: #333 }
#content article p { margin-bottom: 1.4em }
#content aside { background-color: #EEE }
```

为了解决重复书写ID选择器的问题，我们可以使用Sass来编写，具体代码如下。

```
#content {
  article {
    h1 { color: #333 }
    p { margin-bottom: 1.4em }
  }
  aside { background-color: #EEE }
}
```

上述代码中，ID选择器只使用了一次就可以实现同样的效果。

9.4.4 安装Gulp

Gulp 是 Node.js 中的一个任务管理器，用来构建系统，它可以轻松地完成编辑、复制等自动化任务。Bootstrap中的CSS代码通过Sass文件编译成静态的CSS代码，当.scss文件发生改变后，Gulp可以监听修改相应的.css文件，并自动去更新代码。

1. 全局安装Gulp

全局安装Gulp，安装命令如下。

```
npm install --global gulp@3.9.1
```

安装完成后，可以使用gulp -v命令，查看Gulp的版本。全局安装Gulp后就可以在当前电脑上使用Gulp环境了。

2. 在项目中安装Gulp

在C:\code\chapter09目录下，创建system文件夹，使其作为项目根目录。然后打开命令行工具进入system目录下，执行如下命令。

```
// 使用npm初始化项目
npm init
// 局部安装Gulp
npm install gulp@3.9.1 --save-dev
```

上述命令中，执行完npm init命令后，在命令行窗口中会出现系统的一系列询问，在这里直接单击Enter键使用默认值即可。该命令会创建一个package.json文件，该文件包含了与项目相关的信息，及项目的依赖。—save-dev选项会将Gulp作为devDependencice（开发依赖）保存到package.json文件中，这是因为项目上线时不需要这个包，所以把它安装到了开发依赖中。

需要注意的是，全局安装的Gulp版本和项目中安装的Gulp版本需要一致，否则会报错。

3. 在项目中安装gulp-sass

在Gulp中，使用gulp-sass插件将Sass代码编译成CSS代码。gulp-sass插件使用node-sass，通过libSass来编译Sass代码。

在项目中安装gulp-sass，执行如下命令。

```
// 安装gulp-sass
npm install gulp-sass --save-dev
```

执行完上述命令后，—save-dev标记会将gulp-sass作为devDependencice（开发依赖）保存到package.json文件中。

打开package.json文件，示例代码如下所示。

```
{
  "name": "system",
  "version": "1.0.0",
  "description": "",
  "main": "index.js",
  "scripts": {
    "test": "echo \"Error: no test specified\" && exit 1"
  },
  "author": "",
  "license": "ISC",
  "devDependencies": {
```

```
    "gulp": "^3.9.1",
    "gulp-sass": "^4.1.0"
  }
}
```

4. gulpfile.js 配置文件

Gulp 的每个功能都是一个任务，如压缩 CSS 的任务、合并文件的任务等。Gulp 规定任务要写在 glupfile.js 文件中，该文件主要是用来配置所有任务，帮助 Gulp 实现自动化管理项目功能。

安装好插件后，我们就可以在项目根目录下新建 gulpfile.js 文件，在文件中添加编译任务，示例代码如下。

```
// 加载 gulp 模块
var gulp = require('gulp');
// 加载需要用到的插件
var sass = require('gulp-sass');
// 定义一个 sass 任务
gulp.task('sass', function () {
  return gulp.src('./res/sass/*.scss')   // sass 任务针对的文件
    .pipe(sass())                          // sass 任务调用的模块
    .pipe(gulp.dest('./res/css'))          // 将会在./res/css 下生成相应的.css 文件
})
// 监听 scss 文件
gulp.task('watch', function () {
  gulp.watch('./res/sass/*.scss', ['sass']);
});
// 同时让默认程序执行一次，这样可以提高开始执行速度
gulp.task('default', ['sass','watch']);
```

保存上述代码，在 system 项目根目录中使用 gulp watch 命令来启动构建流程，当./res/sass/目录下的.scss 文件发生改变时，将会在./res/css 下生成相应的.css 文件。

9.4.5　下载和安装 Chart.js 图表库

Chart.js 是一款基于 HTML5 的 JavaScript 图表库，它可以提供直观、生动、可交互、可个性化定制的可视化图表。Chart.js 使用 HTML5 的 Canvas 元素来实现折线图、柱状图、饼图等。如果浏览器窗口大小发生改变，那么 Chart.js 将调整图表的大小，使之在网页上完美呈现。Chart.js 允许把不同的图表类型混合在一起，然后在上面绘制日期、对数或自定义比例的数据。

我们可以在 GitHub 平台上下载 Chart.main.js 文件，如图 9-25 所示。

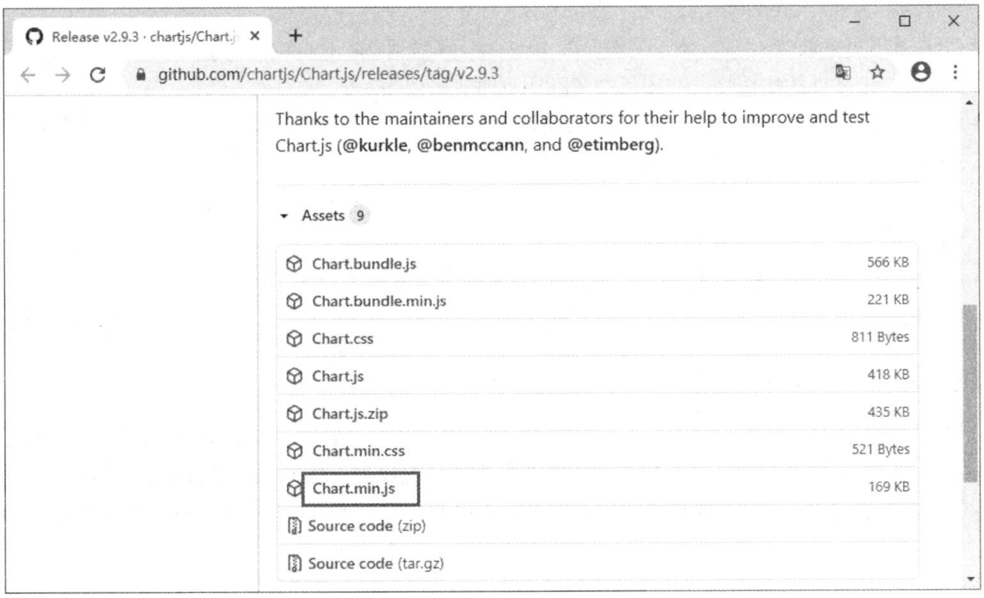

图9-25　下载Chart.min.js文件

在这里我们选择下载压缩版 Chart.min.js 文件，下载完成后，可在项目中使用该文件。

9.4.6 引入 Feather 图标库

Feather 是一个免费开源的简单而又漂亮的 ICON 图标集合，图标格式为 SVG，每个图标均以 24×24 网格设计，强调简单性、一致性和灵活性。

1. 引入

在这里我们选择使用简单的 CDN 方式在页面中引入 Feather 开源图标文件。以下有两种引入方式，任选其一即可，示例代码如下。

```
<script src="https://unpkg.com/feather-icons"></script>
<script src="https://cdn.jsdelivr.net/npm/feather-icons/dist/feather.min.js"></script>
```

2. 使用

在页面中使用图标时，需要将 data-feather 中带有图标名称的属性添加到元素上，示例代码如下。

```
<i data-feather="home"></i>
```

上述代码中，home 指的是图标的名称，将图标名称与 data-feather 属性进行绑定。

3. 调用

在<script>标签中，调用 feather.replace()方法，将具有 data-feather 属性的所有元素，更换为其 data-feather 属性值相对应的 SVG 标记，示例代码如下。

```
<script>
feather.replace();
</script>
```

9.4.7 搭建项目目录结构

为了方便读者进行项目的搭建，在 system 文件夹中创建项目的其他目录和文件，项目目录结构如图 9-26 所示。

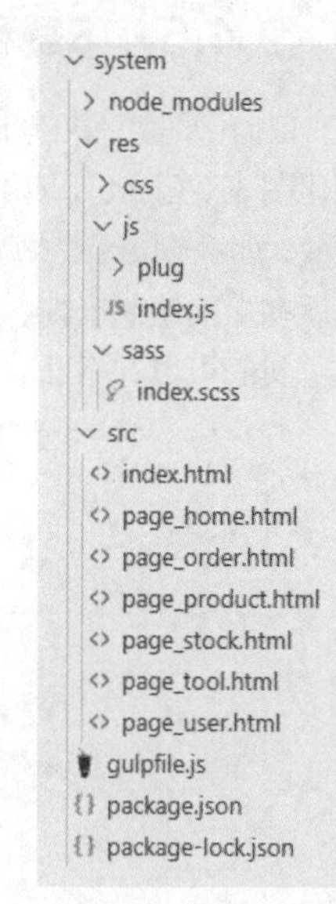

图9-26 目录结构

下面对项目目录结构中的各个目录及文件进行说明。

（1）system 为项目名称，里边包含 node_modules、res、src 文件目录，以及 gulpfile.js 配置文件、package.json 文件和 package-lock.json 文件。

（2）node_modules 文件目录是安装 node 后用来存放包管理工具下载安装的包，保存了 webpack、gulp、grunt 等工具。

（3）res 目录里存放 css、js、sass 文件，如 bootstrap.min.css 和 bootstrap.min.js 文件等。具体各个文件的作用将会在项目中实际用到时进行讲解。

（4）src 目录里存放.html 文件，用于编写页面代码。

（5）gulpfile.js 文件用于配置所有任务。

（6）package.json 是项目配置文件，定义了这个项目所需要的各种模块，以及项目的配置信息（如名称、版本等元数据）。

（7）package-lock.json 文件用于记录当前状态下实际安装的各个 npm package 的具体来源和版本号。

9.4.8 创建模板文件

在实际项目的开发过程中，我们并不会每次都重写全部代码，而是会到 Bootstrap 官网中去查找需要用到的组件，然后在此基础上做出一些修改，从而提高项目开发效率，减少不必要的重复工作。

进入 Bootstrap 官网，从文档页中提取出页面的初始模板，在 index.html 文件中编写初始化代码，示例代码如下。

```
1  <!DOCTYPE html>
2  <html>
```

```
3   <head>
4     <title>电商类后台管理系统</title>
5     <meta charset="UTF-8">
6     <meta http-equiv="x-ua-compatible" content="IE=edge">
7     <meta name="viewport" content="width=device-width, initial-scale=1.0, shrink-to-fit=no">
8     <!-- 引入 Bootstrap 核心 CSS 文件 -->
9     <link href="../res/css/bootstrap.min.css" rel="stylesheet">
10    <!-- 引入 index.css 文件 -->
11    <link href="../res/css/index.css" rel="stylesheet">
12  </head>
13  <body>
14    <!-- jQuery (Bootstrap 的 JavaScript 插件需要引入 jQuery) -->
15    <script src="../res/js/plug/jquery-3.5.1.slim.min.js"> </script>
16    <!-- 用于弹窗、提示、下拉菜单 -->
17    <script src="../res/js/plug/popper.min.js"></script>
18    <!-- 引入图标库 -->
19    <script src="https://unpkg.com/feather-icons"></script>
20    <!-- Bootstrap 的核心插件 -->
21    <script src="../res/js/plug/bootstrap.min.js"></script>
22    <script src="../res/js/index.js"></script>
23  </body>
24  </html>
```

在完成上述代码之后，页面的初始化工作就已经完成了。

9.4.9　实现导航栏

1. 效果展示

在这里我们可以使用 Bootstrap 导航栏组件来完成本项目的导航栏部分，导航栏在 PC 端的页面效果如图 9-27 所示。

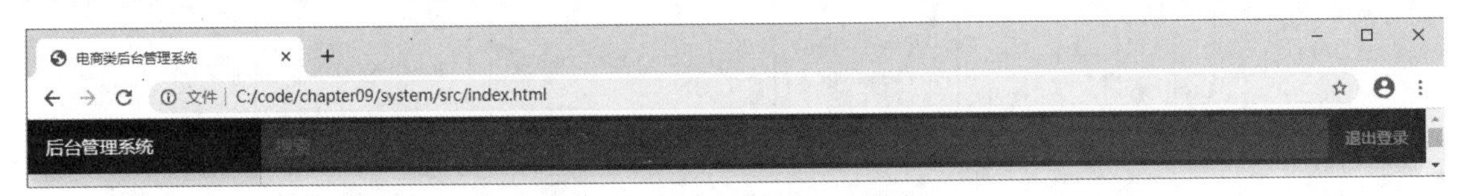

图9-27　导航栏在PC端的页面效果

浏览器窗口缩小至小屏幕时，出现折叠按钮，如图 9-28 所示。

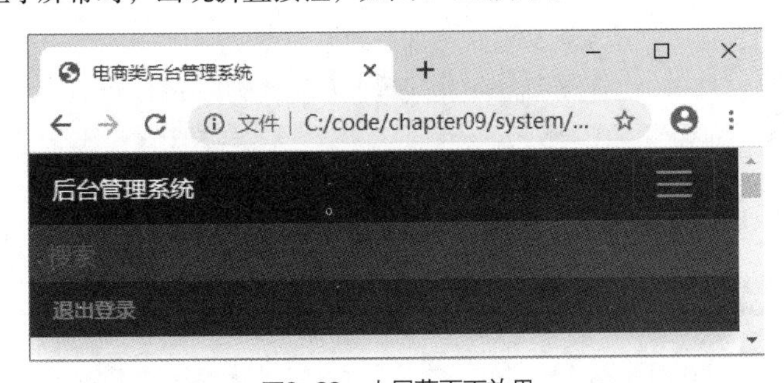

图9-28　小屏幕页面效果

单击折叠按钮显示下拉菜单，如图 9-29 所示。

2. 结构分析

了解了该任务要实现的效果后，接下来分析一下页面结构，如图 9-30 所示。

图 9-30 中的导航栏是由 Bootstrap 提供的<nav>响应式组件来实现，整个导航栏实现细节说明如下。

（1）Logo 区域：使用 a.navbar-brand 包含项目（或网站）名称。

（2）折叠按钮区域：使用 button.navbar-toggler 来包含 span.navbar-toggler-icon，实现“ ”效果。

（3）表单区域：该区域包含 input.form-control 内容，用来实现搜索输入框效果。

（4）导航列表：该区域包含 ul.navbar-nav 内容，用来实现退出登录功能。

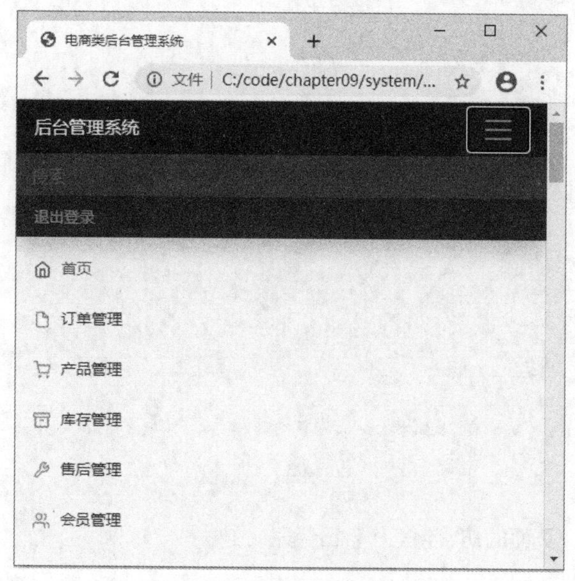

图9-29　小屏幕下拉菜单

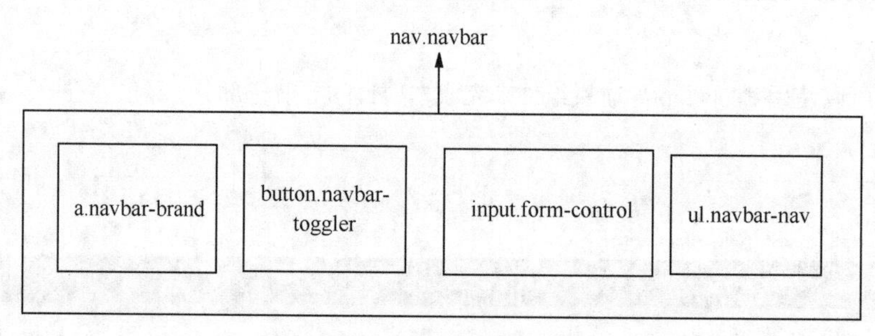

图9-30　导航栏页面结构

3. 代码实现

对页面的结构了解后，接下来编写代码实现该部分效果。

（1）在 src\index.html 文件中，编写导航栏结构代码，示例代码如下。

```
1  <nav class="navbar navbar-dark sticky-top bg-dark flex-md-nowrap p-0 shadow">
2    <a class="navbar-brand col-md-3 col-lg-2 mr-0 px-3" href="a.html">后台管理系统</a>
3    <button class="navbar-toggler position-absolute d-md-none collapsed" type="button" data-toggle="collapse"
4      data-target="#sidebarMenu" aria-controls="sidebarMenu" aria-expanded="false" aria-label=
"Toggle navigation">
5      <span class="navbar-toggler-icon"></span>
6    </button>
7    <input class="form-control form-control-dark w-100" type="text" placeholder=" 搜 索 " aria-label=
"Search">
8    <ul class="navbar-nav px-3">
9      <li class="nav-item text-nowrap">
10       <a class="nav-link" href="#">退出登录</a>
11     </li>
12   </ul>
13 </nav>
```

上述代码中，第 1 行代码使用<nav>组件来实现响应式导航栏的布局，其中，.navbar 为导航栏的基础类，.bg-dark 结合.navbar-dark 设置导航栏实现黑底白字效果，.sticky-top 实现导航栏固定在顶部效果；第 2 行代码定义项目（或网站）名称；第3～6 行代码定义折叠按钮区域，其中按钮的 data-target 属性值#sidebarMenu 等于响应式导航容器的 id 值（在后面的内容中将会用到），这样以便于激活响应式交互，同时给按钮设置

data-toggle="collapse"属性用来绑定按钮与响应式导航容器之间的响应联动关系；第 7 行定义搜索框区域；第 8～12 行代码定义退出功能。

（2）在 res\sass\index.scss 文件中，编写导航栏部分样式，示例代码如下。

```
1  body {
2    font-size: .875rem;
3  }
4  .navbar {
5    /* 网站名称 */
6    .navbar-brand {
7      padding-top: .75rem;
8      padding-bottom: .75rem;
9      font-size: 1rem;
10     background-color: rgba(0, 0, 0, .25);
11     box-shadow: inset -1px 0 0 rgba(0, 0, 0, .25);
12   }
13   /* 给折叠按钮定位 */
14   .navbar-toggler {
15     top: .25rem;
16     right: 1rem;
17   }
18   /* 搜索表单 */
19   .form-control-dark {
20     color: #fff;
21     background-color: rgba(255, 255, 255, .1);
22     border-color: rgba(255, 255, 255, .1);
23   }
24   .form-control:focus {
25     color: #495057;
26     background-color: #fff;
27     border-color: #80bdff;
28     outline: 0;
29     box-shadow: 0 0 0 0.2rem rgba(0, 123, 255, .25);
30   }
31 }
```

保存上述代码，在 cmd 命令交互符中会监听并修改 res\css\index.css 文件，如图 9-31 所示。

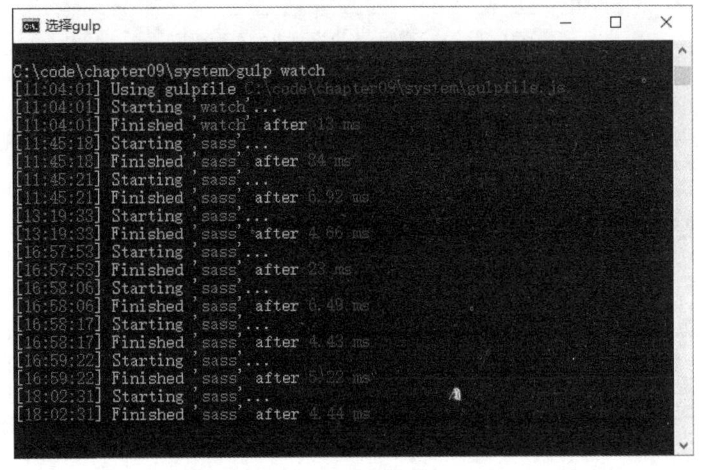

图9-31　gulp wacth监听.scss文件

9.4.10　实现网页中间部分布局

1. 效果展示

网页中间部分包含侧边导航和右侧内容两部分。侧边导航使用 Bootstrap 导航组件来实现，右侧内容使用 iframe 框架来实现。中间部分在 PC 端的页面效果如图 9-32 所示。

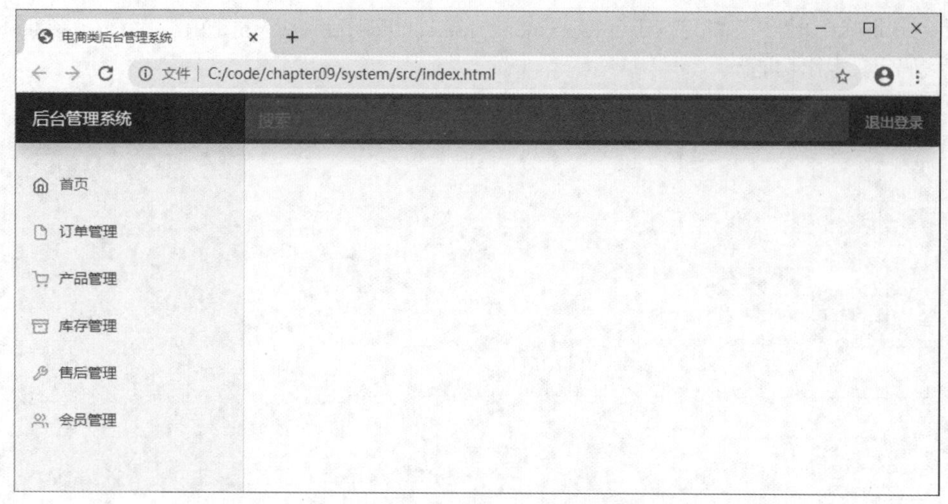

图9-32　中间部分在PC端的页面效果

浏览器窗口缩小至小屏幕时，出现折叠按钮，如图 9-33 所示。

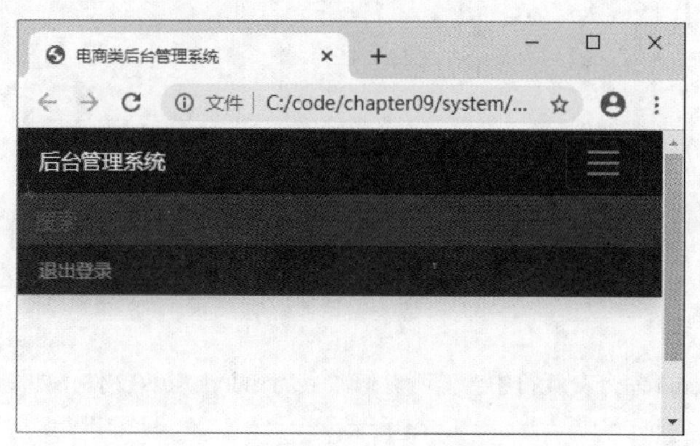

图9-33　中间部分在小屏幕上的页面效果

2. 结构分析

了解了该任务要实现的效果后，接下来分析一下页面结构，如图 9-34 所示。

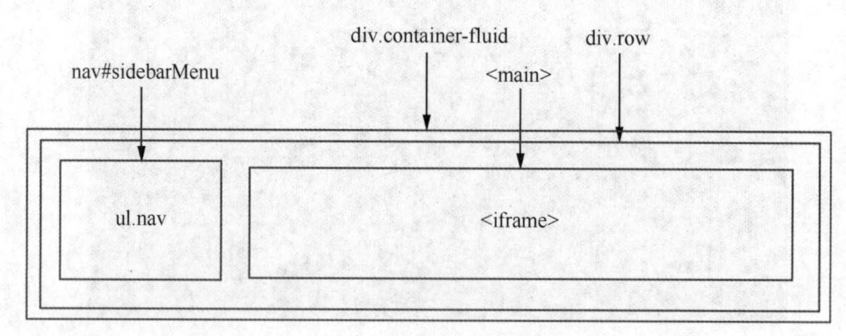

图9-34　中间部分页面结构

整个中间部分实现细节说明如下。

（1）侧边导航：给<nav>标签定义 id 为 sidebarMenu，该 id 值同折叠按钮的 data-target 属性值相等，这样以便于激活响应式交互。同时给响应式导航容器<nav>标签的 class 添加 collapse 类名，该类名同折叠按钮的 data-toggle="collapse"属性绑定响应联动关系。

（2）右侧内容：使用<iframe>标签来创建内联框架，在网页内部显示其他网页内容。

9.4.11 编写中间部分结构代码

（1）在 src\index.html 文件中，编写中间部分结构代码，示例代码如下。

```
1  <!-- 原代码 -->
2  <div class="container-fluid">
3    <div class="row">
4      <!-- 侧边导航 -->
5      <nav id="sidebarMenu" class="col-md-3 col-lg-2 d-md-block bg-light sidebar collapse">
6      </nav>
7      <!-- 右侧内容 -->
8      <main role="main" class="col-md-9 ml-sm-auto col-lg-10 px-md-4" id="mainbody" style="padding: 0;">
9      </main>
10   </div>
11 </div>
```

上述代码中，第 5 行代码的 id 值 sidebarMenu，同折叠按钮的 data-target 属性值相等，这样以便于激活响应式交互；同时给<nav>标签的 class 属性添加 collapse 类名，该类名同折叠按钮的 data-toggle="collapse"属性绑定响应联动关系。

（2）在 res\sass\index.scss 文件中，编写中间部分结构样式，示例代码如下。

```
1  /* 中间部分内容-侧边导航 */
2  .sidebar {
3    position: fixed;
4    top: 0;
5    bottom: 0;
6    left: 0;
7    z-index: 100;
8    padding: 48px 0 0;
9    box-shadow: inset -1px 0 0 rgba(0, 0, 0, .1);
10 }
11 @media (max-width: 767.98px) {
12   .sidebar {
13     top: 4rem;
14   }
15 }
```

上述代码中，第 2～10 行代码设置 nav.sidebar 为固定定位，相对于浏览器窗口进行定位，并通过 left、top 和 bottom 属性规定元素的位置。第 11～15 行代码使用媒体查询，当屏幕宽度小于等于 768.98px 时，设置 nav.sidebar 的 top 为 4rem。

9.4.12 实现侧边导航布局

（1）侧边导航使用<ul>无序列表结构进行布局，示例代码如下。

```
1  <nav id="sidebarMenu" class="col-md-3 col-lg-2 d-md-block bg-light sidebar collapse">
2    <div class="pt-3">
3      <ul class="nav flex-column" id="menulist">
4        <li class="nav-item py-1">
5          <a class="nav-link active" href="page_home.html" target="menu">
6            <span data-feather="home"></span>
7            首页
8          </a>
9        </li>
10       <li class="nav-item py-1">
11         <a class="nav-link" href="page_order.html" target="menu">
12           <span data-feather="file"></span>
13           订单管理
14         </a>
15       </li>
16       <li class="nav-item py-1">
17         <a class="nav-link" href="page_product.html" target="menu">
18           <span data-feather="shopping-cart"></span>
19           产品管理
```

```
20          </a>
21        </li>
22        <li class="nav-item py-1">
23          <a class="nav-link" href="page_stock.html" target="menu">
24            <span data-feather="archive"></span>
25            库存管理
26          </a>
27        </li>
28        <li class="nav-item py-1">
29          <a class="nav-link" href="page_tool.html" target="menu">
30            <span data-feather="tool"></span>
31            售后管理
32          </a>
33        </li>
34        <li class="nav-item py-1">
35          <a class="nav-link" href="page_user.html" target="menu">
36            <span data-feather="users"></span>
37            会员管理
38          </a>
39        </li>
40      </ul>
41    </div>
42  </nav>
```

上述代码中，给<ul>添加.nav 基类定义导航最外层盒子，在<ul>的内部给每个<li>添加.nav-item 类来定义导航列表，并在每一个 li.nav-item 的内部给<a>添加.nav-link 类来定义导航标签中的内容，href 属性的链接地址对应 src\page_*.html 文件。侧边导航的图标使用 Feather 图标库，因为在创建模板文件时，我们已经引入了 feather-icons 文件，所以在使用时只需要设置 data-feather 属性值即可。

需要注意的是，在页面中使用 iframe 框架时，<a>链接的 target 值需要和右侧内容部分的<iframe>标签的 name 值相对应，本项目中设置为 menu。这样才可以实现侧边导航和右侧内容的联动效果。

（2）在 res\js\index.js 文件中，调用 feather.replace()方法，将具有 data-feather 属性的所有元素更换为其 data-feather 属性值相对应的 SVG 标记。示例代码如下。

```
$(function () {
  'use strict'
  feather.replace()
}())
```

（3）接下来，在 res\sass\index.scss 文件中，编写侧边导航样式代码，示例代码如下。

```
1  .sidebar {
2    /* 原代码 */
3    .nav-link {
4      font-weight: 500;
5      color: #333;
6      .feather {
7        margin-right: 6px;
8        color: #999;
9        width: 16px;
10       height: 16px;
11       vertical-align: text-bottom;
12     }
13   }
14   .nav-link.active {
15     color: #007bff;
16   }
17 }
```

9.4.13 实现右侧内容布局

右侧结构使用<iframe>标签来创建内联框架，在网页内显示其他网页内容，示例代码如下。

```
1  <main role="main" class="col-md-9 ml-md-auto col-lg-10 px-md-4" id="mainbody" style="padding: 0;">
2    <div class="mainContents">
3      <iframe frameborder="0" scrolling="no" width="100%" src="page_home.html" id="aa" name="menu"
```

```
style="overflow: visible;"></iframe>
 4    </div>
 5  </main>
```

上述代码中，<iframe>中的 src 属性链接的是 page_home.html 页面，它是一个单独的 HTML 页面，如果在浏览器中运行 index.html，那么默认右侧内容加载 page_home.html 文件。

9.4.14 实现侧边导航激活效果

在 res\js\index.js 文件中，编写激活菜单代码。示例代码如下。

```
$(function () {
  // 原代码
  $(document).ready(function () {
    $('#menulist li > a').click(function (e) {
      $('#menulist li > a').removeClass('active')
      $(this).addClass('active')
    })
  })
}())
```

上述代码中，使用 jQuery 实现菜单的激活效果。

9.4.15 解决 iframe 高度不能自适应的问题

在浏览器中运行上述代码时，会发现一个问题，页面的右侧内容显示不全，原因是 iframe 框架的高度是固定的。那么如何让 iframe 框架高度自适应呢？为了提高开发效率，在这里引入两个 JavaScript 文件来解决自适应的问题。在 res\js\plug 文件中已经下载好了 iframeResizer.min.js 和 iframeResizer.contentWindow.min.js 文件，我们直接在页面中引用即可。

（1）在 src\index.html 文件中，在</body>标签前面引入 iframeResizer.min.js 文件，示例代码如下。

```
<script src="../res/js/plug/iframeResizer.min.js"></script>
```

（2）在 res\js\index.js 文件中，初始化 iframeResizer.min.js 文件，示例代码如下。

```
$(function () {
  // 原代码
  iFrameResize({
    log: true
  }, '#aa');
}())
```

上述代码中，#aa 与<iframe>元素的 id 值一致。

（3）在需要嵌入文件的</body>标签前面引入 iframeResizer.contentWindow.min.js 文件，示例代码如下

```
<script src="../res/js/plug/iframeResizer.contentWindow.min.js"></script>
```

本项目中需要在 src\page_*.html 文件中引入 iframeResizer.contentWindow.min.js 文件。

9.4.16 项目总结

本项目的练习重点：

本项目主要练习的知识点是 Bootstrap 的导航、导航栏、栅格系统、卡片、以及 Chart.js 图表和 Feather 图标的使用。

本项目的练习方法：

建议读者在编码时，按照顺序分模块完成，最后参考完整代码将各模块进行整合。

在学习项目时，建议读者先熟悉 Bootstrap 手册，熟悉 Bootstrap 提供的组件和样式，之后再可以尝试在本项目中增加其他模块。

由于章节有限，本项目只完成了后台模板布局，有兴趣的读者可以尝试实现其他的页面。

本项目的注意事项：

本项目的每个任务模块代码都可以独立运行，与其他模块没有耦合。如果在整合时遇到问题，可以检查

每个独立模块的代码是否是正确的，然后对错误进行针对性修改。

课后练习

一、填空题

1. 在 BootStrap 中，________类用于定义品牌图标。

2. 所有的导航组件都需要使用一个基类________实现导航的基础效果。

3. .navbar 类结合.navbar-________-*（sm、md、lg、xl）类可以创建响应式的导航栏。

4. 在 Bootstrap 4 中，可以使用 .card 与________类来创建一个简单的卡片。

5. Flex 弹性布局提供了一系列的类来设置导航对齐方式，其中可以使用________类来设置导航居中显示效果。

二、判断题

1. Bootstrap 中可以使用.flex-column 类创建垂直导航。（　　）

2. Bootstrap 导航栏的默认样式不能修改。（　　）

3. Chart.js 是一款基于 HTML5 的 JavaScript 图表库，它可以提供直观、生动、可交互、可个性化定制的可视化图表。（　　）

4. 在使用图片卡片时，如果图片要设置为背景，可以使用.card-img-overlay 类。（　　）

5. 使用.nav-tabs 类可以将导航转化为标签式导航，然后对于选中的选项使用.current 类来标记。（　　）

三、选择题

1. 下列选项中，关于 Bootstrap 中的卡片组件，说法错误的是（　　）。

A. .card-header 类用于创建卡片的头部样式

B. .card-footer 类用于创建卡片的底部样式

C. 在头部元素上使用.card-text 类来设置卡片的标题

D. .card-link 类用于给链接设置颜色

2. 下列选项中，关于 Bootstrap 导航栏说法错误的是（　　）。

A. 可以使用.navbar 类来创建一个标准的导航栏

B. 导航栏上的选项可以使用 <ul> 标签并添加 class="navbar-nav" 类

C. 然后在 <li> 标签上添加.nav-item 类来定义导航列表

D. <a>标签上使用.nav-text 类来定义导航标签中的内容

3. 下列选项中，关于导航组件提供的一系列类的说法错误的是（　　）。

A. .nav-justified 类可以设置导航项齐行等宽显示

B. .nav-pills 类可以将导航项设置成胶囊形状

C. .justify-content-end 类可以设置导航右对齐效果

D. 导航默认为垂直导航

4. 下列选项中，Chart.js 使用 HTML5 的 Canvas 元素可以实现（　　）图形。

A. 折线图　　B. 柱状图　　C. 饼图　　D. 以上全部正确

5. 在 Bootstrap 中，可以使用以下（　　）来创建不同颜色的导航栏。

A. .btn-success 类　　B. .btn-info 类　　C. .btn-primary 类　　D. 以上全部正确

四、简答题

1. 请简述 Feather 图标的使用方式。

2. 请简述 Bootstrap 中的导航都有哪些。